高职高专土木与建筑规划教材

建筑工程概论

黄家骏　主编

清华大学出版社
北京

内 容 简 介

本书在编写过程中,力求重点突出、语言精练,注重理论联系实际,同时配有大量图片及案例。为了便于教学和学习,每章均设有学习目标、教学要求以及案例导入和问题导入,注重培养和提高学生的应用能力。

本书共 8 章,包括建筑概述,建筑设计、规划与建筑文化,建筑材料与工程技术,建筑结构,建筑构造,建筑设备,建筑施工,工程造价概述等方面的基础知识。

本书可作为高职高专土木工程、建筑工程技术、工程管理、工程监理等相关专业的教学用书,也可作为中专、函授及土建类、工管类、安装类等工程技术人员的参考用书以及辅导教材。

图书在版编目(CIP)数据

建筑工程概论/黄家骏主编. —北京:清华大学出版社,2019.12(2023.6 重印)

高职高专土木与建筑规划教材

ISBN 978-7-302-53920-9

Ⅰ.①建… Ⅱ.①黄… Ⅲ.①建筑工程—概论—高等职业教育—教材 Ⅳ.①TU

中国版本图书馆 CIP 数据核字(2019)第 224352 号

责任编辑:石 伟 桑任松
装帧设计:刘孝琼
责任校对:李玉茹
责任印制:杨 艳
出版发行:清华大学出版社
    网 址:http://www.tup.com.cn, http://www.wqbook.com
    地 址:北京清华大学学研大厦 A 座   邮 编:100084
    社 总 机:010-83470000   邮 购:010-62786544
    投稿与读者服务:010-62776969, c-service@tup.tsinghua.edu.cn
    质量反馈:010-62772015, zhiliang@tup.tsinghua.edu.cn
    课件下载:http://www.tup.com.cn, 010-62791865
印 装 者:北京鑫海金澳胶印有限公司
经 销:全国新华书店
开 本:185mm×260mm 印 张:15.25 字 数:368 千字
版 次:2019 年 12 月第 1 版 印 次:2023 年 6 月第 5 次印刷
定 价:49.00 元

产品编号:083365-01

前　言

建筑工程概论作为一门实践性极强的课程，在整个教学任务中属于比较重要的课程，为必修课程。但是以往的教材由于概念讲述甚多，导致很多学生在学习过基本知识之后得不到有效的实践。高等职业教育的快速发展要求加强以市场的实用内容为主的教学，本书作为高等职业教育的教材，根据建设类专业人才培养方案和教学要求及特点编写，综合考虑市场的实际，坚持以全面素质教育为基础，以就业为导向，培养高素质的应用技能型人才。

本书内容的设计是根据职业能力要求及教学特点，与建筑行业的岗位相对应，体现新的国家标准和技术规范；注重实用为主，内容精选翔实，文字叙述简练，图文并茂，充分体现了项目教学与综合训练相结合的主流思路。本书在编写时尽量做到内容通俗易懂、理论叙述简洁明了、案例清晰实用，特别注重教材的实用性。

本书每章均添加了大量针对不同知识点的案例，结合案例和上下文可以帮助学生更好地理解所学内容，同时配有实训工单，力求使学生及时达到学以致用的学习效果。

本书与同类书相比，具有下述显著特点。

(1) 新，穿插案例，清晰明了，形式独特；

(2) 全，知识点分门别类，包含全面，由浅入深，便于学习；

(3) 系统，知识讲解前后呼应，结构清晰，层次分明；

(4) 实用，理论和实际相结合，举一反三，学以致用；

(5) 赠送，除了必备的电子课件、教案、每章习题答案及模拟测试 AB 试卷外，还相应地配有大量的讲解音频、动画视频、三维模拟、扩展图片等，以扫描二维码的形式再次拓展了建筑工程概论的相关知识点，力求让初学者在学习时最大化地接受新知识，最快、最高效地达到学习目的。

本书由新乡学院土木工程与建筑学院黄家骏任主编，参加编写的还有河南中鸿文化传播有限公司赵小云，陕西渭南轨道交通运输学校张盈盈，北京建筑大学杨静，河南护理职业学院赵开谦，长江工程职业技术学院郭丽朋，淮阴师范学院董留群。具体的编写分工为黄家骏负责编写第 1 章和第 3 章，并对全书进行统筹；赵小云负责编写第 2 章和第 8 章的 8.1，张盈盈负责编写第 3 章，赵开谦负责编写第 4 章，郭丽朋负责编写第 5 章和第 8 章的 8.2，杨静负责编写第 6 章，董留群负责编写第 7 章。在此，对在本书编写过程中的全体合作者和帮助者表示衷心的感谢！

由于编者水平有限和时间紧迫，书中难免有错误和不妥之处，望广大读者批评指正。

编　者

目　　录

第 1 章　建筑概述................................1

　1.1　建筑的历史及发展...................2

　　1.1.1　建筑风格与特色.................2

　　1.1.2　宫殿式建筑.....................3

　　1.1.3　宗教建筑.......................3

　　1.1.4　中国传统民居...................5

　1.2　建筑基本概述........................7

　　1.2.1　建筑工程的主要专业构成........7

　　1.2.2　世界建筑体系及其特色............7

　　1.2.3　中国近现代建筑.................9

　1.3　建筑方针............................10

　1.4　建筑的分类及构成要素...............11

　　1.4.1　民用及工业建筑工程............11

　　1.4.2　建筑的构成要素.................11

　1.5　现代科学技术对建筑的影响...........11

　　1.5.1　现代建筑科技发展趋势...........11

　　1.5.2　高层建筑.......................14

　　1.5.3　大跨度建筑.....................17

　本章小结.................................18

　实训练习.................................18

第 2 章　建筑设计、规划与建筑文化........21

　2.1　建筑设计基本知识...................21

　　2.1.1　建筑设计程序...................21

　　2.1.2　建筑设计的原则.................23

　　2.1.3　建筑设计风格...................24

　2.2　抗震设计与设防.....................26

　　2.2.1　地震的概念及分类...............26

　　2.2.2　地震灾害及其特点...............27

　　2.2.3　中国地震带分布.................28

　　2.2.4　抗震设防.......................28

　2.3　中国传统建筑文化...................29

　　2.3.1　中国传统建筑概述...............29

　　2.3.2　建筑风水文化...................30

　　2.3.3　建筑风水的选址原则.............30

　本章小结.................................32

　实训练习.................................32

第 3 章　建筑材料与工程技术.............35

　3.1　建筑材料的基本性质.................36

　　3.1.1　建筑材料的分类.................36

　　3.1.2　材料的状态参数.................36

　　3.1.3　材料的物理性质.................36

　　3.1.4　材料的力学性质.................37

　　3.1.5　材料的耐久性...................37

　3.2　金属材料............................38

　　3.2.1　钢材的分类.....................38

　　3.2.2　钢材的化学成分及技术性质.....40

　　3.2.3　钢材的冷加工和热处理..........40

　　3.2.4　建筑钢材防锈蚀.................42

　3.3　无机胶凝材料.......................43

　　3.3.1　石灰...........................43

　　3.3.2　建筑石膏.......................44

　　3.3.3　水玻璃.........................45

　　3.3.4　菱苦土.........................45

　　3.3.5　水泥...........................46

　　3.3.6　建筑砂浆.......................47

　3.4　混凝土..............................48

　3.5　建筑功能材料.......................50

　　3.5.1　绝热材料.......................50

　　3.5.2　常用保温材料...................51

　　3.5.3　吸声材料.......................51

　3.6　建筑装饰材料.......................52

　　3.6.1　建筑玻璃.......................52

　　3.6.2　建筑石材.......................52

　　3.6.3　建筑涂料.......................53

　本章小结.................................54

　实训练习.................................54

第 4 章　建筑结构................................57

4.1　建筑结构的分类及其应用..................58

4.1.1　按所用建筑材料分类..........58

4.1.2　按建筑结构形式分类..........59

4.2　各种建筑结构及适用范围..........60

4.2.1　不同建筑材料所组成的建筑结构及适用范围..........60

4.2.2　不同建筑结构形式及适用范围..........62

4.3　建筑结构受力及防护..........66

4.3.1　建筑荷载与结构内力..........66

4.3.2　建筑结构的安全等级..........68

4.3.3　建筑节能与建筑防护..........69

本章小结..................................74

实训练习..................................74

第 5 章　建筑构造................................79

5.1　地基、基础与地下结构..........80

5.1.1　地基的基本知识..........80

5.1.2　地基的类型..........80

5.1.3　与地基相关的经典工程案例...81

5.1.4　基础..........83

5.1.5　地下室..........86

5.2　墙体构造..................................87

5.2.1　墙的种类与设计要求..........87

5.2.2　墙体细部构造..........89

5.2.3　内、外墙面装饰..........91

5.2.4　变形缝..........96

5.3　楼地层与屋顶构造..........99

5.3.1　楼地层的组成和设计要求...99

5.3.2　钢筋混凝土楼板..........99

5.3.3　地面与顶棚..........106

5.3.4　阳台和雨篷..........112

5.3.5　屋顶..........117

5.4　楼梯及门、窗..........119

5.4.1　楼梯种类与构造尺寸..........119

5.4.2　钢筋混凝土楼梯..........120

5.4.3　门、窗..........121

5.5　单层工业厂房..........125

5.5.1　单层工业厂房的结构类型与组成..........125

5.5.2　单层工业厂房主要结构构件..........127

5.5.3　单层工业厂房的外墙、地面、天窗及屋面..........130

本章小结..................................134

实训练习..................................134

第 6 章　建筑设备................................139

6.1　建筑给水排水..........140

6.1.1　建筑给水系统..........140

6.1.2　建筑排水系统..........144

6.1.3　建筑中水系统..........147

6.2　建筑消防..................................148

6.2.1　消防基础知识..........148

6.2.2　室外消火栓给水系统..........149

6.2.3　室内消火栓给水系统..........150

6.2.4　自动喷水灭火系统..........151

6.2.5　常见建筑消防设施..........153

6.3　建筑采暖、空调、通风及防排烟......159

6.3.1　建筑采暖..........159

6.3.2　建筑空调..........161

6.3.3　建筑通风及防排烟..........164

6.4　建筑电气与智能化建筑..........165

6.4.1　供配电系统..........165

6.4.2　建筑电气照明工程..........166

6.4.3　建筑防雷、接地、接零保护..........169

6.4.4　智能化建筑..........171

本章小结..................................180

实训练习..................................180

第 7 章　建筑施工................................185

7.1　施工组织设计..........186

7.1.1　建筑施工的内容..........186

7.1.2　施工组织设计的基本内容......187

7.1.3　施工组织设计的分类及作用..........189

7.2 混合结构施工 191
　7.2.1 脚手架 191
　7.2.2 垂直运输设施 194
　7.2.3 基础工程 198
　7.2.4 砌体施工 201
7.3 钢筋混凝土结构施工 203
　7.3.1 现浇钢筋混凝土结构 203
　7.3.2 装配式结构 205
7.4 屋面防水及装饰工程施工 208
　7.4.1 屋面防水工程 208
　7.4.2 装饰工程 209
本章小结 210
实训练习 210

第8章　工程造价概述 215
8.1 工程造价的分类及构成 215
　8.1.1 工程造价的概念 215
　8.1.2 工程造价的分类 217
　8.1.3 工程造价的构成 219
8.2 房地产开发项目投资估算及经济
　　效益评价 226
　8.2.1 房地产开发项目投资估算 226
　8.2.2 房地产开发项目经济效益
　　　　评价 228
本章小结 229
实训练习 229

参考文献 233

目录页-1　建筑工
程概论—A 卷

目录页-2　建筑工
程概论—B 卷.pdf

第 1 章　建 筑 概 述

【学习目标】

1. 了解中国建筑的历史及发展
2. 了解建筑的基本概念及建筑的方针
3. 熟悉建筑的分类及构成要素
4. 了解现代科学技术对建筑的影响

第 1 章　建筑概述.pptx

【教学要求】

本章要点	掌握层次	相关知识点
中国建筑的历史及发展	了解中国建筑的历史及发展	建筑的历史及发展
建筑基本概述及建筑的方针	了解建筑基本概述及建筑的方针	建筑的方针
建筑的分类及构成要素	熟悉建筑的分类及构成要素	建筑的分类及构成
现代科学技术对建筑的影响	了解现代科学技术对建筑的影响	现代科学技术对建筑的影响

【案例导入】

　　21 世纪，城市建筑以其独特的方式担负着传承历史文化的重任。当前国家处于建设阶段，建筑行业的发展来势迅猛，如火如荼，遍及全国各个区域，建筑风格新颖多样。尤其是一些公共建筑，以其独特的造型和结构彰显出城市特有的个性与风采，也因此而成为一个城市的地标性建筑物，形成了该地区经济与文化的独特魅力。

【问题导入】

　　请结合本章的知识，论述建筑的基本风格、分类及组成，同时思考现代科学技术发展对建筑的影响。

1.1 建筑的历史及发展

音频.古代建筑与现代
建筑的优缺点.mp3

1.1.1 建筑风格与特色

1. 建筑风格概述

建筑风格指建筑设计中在内容和外貌方面所反映的特征，主要在于建筑的平面布局、形态构成、艺术处理和手法运用等方面所显示的独创和完美的意境。建筑风格因受时代政治、社会、经济、建筑材料和建筑技术等因素的制约以及建筑设计思想、观点和艺术素养等因素的影响而有所不同。如外国建筑史中古希腊、古罗马有多立克、爱奥尼克和科林斯等代表性柱式

巴洛克建筑.pdf 巴洛克建筑.mp4

风格；中古时代有哥特建筑风格；文艺复兴后期有运用矫揉奇异手法的巴洛克和纤巧烦琐的洛可可等建筑风格。我国古代宫殿建筑，其平面严谨对称，主次分明，砖墙木梁架结构，飞檐、斗栱、藻井和雕梁画栋等形成中国特有的建筑风格。如图 1-1 所示为古罗马多立克，如图 1-2 所示为中古时代哥特建筑。

图 1-1 古罗马多立克

图 1-2 中古时代哥特建筑

2. 中国传统建筑风格概述

中国自古地大物博，建筑艺术源远流长。不同地域和民族其建筑艺术风格虽然有所差异，但在传统建筑的组群布局、空间、结构、建筑材料及装饰艺术等方面却有着共同的特点，区别于西方，享誉全球。中国古代建筑的类型很多，主要有宫殿、坛庙、寺观、佛塔、民居和园林建筑等，如图 1-3、图 1-4 所示。

图 1-3 宫殿

图 1-4 佛塔

佛塔.mp4

【案例1-1】在世界建筑体系中，中国古代建筑是源远流长的独立发展的体系。该体系至迟在3000多年前的殷商时期就已初步形成，其风格优雅，结构灵巧。中国古代建筑的发展大致经历了原始社会、商周、秦汉、三国两晋南北朝、隋唐五代、宋辽金元、明清7个时期。直至20世纪，始终保持着自己独特的结构和布局特点，而且传播、影响到其他国家。试结合上下文分析中国建筑的风格及特色。

1.1.2 宫殿式建筑

宫殿是帝王处理朝政或宴居的建筑物，是帝王朝会和居住的地方，规模宏大，形象壮丽，格局严谨，给人强烈的精神感染，凸显王权的尊严。中国传统文化注重巩固人间秩序，与西方和伊斯兰建筑以宗教建筑为主不同，中国建筑成就最高、规模最大的就是宫殿。从原始社会到西周，宫殿的萌芽经历了一个合首领居住、聚会、祭祀多功能为一体的混沌未分的阶段，后发展为与祭祀功能分化，只用于君王后妃朝会与居住。宫殿常依托城市而存在，以中轴对称、规整谨严的城市格局，突出宫殿在都城中的地位。

宫殿为皇帝居住之所，是中国古代建筑中最高级、最豪华的一种类型。考古发现，早在商代时期，就出现了宫殿。秦汉以来，宫殿规模更为宏大，如秦始皇的阿房宫，汉武帝的未央、长乐、建章诸宫，唐代的大明宫，明朝的南京故宫。现存宫殿还有北京紫禁城(故宫)和沈阳故宫两座，以紫禁城最大也最完整，如图1-5、图1-6所示。

图1-5　阿房宫

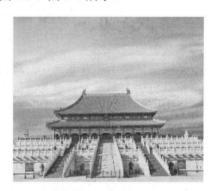

图1-6　紫禁城(故宫)

1.1.3 宗教建筑

1. 宗教建筑概述

宗教建筑是有灵魂的，其崇高与完美往往使步入其中的人们叹为观止，甚至被一种强大的精神力量所征服。教堂像一个巨大的容器，将望道者置入其特有气氛的控制之中，从而达到吸收其入教的终极目的，这种力量，就是宗教空间的感召力。比起其他类型的空间来说，宗教空间经过了数千年的发展和演变，在宗教侵蚀的过程中，其建筑也随同广播世界各地，并与各个国家的民族建筑相结合，形成了相对固定的型制。

2．建筑形式

精神附着于物质之上，感召力产生于空间艺术之中，宗教建筑的感召力从冥冥亘古而来，呈其神性通达为原则，贯穿天国与人间，而从 4000 年前的埃及神庙到现代日韩新教建筑，感召力的孕育形成与发扬光大，是一个漫长而艰难的过程。

3．宗教建筑的分类

(1) 佛教建筑。

佛教建筑是与佛教活动相关的建筑，如佛寺、佛塔和石窟，如图 1-7 所示。佛教建筑在初期受到印度影响，但很快就开始了中国化的过程。明、清佛寺的布局，一般都是由主房、配房等组成的严格对称的多进院落形式。

图 1-7　石窟

(2) 基督教建筑。

教堂的建筑风格主要有罗马式、拜占庭式和哥特式三种。罗马式教堂是基督教成为罗马帝国的国教以后，一些大教堂普遍采用的建筑式样。它是仿照古罗马长方形会堂式样及早期基督教"巴西利卡"教堂形式的建筑，如图 1-8 所示。

(3) 清真寺建筑。

清真寺，也称礼拜寺，是伊斯兰教信徒礼拜的地方。中国清真寺绝大多数采用中国传统的四合院并且往往是一连串四合院的形式。其特点是沿一条中轴线有次序、有节奏地布置若干进四合院，形成一组完整的空间序列：每一进院落都有自己独具的功能要求和艺术特色，而又循序渐进，层层深入，共同表达着一种完整的建筑艺术风格，如图 1-9 所示。

图 1-8　拜占庭式

图 1-9　清真寺

1.1.4 中国传统民居

1. 中国传统民居概述

中国历史悠久，疆域辽阔，自然环境多种多样，社会经济环境不尽相同。在漫长的历史发展过程中，逐步形成了各地不同的民居建筑形式，这种传统的民居建筑深深地打上了地理环境的烙印，生动地反映了人与自然的关系。

2. 中国传统民居分类

中国传统民居多与所处的地理环境紧密相关，如图1-10所示为窑洞。

(1) 北京民居。

四合院是北京地区乃至华北地区的传统住宅。其基本特点是按南北轴线对称布置房屋和院落，坐北朝南，大门一般开在东南角，门内建有影壁，外人看不到院内的活动。正房位于中轴线上，侧面为耳房及左右厢房。正房是长辈的起居室，厢房则供晚辈起居用。这种庄重的布局，也体现了华北人民正统、严谨的传统性格，如图1-11所示。

四合院.mp4

北京民居.pdf

图1-10 窑洞

图1-11 四合院

(2) 宁夏民居。

宁夏地处西北，远离海洋，降水少、温差大，气候严寒，大陆性气候特征明显，冬春干旱多风沙，盛行偏北风，故住宅一般不开北窗。为保温防寒，多采用厢房围院形式，且房屋紧凑，屋顶形式为一面坡和两面坡并存。

宁夏民居.pd

(3) 陕北民居。

窑洞式住宅是陕北甚至整个黄土高原地区较为普遍的民居形式，分为靠崖窑、地坑窑和砖石窑等。靠崖窑是在黄土垂直面上开凿的小窑，常数洞相连或上下数层；地坑窑是在土层中挖掘深坑，造成人工崖面再在其上开挖窑洞；砖石窑是在地面上用砖、石或土坯建造一层或两层的拱券式房屋。黄土高原区气候较干旱，且黄土质地均一，具有胶结和直立性好的特性，土质疏松易于挖掘，故当地人民因地制宜，创造性地挖洞而居，不仅节省建筑材料，而且具有冬暖夏凉的优越性。

陕北民居.pdf

(4) 鲁晋民居。

山西太行山区与山东胶东丘陵一带两地民居形式类似,单门独院,有门楼,两面坡屋顶。由于山高石料普遍,依照传统建筑材料就地取材原则,故砖石住宅较多。山西民居还多见砖雕等装饰。两地纬度相近但降水存在差异,故屋顶坡度略有不同,前者因地势较高,东南面有东北至西南走向的太行山阻挡海洋气流,降水不多(<700 毫米/年);后者广谷低丘距海近,降水较多(>700 毫米/年),为便于排水屋顶坡度较陡,如图 1-12 所示。

(5) 陕南民居。

陕南地区,有山坳、河沿和平坝,居民根据地势、原料等条件,建有多种民居,传统的住房有石头房、竹木房、吊脚楼(如图 1-13 所示)、三合院及四合院等。

吊脚楼.mp4

图 1-12 鲁晋建筑

图 1-13 吊脚楼

(6) 藏族碉房。

碉房是中国西南部的青藏高原以及内蒙古部分地区常见的居住建筑形式。当地并无专名,外地人因其用土或石砌筑,形似碉堡,故称碉房,如图 1-14 所示。碉房一般为 2~3 层。底层养牲畜,楼上住人。过游牧生活的蒙、藏等民族的住房还有"毡帐",这是一种便于装卸运输的可移动的帐篷。

(7) 傣族竹楼。

傣族人住竹楼已有 1400 多年的历史。竹楼是傣族人民因地制宜创造的一种特殊形式的民居,如图 1-15 所示。顾名思义,竹楼自然以竹子为主要建筑材料。西双版纳是有名的竹乡,大龙竹、金竹、凤尾竹、毛竹多达数十种,都是筑楼的天然材料。

竹楼.mp4

图 1-14 碉房

图 1-15 竹楼

(8) 水上民居。

瓜岭古村寨是广州唯一建在水上的清代建筑民居,距今已有500多年的历史,2003年发现后被广州市辟为内控历史文化保护区。增城瓜岭村寨就具有典型的岭南水乡风格,如图1-16所示。

图1-16 增城瓜岭村寨

【案例1-2】中国疆域辽阔,历史悠久,各地的自然和人文环境自然也是多种多样,故中国民居的多样性就算在世界历史中也比较罕见。在几千年的漫长历史发展过程中,人们结合自然环境、气候条件、人文色彩,逐步形成了各地不同的民居建筑形式,显示出了中华文化的博大精深和人们的智慧。试结合上文分析中国的传统民居文化。

1.2 建筑基本概述

1.2.1 建筑工程的主要专业构成

建筑工程专业主要负责土木工程专业建筑工程方面的教学与管理,主要讲述工程力学、土力学、测量学、房屋建筑学和结构工程学科的基础理论。

1.2.2 世界建筑体系及其特色

1. 世界建筑体系

古代建筑因为文化背景的不同,曾经有过大约七个独立体系,其中有的或早已中断,或流传不广,成就和影响也就相对有限,如古埃及、古代西亚、古代印度和古代美洲建筑等,只有中国建筑、伊斯兰建筑、欧洲建筑被认为是世界三大建筑体系,又以中国建筑和欧洲建筑延续时代最长,流传最广,成就也就更辉煌。

2. 世界三大建筑体系

1) 中国

中国是世界四大文明古国之一,有着悠久的历史,劳动人民用自己的血汗和智慧创造了辉煌的中国建筑文明。中国的古建筑是世界上历史最悠久,体系最完整的建筑体系,从单体建筑到院落组合、城市规划、园林布置等,在世界建筑史中都处于领先地位。中国建

筑独一无二地体现了"天人合一"的建筑思想。故宫是中国建筑的代表作品之一，它又称紫禁城，是明、清两代的皇宫。

2) 伊斯兰

伊斯兰建筑，西方称萨拉森建筑。它包括清真寺、伊斯兰学府、哈里发宫殿、陵墓以及各种公共设施、居民住宅等，是世界建筑艺术和伊斯兰文化的组成部分。它同欧洲建筑、中国建筑并称世界三大建筑体系。伊斯兰建筑以阿拉伯民族传统的建筑形式为基础，借鉴、吸收了两河流域、比利牛斯半岛以及世界各地、各民族的建筑艺术精华，以其独特的风格和多样的造型，创造了一大批具有历史意义和艺术价值的建筑物。

3) 欧洲

(1) 古罗马建筑。

古罗马人沿袭亚平宁半岛上伊特鲁里亚人的建筑技术，继承古希腊成就，在公元 1—3 世纪达到西方古代建筑极盛高峰。大型建筑物风格雄浑凝重，构图和谐统一，形式多样。有些建筑物内部空间艺术处理的重要性超过了外部体形。最有意义的是创造出柱式同拱券的组合，如券柱式和连续券，既作结构，又作装饰。

古罗马建筑.pdf

(2) 罗曼建筑。

它又译作罗马风，原意为罗马建筑风格的建筑，是 10—12 世纪欧洲基督教流行地区的一种建筑风格。罗曼建筑风格多见于修道院和教堂，承袭初期基督教建筑。

罗曼建筑.pdf

典型特征是：墙体巨大而厚实，墙面用连列小券，门宙洞口用同心多层小圆券，以减少沉重感。西面有一两座钟楼，有时拉丁十字交点和横厅上也有钟楼。中厅大小柱有韵律地交替布置。窗口窄小，将较大的内部空间造成阴暗神秘气氛。朴素的中厅与华丽的圣坛形成对比，中厅与侧廊较大的空间变化打破了古典建筑的均衡感。

(3) 哥特式建筑。

11 世纪下半叶，哥特式建筑首先在法国兴起，13—15 世纪流行于欧洲。这种建筑高耸入云，冲天而出，犹如王者的冠冕，傲视着冥冥众生。

哥特式教堂的结构体系由石头的骨架券和飞扶壁组成，大面积的彩色玻璃窗则是它的另一特色。

哥特式建筑.pdf

(4) 文艺复兴建筑。

文艺复兴建筑继哥特式建筑之后出现，15 世纪产生于意大利，后传播到欧洲其他地区，形成带有各自特点的各国文艺复兴建筑。

最明显的特征是抛弃中世纪时期的哥特式建筑风格，而在宗教和世俗建筑上重新采用古希腊罗马时期的柱式构图要素。文艺复兴时期的建筑师和艺术家们认为这种古典建筑，特别是古典柱式构图体现着和谐与理性，并且同人体美有相通之处。

文艺复兴建筑.pdf

(5) 巴洛克建筑。

巴洛克建筑是 17—18 世纪在意大利文艺复兴建筑基础上发展起来的。其特点是外形自由，追求动感，喜好使用富丽的装饰、雕刻和强烈的色彩，常用穿插的曲面和椭圆形空间来表现自由的思想和营造神秘的气氛。

巴洛克的原意是奇异古怪。这种风格在反对僵化的古形式、追求自由奔放的格调和表达世俗情趣等方面都起了重要作用,对城市广场、园林艺术以至文学艺术等都产生过影响。

1.2.3　中国近现代建筑

1. 近代中国建筑

中国近代建筑基本上是指在中国国土上于近代社会发展历史时期(1840—1949 年)所建造的建筑。从样式研究的角度来看中国近代建筑主要有三大类型。在中国几千年的古代封建社会里,虽然政治上有二十余个王朝的更替,文化上有多次的对外交流,但是,中国文化基本上是连续的一元文化。中国的建筑,在中国整个环境总影响之下,虽各个各自有时代的特征,其基本的方法及原则却始终一贯。

历史进入 19 世纪后,封建主义的清王朝经历"康乾盛世"而日趋衰落;欧美资本主义国家却因工业革命而迅猛发展。中西文化交流从明末清初开始,就不处在同一个起跑线上;鸦片战争以后,则完全以侵略和被侵略的方式进行。以 1840 年鸦片战争为标志,中国步入了半封建、半殖民地近代社会,以此为开端的中国近代建筑的历史进程,也被动地在西方建筑文化的冲击、激发与推动之下展开了。其间,一方面是中国传统建筑文化的继续,一方面是西方外来建筑文化的传播,这两种建筑活动的互相作用(碰撞、交叉和融合),就构成了中国近代建筑史的主线。

至 19 世纪末 20 世纪初,随着外国文化的大规模侵入,在中国国土上除了传统的古代建筑仍在延续、演变之外,外来的欧洲建筑样式逐渐多起来,在中国近代的建筑历史上形成以模仿或照搬西洋建筑为特征的一股潮流;20 世纪 20 年代以后,则又出现了以模仿中国古代建筑或对之改造为特征的另一股潮流。这两股潮流在中国近代建筑史上时隐时现,此起彼伏。加之 20 世纪 30 年代欧美"国际式"新建筑潮流的冲击,使中国近代建筑的历史呈现出中与西、古与今、新与旧多种体系并存、碰撞与交融的错综复杂状态。

2. 现代中国建筑

现代建筑受西方世界的影响,逐渐抛弃了原始的木构件建筑体而采用了混凝土框架结构。与一脉相承的建筑特点相比,现代中国的建筑外部造型简洁、明朗、清新、大方,为少占地多采用高层建筑。

中国现代建筑的布局依旧沿袭中国古代建筑的布局,只有中轴对称这种建筑布局非常明显。其他特点表现虽然并不突出,但在某些方面仍旧可以看到中国古代建筑布局的余韵。

现代建筑虽然材料众多,但可大致分为:无机胶凝材料;混凝土;建筑砂浆;墙体材料;建筑钢材;防水材料;绝热;吸声材料、木材、建筑装饰装修材料等几大类。无机胶凝材料可分为气硬性无机胶凝材料和水硬性无机胶凝材料。其中气硬性无机胶凝材料可分为石灰、石膏、水玻璃。水硬性无机胶凝材料可分为通用硅酸盐水泥、特种水泥、专用水泥。混凝土可分为普通混凝土、特种混凝土、新型混凝土。建筑砂浆可分为砌筑砂浆、抹面砂浆、特种砂浆。墙体材料可分为砌墙砖、建筑砌块、轻质墙板。建筑钢材按含碳量可分为碳素钢与合金钢,按性能可分为普通碳素结构钢和优质碳素结构钢以及低合金高强度钢、热轧钢筋和冷加工钢筋,按形状可分为型钢、钢板与钢管。防水材料可分为沥青、防

水卷材、其他沥青防水制品。绝热、吸声材料可分为无机绝热材料和有机绝热材料。建筑装饰装修材料可分为装饰石材、装饰陶瓷制品、建筑玻璃、建筑装饰、塑料建筑装饰涂料、金属装饰材料。

3．古代建筑与现代建筑的优缺点

（1）古代建筑的优缺点。

古代建筑的最大优点就是用材简单并且建造速度快。其缺点是因为大量使用木材，因时间久远，加之自然的破坏、战乱的影响，往往大量的古建筑无法保存下来。

（2）现代建筑的优缺点。

现代建筑最大的优点是高层化，有利于减少占地面积，适合于解决现代都市住房问题，且建筑质量比较坚固。其缺点是高层建筑的周期往往会很长，从一年到十年不等，甚至会超过十年。工程量也会因为建筑周期的变化而变化。

1.3 建 筑 方 针

1．建筑八字方针

建筑八字方针，是针对当前一些城市在建筑方面存在的贪大、媚洋、求怪、特色缺失和文化传承堪忧等现状，《中共中央国务院关于进一步加强城市规划建设管理工作的若干意见》提出的。建筑八字方针即"适用、经济、绿色、美观"，防止片面追求建筑外观形象，强化公共建筑和超限高层建筑设计管理。

2．含义

1952 年 7 月，第一次全国建筑工程会议提出建筑设计的总方针：①适用；②坚固安全；③经济；④适当照顾外形的美观。1955 年 2 月，建筑工程部召开设计及施工工作会议明确提出全国的建筑方针，就是"适用、经济、在可能条件下注意美观"。1956 年，国务院下发了《关于加强设计工作的决定》，明确提出"在民用建筑的设计中，必须全面掌握适用、经济、在可能条件下注意美观的原则"。

（1）适用。

适用包括满足使用功能要求，即恰当地确定建筑面积，合理的布局，必需的技术设备，良好的设施以及保温、隔声的环境。适用涉及技术和工艺、材料和设备，直接体现在建设标准上。适用必须"以人为本"，包括结构、场地安全，要考虑建筑物内外对使用人的健康影响。

（2）经济。

经济主要包括节约建筑造价，降低能源消耗及运行、维修和管理费用等，缩短建设周期。既要注意建筑物本身的经济效益，即提高资源的利用率达到经济的目的，又要注意建筑物的社会和环境的综合效益，即节约资源和保护环境。

（3）美观。

美观是建筑艺术的美，应当把建筑外观和内在空间相结合，与四周环境相协调；体现地域特点和民族文化，反映人们的审美情趣，反映社会经济进步而带来的对建筑审美的新要求；综合考虑新技术、新材料、新工艺以及新观念，突出时代精神。

1.4 建筑的分类及构成要素

1.4.1 民用及工业建筑工程

音频.建筑的分类.mp3

1. 民用建筑工程

民用建筑工程是指直接用于满足人们的物质和文化生活需要的非生产性建筑,主要包括:商住楼、综合楼、办公楼、教学楼、宾馆、宿舍及其他民用建筑工程。

民用建筑.pdf

2. 工业建筑工程

工业建筑工程是指从事物质生产和直接为生产服务的建筑工程,主要包括生产(加工)车间、实验车间、仓库、独立实验室、化验室、民用锅炉房、变电所和其他生产用建筑工程。

1.4.2 建筑的构成要素

工业建筑.pdf

构成建筑的基本要素是指不同历史条件下的建筑功能、建筑的物质技术条件和建筑形象(建筑艺术)。

(1) 建筑功能。建筑功能一是要满足人体活动所需的空间尺度;二是要满足人的生理要求,即要求建筑应具有良好的通风、采光、保温、防潮、隔声和防水等性能,为人们创造出舒适的生活环境;三是满足不同建筑使用特点的要求,即不同性质的建筑物在使用上又有不同的特点。

满足功能要求是建筑的主要目的,体现了建筑的实用性,在构成要素中起主导作用。

(2) 建筑的物质技术条件。建筑的物质技术条件是建造建筑物的手段,一般包括建筑材料、土地、制品、构配件技术、结构技术、施工技术和设备技术等。建筑的物质技术条件是建筑发展的重要因素。建筑技术和建筑设备

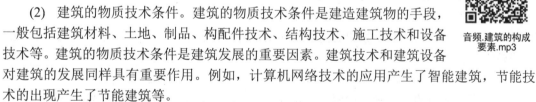
音频.建筑的构成
要素.mp3

对建筑的发展同样具有重要作用。例如,计算机网络技术的应用产生了智能建筑,节能技术的出现产生了节能建筑等。

(3) 建筑形象(艺术)。建筑除满足人们的使用要求外,又以它不同的空间组合、建筑造型、立面形式、细部与重点处理、材料的色彩和质感、光影和装饰处理等,构成一定的建筑形象。建筑形象是建筑的能和技术的综合反映。

1.5 现代科学技术对建筑的影响

1.5.1 现代建筑科技发展趋势

随着房地产业和现代科学技术的高速发展,人类进一步营造自己栖息的居住空间和环

境，对现代居住建筑的设计与建造提出了更高的要求，而且随着世界经济一体化步伐的日趋加快，不同国家地区各具特色的建设模式和发展经验，也必将使人们拓展视野，增长见识，进一步加快房地产业科技化的步伐。

现在，世界各国都在改善居住条件，不断改进室内设备和部品质量，进一步发展完善住宅建筑工业化，研究与开发新型建筑材料，开发建筑节能和新能，广泛应用计算机技术，发展机器人在建筑中的应用，研究环境治理的技术，加强对质量技术与管理研究等。总体发展趋势有以下特点。

(1) 注重利用高新技术更新改造房地产。

引进、利用高新技术，将其作为住宅产业科技进步的先导和技术革新的动力，将微电子技术、信息技术、生物技术、新材料、新能源等高新技术，应用于住宅的生产技术、材料技术、建筑节能、居住环境等方面，为解决技术难题、提高质量和效益，提供了可靠的技术保证。

同时，把建筑科技研究扩展到居住环境与城市建设发展方面，注重住宅质量功能与环境协调，研究城市规划、土地有效利用、交通水电等设施的发展对住宅科技的相互影响，为进一步提高居住水平，促进社会经济发展创造条件。

(2) 注重技术进步与研究成果转化。

技术进步和技术转移可以促进研究开发成果的实际应用，以较少的投入，提高整个行业的水平。因此，日、美等国非常重视将技术从官方转向民间，从大学、研究所转向企业，从大企业转向中小企业。技术成果最终要在企业转化为生产力，主要采取委托开发、推荐开发、技术转让、企业内部研究与开发的衔接等方式将科技成果转化为生产力。

(3) 注重研究开发投入。

日、美等发达国家住宅产业研究开发经费比例大大高于我国，但与本国其他产业相比，还是非常低。这也造成住宅产业的科技水平远落后于其他产业，而且不同规模企业之间差别很大。科技投入的主体，是一些大型的建筑企业或住宅产业集团。最近几年，国外住宅产业也提出要增加研究与开发的投入，加快向中小企业的技术扩散，用现代科技提高住宅产业及其相关的建筑业、建材业的技术管理水平。

同时，很多著名建筑学家和业内人士认为，绿色环保、智能化、健康型等类型建筑将形成较大的发展优势。

(4) 绿色环保建筑大行其道。

绿色环保建筑的概念是为适应"可持续发展"这一当前人类所面临的课题而提出的。地球上的资源是有限的，而人类的消耗太大，人类不得不面对资源更加匮乏的窘境。怎样节约资源，为后代留下足够的生存空间，建筑师们有两点考虑：一是建筑材料；二是造出来的房子自身消耗的能源要少。从绿色环保建筑的发展趋势看，一般认为，无毒、无害、无污染的建材和饰材将是市场消费的热点，其中室内装饰材料要求更高，绿色观念更强。具体要求是：绿色墙材，如草墙纸、丝绸墙布等；绿色地材，如环保地毯、保健地板等；绿色板材，如环保型石膏板，在冷热水中浸泡 48h 不变形、不污染；绿色照明，通过科学设计，形成新型照明环境；绿色家具，要求自然简单，保持原有木质花纹色彩，避免油漆污染。

现在，世界各国已经兴起一股绿色环保建筑的热潮。我国也非常重视生态、环保建筑的开发与建设。如上海建筑科学研究院正在加紧建设我国首幢生态办公楼，它充分利用太阳能、地热等再生能源，安装太阳能热水系统、太阳能空调，收集雨水再利用，全方位采取节能降耗技术，综合能耗为普通建筑的 1/4，再生能源利用率占建筑使用能耗的 20%，室内环境优质，再生建材资源利用率达 60%。

(5) 智能化建筑将成新宠。

建筑智能化，从技术的角度看，发展到当前已广泛应用的楼宇自动化控制，是一种保证现代化的建筑内全部设备整体正常运转的技术。智能化建筑首先解决的是安全问题和设备管理问题。安全问题主要包括保安和防火。通过电脑控制中心的可视电话和指纹识别系统，对来访者的身份加以辨别和确认，杜绝恶意来访者进入建筑或社区。适时的火灾预警系统不仅可以对发生的火情发出警报，而且在第一时间可以通知消防部门，同时启动自动控制设备进行相应的处理。设备管理包括两个方面：一是住户对设备的要求；二是物业管理者对设备的要求。

居住建筑智能化对建材饰材的要求是巧妙、实用、合理以及富有艺术性、装饰性。厨房设施要求系列化、立体化，充分利用空间，增加物品储藏量，更巧妙地减少油烟、噪声；传统"躺着"的洗浴设备要求"站立"起来，厨房笨重的水池要精巧化，占地过多的浴缸将被保温、节水、占地面积小的浴房所代替；衣柜、书架和桌椅讲究立体化、储量大，充分利用空间。

居住建筑智能化对安全的要求，从居住建筑可能发生的危险源入手去构造安全环境，要将安全防范的技术及管理问题纳入设计标准，以最大限度地提高居家安全度。国内不少地区已开始采用现代高科技，如多媒体安全防范及综合减灾物业管理系统，与社区及建筑物安全设计相结合，确保建筑物安全系统的自动化、智能化水平。

(6) 健康型建筑和特型建筑将成新的追求。

现有的建筑虽然不会对居住者的健康产生副作用，但确实存在着令人不舒服的因素，如建筑原材料的放射性问题。有的材料，包括建筑用土、混凝土和石材的含氡量比较高，会对人体产生一定的影响。解决这些问题一是从建筑材料方面入手，尽量减少可能有害物质的含量；二是加强建筑物的通风。法国有的建筑师在建筑模型完成后要进行"吹风"实验，以观察建筑物的通风性能，完善建筑群的整体规划。

英国住房协会为用户提供的特型建筑，有流线型顶棚、多层玻璃窗，装有太阳能供水和循环用水系统的建筑物，具有采光充分、内部空间灵活以节省建材的 21 世纪特型居住建筑。

住房是人类生存的基本物质条件，人居环境是生态环境的重要组成部分，居住质量是人类文明进步的重要标志，人居环境的恶化，不仅是发展中国家，而且也是发达国家共同面临的社会发展问题。为了人类的繁衍和发展，改善人类的居住环境，我们应加大对建筑科技的设计研究与开发实践。

【案例 1-3】在工业革命之前，建筑科学与建筑技术基本上是两个独立的体系，当时建筑的发展基本都只和技术有关。而自 19 世纪以来，由于社会生产力的提高和经济制度的演变，也由于两者自身发展的逻辑，两者之间的联系日益密切，形成了以建筑科学为先导的相互促进、共同发展的良性循环。现代的建筑科学更加技术化，现代的建筑技术更加科学化，科学与技术逐渐融为一体，于是产生了建筑科学技术这个连续体，也构成了一个联合

名词。同时建筑科学技术的发展也不断推动影响着建筑营造活动的发展。请分析现代科学技术发展对建筑的影响。

1.5.2 高层建筑

1. 高层建筑概述

高层建筑是指高度大于 27m 的住宅建筑和建筑高度大于 24m 的非单层厂房、仓库和其他民用建筑。

在美国，24.6m 或 7 层以上视为高层建筑；在日本，31m 或 8 层及以上视为高层建筑；在英国，把等于或大于 24.3m 的建筑视为高层建筑。中国《高层建筑混凝土结构技术规程》(JGJ3-2010)规定 10 层及 10 层以上或房屋高度大于 28m 的住宅建筑以及房屋高度大于 24 米的其他高层民用建筑混凝土结构为高层建筑。

迪拜塔.pdf

公元前 280 年，古埃及人建造了高 100 多米的亚历山大港灯塔。公元 523 年，中国河南登封市建成高 40m 的嵩岳寺塔。现代高层建筑兴起于美国，1883 年在芝加哥建起第一幢高 11 层的家庭保险公司大楼，1931 年在纽约建成高 102 层的帝国大厦。第二次世界大战以后，出现了世界范围的高层建筑繁荣时期。1970—1974 年建成的美国芝加哥西尔斯大厦，高约 443m。

在中国，旧规范规定：8 层以上的建筑都被称为高层建筑，而目前，接近 20 层的称为中高层，30 层左右接近 100m 称为高层建筑，而 50 层左右 200m 以上称为超高层。在新析《高层建筑混凝土结构技术规程》(JGJ3－2002)里规定：10 层及 10 层以上或高度超过 28m 的钢筋混凝土结构称为高层建筑结构。当建筑高度超过 100m 时，称为超高层建筑。

2. 我国高层建筑历史及现状

我国最早的高层建筑始于公元 523 年，也就是现在的河南嵩岳寺塔，高度约为 50m；而比它晚约 500 年的山西应县木塔高 67.31m，堪称世界木结构的奇迹。

高层建筑.mp4

近代我国高层建筑起源于 20 世纪初的上海，起初由于经济、技术水平有限，高层建筑发展较为缓慢。自改革开放以来，随着我国经济高速发展，城市人口不断增多，建设用地紧缺，高层建筑迅速成为城市建筑的主体。主要可分为以下为四个阶段。

第一阶段，从新中国成立到 20 世纪 60 年代末，属于初步发展阶段，主要以 20 层以下的框架结构为主。例如北京民族饭店、广州人民大厦等建筑。

第二阶段为 20 世纪 70 年代，以 20～30 层建筑为主，主要用于住宅、旅馆、办公楼等。例如北京饭店新址、广州白云宾馆等建筑。

第三阶段为 20 世纪 80 年代，仅 1980—1983 年所建的高层建筑就相当于新中国成立以来 30 多年中所建高层建筑的总和。这其中比较突出的有深圳发展中心大厦、广州国际大厦。

第四阶段从 20 世纪 90 年代开始，高层建筑兴建速度加快，1990—1994 年，每年建成 10 层以上建筑在 1000 万平方米以上，占全国已建成的高层建筑的 40%。同时，超高层建筑也在发展，其层数和高度增长更快，建成了多座 200m 以上的高层建筑。如上海环球金融中

心共 97 层、高 492m，是地标性建筑。

3．高层建筑的优缺点

（1）优点。

高层建筑可以带来明显的社会经济效益。第一使人口集中，可利用建筑内部的竖向和横向交通缩短部门之间的联系距离，从而提高效率；第二能使大面积建筑的用地大幅度缩小，有可能在城市中心地段选址；第三，可以减少市政建设投资和缩短建筑工期。第四，高层建筑远离地面区，有较好的通风和较高的空气质量品质。第五高层建筑也是一个城市发展程度的一种标志。

（2）缺点。

主要有：①关于城市经济效益和环境效益问题，应遵照城市规划部门指定的地段和控制高度建造，而不能完全根据建筑本身的需要；②高层建筑由于应力增加，设备和装修水平必须提高，施工难度增大，因而造价必然大大高于多层建筑。因此，需要各专业设计人员密切合作，使平面布局合理，提高使用系数，做到构造简洁，自重轻，便于安装，综合降低造价；③高层建筑最突出的是防火安全设计，各专业设计人员应严格遵守高层建筑设计防火规范的规定。新闻上经常说到高层建筑的火灾问题，可见其防火安全的设计相对比较困难。

4．高层建筑的特点

（1）可以获得更多的建筑面积解决用地问题。

（2）高层建筑比多层建筑能够提供更多的空闲地面。

（3）从城市建设和管理来看，建筑物向外延伸，可以缩小城市的平面规模，缩短道路管线的长度，节省投资。

（4）从建筑防火的角度来看，高层防火要求更高，也增加了高层的工程造价和运行成本。

（5）风荷载和地震作用在高层建筑分析和设计中起到重要作用。

5．高层建筑的结构体系

目前国内高层建筑有四大结构体系：框架结构、剪力墙结构、框架-剪力墙结构和筒体结构。

1）框架结构体系

框架结构体系是由楼板、梁、柱及基础四种承重构件组成。由梁、柱、基础构成平面框架，它是主要承重结构。各平面框架再由连系梁连系起来，即形成一个空间结构体系，它是高层建筑中常用的结构形式之一。

（1）框架结构体系的优点是建筑平面布置灵活，能获得较大空间，建筑立面也容易处理，结构自重轻，计算理论也比较成熟，在一定高度范围内造价较低。

（2）框架结构的缺点是框架结构本身柔性较大，抗侧力刚度较差，在风荷载作用下会产生较大的水平位移，在地震荷载作用下非结构构件破坏比较严重。

（3）框架结构的适用范围：框架结构的合理层数一般是 6～15 层，最经济的层数是 10 层左右。由于框架结构能提供较大的建筑空间，平面布置灵活，可适合多种工艺与使用的

要求，已广泛应用于办公、住宅、商店、医院、旅馆、学校及多层工业厂房和仓库中。

2) 剪力墙结构体系

在高层建筑中，为了提高房屋结构的抗侧力刚度，在其中设置的钢筋混凝土墙体称为"剪力墙"，剪力墙的主要作用在于提高整个房屋的抗剪强度和刚度，墙体同时也可作为维护及房间分隔构件。

(1) 剪力墙结构中，由钢筋混凝土墙体承受全部水平和竖向荷载，剪力墙沿横向纵向正交布置或沿多轴线斜交布置，它刚度大，空间整体性好，用钢量省。在历次地震中，剪力墙结构表现了良好的抗震性能，震害较少发生，而且程度也较轻微。在住宅和旅馆客房中采用剪力墙结构可以较好地适应墙体较多、房间面积不太大的特点，而且可以使房间不露梁柱，整齐美观。

(2) 剪力墙结构墙体较多，不容易布置面积较大的房间。为了满足旅馆布置门厅、餐厅、会议室等大面积公共用房的要求，以及在住宅楼底层布置商店和公共设施的要求，可以将部分底层或部分楼层取消剪力墙代之以框架，形成框架—剪力墙结构。

(3) 在框架—剪力墙中，底层柱的刚度较小，形成上下刚度突变，在地震作用下底层柱会产生很大内力及塑性变形，因此，在地震区不允许采用这种框架—剪力墙结构。

3) 框架—剪力墙结构体系

在框架结构中布置一定数量的剪力墙，可以组成框架—剪力墙结构，这种结构既有框架结构布置灵活、使用方便的特点，又有较大的刚度和较强的抗震能力，因而广泛地应用于高层建筑中的办公楼和旅馆。

4) 筒体结构体系

随着建筑层数、高度的增加和抗震设防要求的提高，以平面工作状态的框架、剪力墙来组成高层建筑结构体系，往往不能满足要求。这时可以由剪力墙构成空间薄壁筒体，成为竖向悬臂箱形梁，加密柱子，以增强梁的刚度，也可以形成空间整体受力的框筒，由一个或多个筒体为主抵抗水平力的结构。通常筒体结构有4种。

(1) 框架—筒体结构。中央布置剪力墙薄壁筒，由它承受大部分水平力，周边布置大柱距的普通框架，这种结构受力特点类似框架—剪力墙结构，目前南宁市的地王大厦就采用这种结构。

(2) 筒中筒结构。筒中筒结构由内、外两个筒体组合而成，内筒为剪力墙薄壁筒，外筒为密柱(通常柱距不大于3m)组成的框筒。由于外柱很密，梁刚度很大，门密洞口面积小(一般不大于墙体面积50%)，因而框筒工作不同于普通平面框架，而有很好的空间整体作用，类似一个多孔的竖向箱形梁，有很好的抗风和抗震性能。目前国内最高的钢筋混凝土结构如上海金茂大厦(88层、420.5 m)、广州中天广场大厦(80层、320 m)都采用的是筒中筒结构。

(3) 成束筒结构。在平面内设置多个剪力墙薄壁筒体，每个筒体都比较小，这种结构多用于平面形状复杂的建筑中。

(4) 巨型结构体系。巨型结构是由若干个巨柱(通常由电梯井或大面积实体柱组成)以及巨梁(每隔几层或十几个楼层设一道，梁截面一般占1~2层楼高度)组成一级巨型框架，承受主要水平力和竖向荷载，其余的楼面梁、柱组成二级结构，它只是将楼面荷载传递到第一级框架结构上去。这种结构的二级结构梁柱截面较小，建筑布置有更大的灵活性和平面空间。

1.5.3 大跨度建筑

1. 大跨度建筑的概念

大跨度建筑通常是指跨度在30m以上的建筑，我国现行钢结构规范规定跨度60m以上的结构为大跨度结构，主要用于民用建筑的影剧院、体育场馆、展览馆、大会堂、航空港以及其他大型公共建筑。在工业建筑中，则主要用于飞机装配车间、飞机库和其他大跨度厂房。大跨度建筑结构包括网架结构、网壳结构、悬索结构、桁架结构、膜结构、薄壳结构等基本空间结构及各类组合空间结构，如图1-17所示。

图1-17 大跨度建筑

2. 大跨度建筑历史沿革

大跨度建筑在古代罗马已经出现，如公元120—124年建成的罗马万神庙，呈圆形平面，穹顶直径达43.3m，用天然混凝土浇筑而成，是罗马穹顶技术的光辉典范。在万神庙之前，罗马最大的穹顶是公元1世纪阿维奴斯地方的一所浴场的穹顶，直径大约38m。然而大跨度建筑真正得到迅速发展还是在19世纪后半叶以后，特别是第二次世界大战后的几十年中。例如1889年为巴黎世界博览会建造的机械馆，跨度达到115m，采用三铰拱钢结构；又如1912—1913年在波兰布雷斯劳建成的百年大厅直径为65m，采用钢筋混凝土肋穹顶结构。目前世界上跨度最大的建筑是美国底特律的韦恩县体育馆，圆形平面，直径达266m，为钢网壳结构。我国大跨度建筑是在新中国成立后才迅速发展起来的，20世纪70年代建成的上海体育馆，圆形平面，直径110m，钢平板网架结构。我国目前以钢索及膜材做成的结构最大跨度已达到320m。

大跨度建筑迅速发展的原因，一方面是由于社会发展使建筑功能愈来愈复杂，需要建造高大的建筑空间来满足群众集会、举行大型的文艺体育表演、举办盛大的各种博览会等的要求；另一方面则是新材料、新结构、新技术的出现，促进了大跨度建筑的进步。一是需要，二是可能，两者相辅相成，相互促进，缺一不可。例如在古希腊、古罗马时代就出现了规模宏大的能容纳

罗马万神庙.pdf

几万人的大剧场和大角斗场，但当时的材料和结构技术条件却无法建造能覆盖上百米跨度的屋顶结构，结果只能建成露天的大剧场和露天的大角斗场。19世纪后半叶以来，钢结构

建筑工程概论

和钢筋混凝土结构在建筑上的广泛应用，使大跨度建筑有了很快的发展，特别是近几十年来新品种的钢材和水泥在强度方面有了很大的提高，各种轻质高强度材料、新型化学材料、高效能防水材料、高效能绝热材料的出现，为建造各种新型的大跨度结构和各种造型新颖的大跨度建筑创造了更有利的物质技术条件。

大跨度建筑发展的历史比起传统建筑毕竟是短暂的，它们大多为公共建筑，人流集中，占地面积大，结构跨度大，从总体规划、个体设计到构造技术都提出了许多新的研究课题，需要建筑工作者去探究。

 本章小结

通过学习本章的内容，同学们可以了解中国建筑的历史及发展；了解建筑基本概述及建筑的方针；熟悉建筑的分类及构成要素；了解现代科学技术对建筑的影响。通过本章的学习，同学们还可以对建筑有一个基本的认识，为以后的学习和工作打下坚实的基础。

 实训练习

一、单选题

1. 佛教建筑在初期受到( )影响的同时，很快就开始了中国化的过程。
    A. 印度　　　　B. 中国　　　　　　C. 古巴　　　　D. 泰国
2. 北京民居的代表是( )。
    A. 四合院　　　B. 窑洞　　　　　　C. 吊脚楼　　　D. 碉房
3. 在中国，旧规范规定：( )层以上的建筑都被称为高层建筑。
    A. 7　　　　　　B. 8　　　　　　　　C. 9　　　　　D. 6
4. 我国最早的高层建筑始于公元( )年。
    A. 525　　　　B. 514　　　　　　C. 534　　　　D. 524
5. 大跨度建筑通常是指跨度在30m以上的建筑，我国现行《钢结构设计规范》规定跨度( )m以上的屋盖结构为大跨度结构。
    A. 60　　　　　B. 50　　　　　　　C. 70　　　　　D. 90

二、多选题

1. 中国古代建筑的类型很多，主要有( )。
    A. 宫殿　　　　　　　　　B. 坛庙　　　　　　　　　C. 寺观
    D. 佛塔　　　　　　　　　E. 高层建筑
2. 建筑工程专业主要负责土木工程专业建筑工程方面的教学与管理。主要讲述( )基础理论。
    A. 工程力学　　　　　　　B. 安装　　　　　　　　　C. 测量学
    D. 房屋建筑　　　　　　　E. 结构工程学科
3. 欧洲建筑风格的类型有( )。

  A. 巴洛克建筑   B. 文艺复兴建筑   C. 哥特式建筑

  D. 罗曼建筑   E. 古中国宗教建筑

4. 建筑的方针是(　　)。

  A. 适用   B. 经济   C. 绿色

  D. 耐用   E. 美观

5. 大跨度建筑结构包括(　　)。

  A. 钢结构   B. 膜结构   C. 悬索结构

  D. 薄壳结构   E. 网架结构

三、简答题

1. 世界建筑体系包括哪些内容？

2. 建筑八字方针包括哪些内容？

3. 简述高层建筑的优缺点。

第1章习题答案.pdf

实训工作单

班级		姓名		日期	
教学项目		我国建筑工程的发展			
任务	掌握建筑工程的概念		工具	相关拓展资源	
其他项目					

过程记录

评语				指导老师	

第2章 建筑设计、规划与建筑文化

【学习目标】

1. 熟悉建筑设计基本知识
2. 熟悉抗震设计与设防
3. 了解中国传统建筑文化

第2章 建筑设计、规划与建筑文化.pptx

【教学要求】

本章要点	掌握层次	相关知识点
建筑设计程序	掌握建筑设计程序	建筑设计
抗震设计与设防	熟悉抗震设计与设防	抗震设计的重要性
建筑风水的选址原则	掌握建筑风水的选址原则	建筑风水

【案例导入】

北京站站舍大楼坐南朝北,东西宽218m,南北最大进深124 m,建筑面积71054 m^2。站前广场面积40000 m^2。站内主要服务设施有:大小贵宾室6个,软席候车室1个,普通候车室4个,高架检票厅候车室1个,重点旅客候车区4个。站内设有:第一候车室、第二候车室、第三候车室、第四候车室、中央检票厅、第一软席候车室、第二软席候车室、和谐号候车室、北京站商务中心、036敬老助残服务室。进站天桥2座,自动扶梯6部,直升电梯7座。售票厅、国际售票处、中转签字加快各1处。

【问题导入】

请结合自身所学的相关知识,根据本案的相关背景,试简述该建筑物符合哪些建筑风水的选址原则。

2.1 建筑设计基本知识

2.1.1 建筑设计程序

工程设计从提出设计要求到完成设计,一般需要经历以下几个阶段。

音频.建筑设计程序.mp3

(1) 提出设计要求。

这是设计工作的第一步。设计要求通常由用户以设计任务书形式或订货合同形式提出。如果该任务书是一个更大项目的一部分，则由大项目的总体设计者提出。设计要求中应包括项目内容、设计目的和用途，各项性能指标、使用环境、使用条件等，一般还要包括相关设备的情况及彼此之间的配合关系和信息交换方式等项内容。

(2) 初步分析研究。

设计者根据设计要求研究可能的各种设计方案，拟定可行的设计方向和路线。在这一阶段，要充分运用设计者所掌握的基础理论知识及设计者具有的多方面的实践经验，需要分析、综合、组合，需要一定的想象力和创造力。设计中如得出多个方案，对每个方案的利弊应有基本的分析。

(3) 调查研究。

要想在可能的方案中确定一个最合理和可行的方案，或证实某一方案是否可行，通常必须进行调查研究。调查研究一般可从两个方面进行：一是检索文献资料(已有的设计档案、报纸杂志、专利文献等)；二是对同类工程或产品进行考察和研究，对完成的工程项目或产品实物进行调查研究。

(4) 提出初步设计。

在调查研究的基础上，对原设计的各种方案，与调查研究时得到的各种方案做进一步的比较分析，对其中的一些方案加以修正和综合，从中选出最适当的方案作为设计的基础，并进行工程的概预算。

(5) 建模与计算分析。

在初步设计的基础上，进行更详细和更确切的论证。在这一阶段，应就基本方案的主要参数进行分析和计算。为此，往往要为设计对象建立计算模型。通常用计算机仿真的方法，必要时也可采用实物模型。与此同时，要对所提出的设计进行性能分析。如果性能指标达不到要求，应对所提出的设计进行修改。

(6) 详细的设计计算。

在基本设计方案被证明可行后，可转入结构尺寸、结构材料和加工等方面参数的设计计算。

(7) 绘图与编制技术文件。

包括绘制完整的图纸，编制各种有关的技术文件。这一步和上面两步都有大量的工作要做，最便于计算机发挥作用。

(8) 施工图设计。

施工图设计也称详细设计，它是工程设计最终的设计阶段。施工图是工程建设或产品试制的实施依据。完整的施工图包括全部工程内容的图样、尺寸、结构、形状、构造、设备等，并备齐施工安装的图纸、说明书、计算书和预算书。施工图是为施工建设服务的，要求详尽、细致、准确、齐全、简明、清晰，以保证设计意图从技术上、经济上、施工方法上均能合理实现。

【案例 2-1】巴黎凯旋门坐落在巴黎市中心星形广场(现称戴高乐将军广场)的中央，是法国为纪念拿破仑 1806 年 2 月在奥斯特尔里茨战役中打败俄、奥联军而建的，12 条大街以凯旋门为中心，向四周辐射，气势磅礴，形似星光四射。工程由建筑师夏尔格兰设计，1806

年 8 月奠基，历时 30 个寒暑，于 1836 年 7 月落成。凯旋门高 49.54m，宽 44.82m，厚 22.21m。它四面有门，中心拱门宽 14.6m，门楼以两座高墩为支柱，中间有电梯上下。在拱形圆顶之上有三层围廊，最高一层是陈列室，这里展示着有关凯旋门的各种历史文物以及拿破仑生平事迹的图片；第二层收藏着各种法国勋章、奖章；最低一层则是凯旋门的警卫处和会计室。

结合自身所学的相关知识，试确定建筑设计的原则。

2.1.2 建筑设计的原则

音频.建筑设计
原则.mp3

工程建设的目的，从总体讲是为了增强国家或地区的综合实力，它是社会发展、经济发展的基础之一。因此，工程设计师必须把社会效益、经济效益、环境效益等作为设计工作的原则。一般来讲，工程设计的原则包括以下几个方面。

(1) 实事求是原则。

工程设计工作是严肃的科学技术工作。尊重科学，尊重事实，按客观规律办事是工程设计师起码的职业道德。

要坚持实事求是的原则，就不能随心所欲，人云亦云，视而不见，见而不闻。坚持实事求是的原则，就要认真进行调查研究，要有刻苦耐劳的精神，要勇于排除阻力和干扰，要有扎实的基本功，能透过现象看到本质。

(2) 精益求精原则。

工作认真负责，精益求精是工程设计工作的重要原则之一。工程设计是工程建设的灵魂。要创造性地完成某项工程的设计，在设计中采用的技术路线、设计方法、设计技巧以及完成的设计图纸等无处不体现出工程设计师的工作态度和综合素质：衡量设计质量的一个重要指标是看设计图纸中的错误率，错误率愈高质量愈差，反之亦然。严格地说，世界上没有完美无缺找不出一丝差错的工程，更不存在没有差错的设计。但是通过努力，精益求精，可以使设计的出错率减少到最低限度，提高工程设计的质量。

(3) 安全可靠性原则。

工程的安全性与可靠性是确保人们生命财产安全的重要问题，也是工程设计的重要原则之一。我国一直十分重视安全生产，并把安全生产作为基本方针确定下来。要做到安全生产，除了加强生产管理外，工程设计与工程建设也要提供有利条件和可靠保证。搞矿井设计要考虑矿工的生命安全，搞水库设计要把下游人民群众的生命财产放到首位，搞工厂设计要把防火、防爆、防污染等安全措施考虑周全……总之，工程设计中要把安全性与可靠性贯穿到每个设计阶段和每个环节，不管搞哪类工程设计，除以正常使用情况下的安全可靠性为设计依据外，还要留有一定的安全裕度，考虑非常情况下的安全措施，并全面考虑非常情况下的安全问题。

(4) 经济性原则。

降低成本、厉行节约是我国的优良传统和基本国策，工程设计师必须坚持这一原则。工程建设中的浪费现象，有一半是工程设计造成的，工程设计师在图纸上增加或减少一个线条，少注或错注一个数字，就可能导致严重浪费，在设备选型上，造成"大马拉小车"的后果不计其数。

降低成本、厉行节约并不是指工程设计搞得越简陋越好。这是一种错误观点。降低成本、厉行节约要建立在方便实用、安全可靠的基础上。经济性原则应全面理解为：在确保安全可靠性及方便使用的基础上，要求用最短的建设时间、耗费最少的人力、物力、土地，使工程发挥最大的效益。

(5) 可持续发展性原则。

工程设计必须立足现代，考虑未来，工程设计师要有远见卓识，设计的工程项目要遵循可持续发展的原则。值得注意的是，这些年我国在经济飞速发展的同时，自然环境也遭到了空前的破坏。只注重眼前的经济效益而不顾长远的社会效益和环境效益的现象不是个别项目，也不是个别地区，一定要引起工程设计师的高度重视。这种现象的出现，不是偶然的，也不都是设计师造成的，原因很复杂，有历史的背景也有现实的社会问题，但不能排除工程设计师应负的责任。因此，工程设计师要首先端正工作态度，树立正确的设计思想，在自己的设计活动中，从每个项目的可行性研究开始，就要注意设计项目的经济效益、社会效益和环境效益，综合地、客观地、科学地评价工程项目。对那些不该建的工程项目，设计师要敢于抵制。作为科技工作者，不能搞实用主义，也不能单纯图谋本单位或个人的利益，要从长远的观点出发，要把祖国的兴旺富强与全民族的未来牢记在心。

(6) 方便使用的原则。

广义地讲，工程建设就是为了使用，尽管使用的功能和性质有区别，但使用的目的无非是物质的和精神的两个方面。例如，建造生产厂房、公用基础设施等，其使用价值主要体现的是物质的效果。而修筑纪念碑、公园等，其使用价值主要体现的是精神的效果

要想抓住方便使用这个设计活动的本质并不困难，主要是工程设计师要学会换位思考，站在用户的角度考虑问题。有位从事土木工程教育的老教授曾经说过：假如你设计的东西就是你自己去用，你就知道该怎么设计了。这句话虽然讲得很通俗但含义很深。

(7) 观赏性原则。

美观大方能否作为设计师的工作原则，这个问题值得探讨。对于建筑学专业、装饰装修专业来讲，是容易理解和承认的。而对于如工程设计、采暖通风、电气工程、结构工程等专业来讲，就不容易被接受和认可。现代工程建设，必须重视工程的综合效益，其中它的观赏价值已被普遍重视。工程建设是百年大计，它不同于一般商品可以不断更新换代，这一点要特别引起每位设计师的高度重视。在满足使用、节省资金的条件下，要从整体上、局部配套上全面体现观赏性原则。

工程设计中的观赏性原则包含三层含义：一是尽量将工程与艺术有机地结合起来；二是其美观不单纯指外形设计，而强调它的整体美；三是美的工程，不一定要增加造价，也不一定需要豪华的装饰。因此，要求工程设计师既要把工程设计当作科学技术的创作，也要把它看作艺术的创造。工程设计师是运用材料、结构、绿化等物质手段，把人类社会的生活和生产活动对工程建设的要求转化成为具体的有一定形状、大小、且彼此有机联系的"产品"。

2.1.3 建筑设计风格

建筑风格指建筑设计中在内容和外貌方面所反映的特征，主要在于建筑的平面布局、形态构成、艺术处理和手法运用等方面所显示的独创和完美的

建筑风格.mp4

意境。建筑风格因受时代的政治、社会、经济、建筑材料和建筑技术等的制约以及建筑设计思想、观点和艺术素养等的影响而有所不同。如外国建筑史中，古希腊、古罗马有多立克、爱奥尼克和科林斯等代表性建筑柱式风格；中古时代有哥特建筑的建筑风格；文艺复兴后期有运用矫揉奇异手法的巴洛克和纤巧烦琐的洛可可等建筑风格。我国古代宫殿建筑，其平面严谨对称，主次分明，砖墙木梁架结构，飞檐、斗栱、藻井和雕梁画栋等形成中国特有的建筑风格。建筑设计风格分类如下。

(1) 新古典主义。

新古典主义风格的建筑外观吸取了类似"欧陆风格"的一些元素处理手法，但加以简化或局部适用，配以大面积墙及玻璃或简单线脚构架，在色彩上以大面积浅色为主，装饰相对简化，追求一种轻松、清新、典雅的气氛，可称是"后欧陆式"但较之前者却又进一步理性。中国现存这种建筑风格较多，属于主导型的建筑风格，如图2-1所示。

新古典主义.pdf

(2) 现代主义。

现代风格的作品大都以体现时代特征为主，没有过分的装饰，一切从功能出发，讲究造型比例适度、空间结构明确美观，强调外观的明快、简洁。体现了现代生活快节奏、简约和实用，但又富有朝气的生活气息，如图 2-2 所示。

现代主义.pdf

图2-1 古典主义建筑

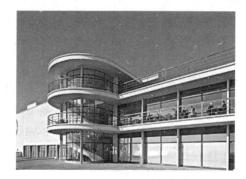

图2-2 现代主义建筑

(3) 异域风格。

这类建筑大多由境外设计师所设计，其特点是将国外建筑"原版移植"过来，植入了现代生活理念，同时又带有种种异域情调，如图2-3所示。

图2-3 异域风格建筑

异域风格.pdf

(4) 普通风格。

这类建筑很难就其建筑外观在风格上下定义，它们的出现大概与商品房开发所处的经济发展阶段、环境或开发商的认识水平、审美能力和开发实力有关。这种建筑形象平淡，建筑外立面朴素，无过多的装饰，外墙面的材料亦无细致考虑，显得普通化。

(5) 主题风格。

主题型楼盘是房地产策划的产物，2000 年流行一时。这种楼盘以策划为主导，构造楼盘的开发主题和营销主题，规划设计依此为依据展开。

【案例 2-2】埃菲尔铁塔是现代巴黎的标志，是一座于 1889 年建成位于、法国巴黎战神广场上的镂空结构铁塔，高 320m。埃菲尔铁塔得名于它的设计师桥梁工程师——居斯塔夫•埃菲尔。铁塔设计离奇独特，是世界建筑史上的技术杰作，因而成为法国和巴黎的一个重要景点和突出标志。

结合自身所学的相关知识，试分析埃菲尔铁塔采用何种建筑设计风格。

2.2 抗震设计与设防

2.2.1 地震的概念及分类

地震又称地动、地震动，是地壳在快速释放能量过程中造成的震动，其间会产生一种叫作地震波的自然现象。地球上板块与板块之间相互挤压碰撞，造成板块边沿及板块内部产生错动和破裂，是引起地震的主要原因。

地震开始发生的地点称为震源，震源正上方的地面称为震中。破坏性地震的地面震动最剧烈处称为极震区，极震区往往也就是震中所在的地区。地震常常可造成严重的人员伤亡，能引起火灾、水灾、有毒气体泄漏、细菌及放射性物质扩散，还可能造成海啸、滑坡、崩塌、地裂缝等次生灾害。

(1) 按发生的位置分类。

板缘地震(板块边界地震)：发生在板块边界上的地震，环太平洋地震带上绝大多数地震属于此类。

板内地震：发生在板块内部的地震，如欧亚大陆内部(包括中国)的地震多属此类。板内地震除与板块运动有关外，还要受局部地质环境的影响，其发震的原因与规律比板缘地震更复杂。

火山地震：火山爆发时所引起的能量冲击而产生的地壳振动。

(2) 根据震动性质不同分类。

天然地震：指自然界发生的地震现象。

人工地震：由爆破、核试验等人为因素引起的地面震动。

音频.抗震设防.mp3

脉动：由于大气活动、海浪冲击等原因引起的地球表层的经常性微动。

(3) 按震级大小分类。

弱震：震级小于 3 级的地震。

有感地震：震级等于或大于 3 级、小于或等于 4.5 级的地震。

中强震：震级大于 4.5 级，小于 6 级的地震；

强震：震级等于或大于 6 级的地震，其中震级大于或等于 8 级的叫巨大地震。

(4) 按破坏程度分类。

一般破坏性地震：造成数人至数十人死亡，或直接经济损失在一亿元以下的地震。

中等破坏性地震：造成数十人至数百人死亡，或直接经济损失在一亿元以上(不含一亿元)、五亿元以下的地震。

严重破坏性地震：人口稠密地区发生的七级以上地震、大中城市发生的六级以上地震，或者造成数百至数千人死亡，或直接经济损失在五亿元以上、三十亿元以下的地震。

特大破坏性地震：大中城市发生的七级以上地震，或造成万人以上死亡，或直接经济损失在三十亿元以上的地震。

2.2.2 地震灾害及其特点

大地震动是地震最直观、最普遍的表现。在海底或滨海地区发生的强烈地震，能引起巨大的波浪，称为海啸。在大陆地区发生的强烈地震，会引发滑坡、崩塌、地裂缝等次生灾害。

破坏性地震一般是浅源地震。对于同样大小的地震，由于震源深度不一样，对地面造成的破坏程度也不一样。震源越浅，破坏越大，但波及范围也越小，反之亦然。破坏性地震如 1976 年的唐山地震的震源深度为 12 公里。

地震可由地震仪所测量，地震的震级用作表示由震源释放出来的能量，以"里氏地震规模"来表示，烈度则通过"修订麦加利地震烈度表"来表示。地震释放的能量决定地震的震级，释放的能量越大震级越大，地震相差一级，能量相差约 30 倍。震级相差 0.1 级，释放的能量平均相差 1.4 倍。1995 年日本大阪、神户 7.2 级地震所释放的能量相当于 1000 颗二战时美国向日本广岛长崎投放的原子弹的能量。

(1) 地震成灾具有瞬时性。地震在瞬间发生，地震作用的时间很短，最短十几秒，最长两三分钟就造成山崩地裂，房倒屋塌，使人猝不及防、措手不及。人类辛勤建设的文明在瞬间毁灭，地震爆发的当时人们无法在短时间内组织有效的抗御行动。

(2) 地震造成伤亡大。地震使大量房屋倒塌，是造成人员伤亡的元凶，尤其一些地震发生在人们熟睡的夜间。据 1988 年"国际减轻自然灾害十年"专家组的不完全统计，20 世纪全球地震灾害死亡总人数超过 120 万人，其中伤亡人数最多的是 1976 年 7 月 28 日中国唐山 7.8 级大地震，死亡 24.2 万余人，重伤 16.4 万余人。1900—1986 年地震死亡人数占所有自然灾害死亡人数的 58%，其中中国的地震死亡人数最多，占 42%，这主要是因为以前中国的房屋抗震能力差，人口密集。统计表明，约 60% 的死亡是抗震能力差的砖石房屋倒塌造成的。

(3) 地震还易引起火灾、有毒有害气体扩散等次生灾害。1906 年美国旧金山地震、1923 年日本关东地震、1995 年日本大阪神户地震等都引发了大火，关东地震死亡的 14 万人当中，约 10 万人因火灾死亡。

2.2.3 中国地震带分布

汶川地震.pdf

中国的地震活动主要分布在 5 个地区，这 5 个地区是：台湾地区及其附近周边地区地震分布海域；西南地区，包括西藏、四川中西部和云南中西部；西部地区，主要在甘肃河西走廊、青海、宁夏以及新疆天山南北麓；华北地区，主要在太行山两侧、汾渭河谷、阴山、燕山一带、山东中部和渤海湾；东南沿海地区，广东、福建等地。

从中国的宁夏，经甘肃东部、四川中西部直至云南，有一条纵贯中国大陆、大致呈南北走向的地震密集带，历史上曾多次发生强烈地震，被称为中国南北地震带。2008 年 5 月 12 日汶川 8.0 级地震就发生在该带中南段。该带向北可延伸至蒙古境内，向南可到缅甸。

2.2.4 抗震设防

1. 设防环节

(1) 抗震设防要求制定区划图、开展地震小区划和地震安全性评价。

(2) 抗震设计：按照抗震设防要求和抗震设计规范进行设计。

(3) 抗震施工：按照抗震设计进行施工。

简单地说，设防就是在工程建设时制订防御地震灾害的措施，涉及工程的规划选址、工程设计与施工，一直到竣工验收的全过程。

2. 建筑场地

1) 建筑场地选择

选择好建筑场地，千万不要在不利于抗震的场地建房，不利于抗震的场地有。

(1) 活动断层及其附近地区。

(2) 饱含水的松砂层、软弱的淤泥层、松软的人工填土层。

(3) 古河道、旧池塘和河滩地。

(4) 容易产生开裂、沉陷、滑移的陡坡、河坎。

(5) 细长突出的山嘴、高耸的山包或三面临水田的台地等。

2) 房屋加固

为了抗御地震的突然袭击，要经常注意老旧房屋的维修保养。墙体如有裂缝或歪闪，要及时修理；易风化酥碱的土墙，要定期抹面；屋顶漏水应迅速修补；大雨过后要马上排除房屋周围积水，以免其长期浸泡墙基。木梁和柱等要预防腐朽虫蛀，如有损坏应及时检修。

必要时可对房屋进行简单加固，具体方法如下。

(1) 墙体的加固。墙体有两种，一种是承重墙，另一种是非承重墙。加固的方法有拆砖补缝、钢筋拉结、附墙加固等。

(2) 楼房和房屋顶盖的加固。一般采用水泥砂浆重新填实、配筋加厚的方法。

(3) 建筑物突出部位的加固。如对烟囱、女儿墙、出屋顶的水箱间、楼梯间等部位采取适当措施，设置竖向拉条，拆除不必要的附属物。

2.3 中国传统建筑文化

2.3.1 中国传统建筑概述

中国传统建筑.pdf

中国自古地大物博，建筑艺术源远流长。不同地域和民族其建筑艺术风格等各有差异，但其传统建筑的组群布局、空间结构、建筑材料及装饰艺术等方面却有着共同的特点，区别于西方，享誉全球。中国古代建筑的类型很多，主要有宫殿、坛庙、寺观、佛塔、民居和园林建筑等。

传统是一个民族或地区在理与情方面的认同和共识，属于文化范畴。传统系指文化传统，传统文化的总体决定了传统建筑的基本形态，传统建筑也从一定的角度体现了传统文化的形态，两者是密不可分的。因而，传统的特点是具有民族色彩和地方色彩。中国传统建筑正是中国历史悠久的传统文化和民族特色最精彩、最直观的传承载体和表现形式。中国传统建筑的主要特点如下所述。

(1) 大气。

体现在大门、大窗、大进深、大屋檐，给人以舒展的感觉。大屋檐下形成的半封闭的空间，既遮阳避雨，起庇护作用，又视野开阔，直通大自然。大气，最充分地体现了中国传统建筑"天人合一"的思想。

(2) 生气。

体现在四角飞檐翘起，或飘飘欲飞，或者立欲飘，让建筑物(包括塔、楼)的沉重感显得轻松，让凝固显得欲动。若"大气"产生于理，则"生气"产生于情。情越浓，艺术性越强。中国传统建筑造型的艺术性是任何其他民族不能比拟的。而西方传统建筑的艺术性不在建筑物本身，而在其附着的雕塑或绘画——观赏艺术，无法给建筑物自身带来生气。

飞檐.pdf

(3) 富丽。

体现在琉璃材料的使用。它寿命长，颜色鲜艳，在阳光下耀眼夺目，在各种环境中都可显得富丽堂皇。其较高的成本，象征着财富和地位。

可见，大气、生气、富丽三者，既有其特定的特色，又有其丰硕的内涵，三者结合形成了中国建筑的传统。

(4) 重山林风水。

上述三个特点，仅指建筑物本身，未论及环境。若包容环境，中国建筑的传统性还有第四个特点——重山林风水。中国历代的职业风水先生，去除迷信成分，可称得上是选址专家。

山林风水.pdf

有山，易取其势，视野开阔，排水顺畅；有林，易取其物，苍柴丰盛，鸟鸣果香；有风，易得其动，空气清新，消暑灭病；有水，易得其利，鱼虾戏跃，鹅鸭成群。故此，若靠山面水，侧有良田沃土，阳光充沛，兼有舟楫之便，当然是公认的宜于人类生存的最佳选址。

中国传统建筑不仅重自然的山林风水，也重人工的山林风水，让人工的与自然的谐调，院内的与院外的衔接，创造"天上人间"之境，使人产生"此中有真意，欲辨已忘言"的心旷神怡之感。

2.3.2 建筑风水文化

建筑风水学是中国古代建筑理论三大支柱之一，到现代已在其基础上发展为现代建筑风水学说——时空环境学，传统的风水理论越来越被更多的人们认识和研究并汲取其精华加以应用。

现代社会的建筑设计均自觉或不自觉地涉及现代风水理论，即地球物理学、水文地质学、天文学、气象学、环境学、建筑学、生态学、人体生命信息学以及美学、伦理学、宗教、民俗等多种学科综合一体的科学理论。

建筑风水学是中国古代建筑理论的灵魂，在中国建筑史上享有崇高地位。随着时代的发展，建筑风水学由古代的朴素理论逐渐进入了系统化的现代阶段，融汇中外，现代与传统相结合，形成了内涵丰富、综合性和系统性更强的独特理论体系。如西方科学界在盛赞中国建筑风水学的同时，也在大力研究建筑风水学，在全球建筑科学界的努力下，西方人文科学也逐渐被融入现代风水理论之中。

2.3.3 建筑风水的选址原则

风水理论是什么呢?实际上就是地球物理学、水文地质学、宇宙星体学、气象学、环境景观学、建筑学、生态学以及人体生命信息学等多种学科综合一体的一门自然科学。其宗旨是审慎周密地考察、了解自然环境，利用和改造自然，创造良好的居住环境，赢得最佳的天时地利与人和，达到天人合一的至善境界。

(1) 整体系统。

整体系统论，作为一门完整的科学，它是在 21 世纪产生的；作为一种朴素的方法，中国的先哲很早就开始运用了。风水理论思想把环境作为一个整体系统，这个系统以人为中心，包括天地万物。环境中的每一个整体系统都是相互联系、相互制约、相互依存、相互对立、相互转化的要素。风水学的功能就是要宏观地把握各子系统之间的关系，优化结构，寻求最佳组合。

风水学充分注意到环境的整体性。整体原则是风水学的总原则，其他原则都从属于整体原则，以整体原则处理人与环境的关系，是现代风水学的基本特点。

(2) 因地制宜。

因地制宜，即根据环境的客观性，采取适宜于自然的生活方式。中国地域辽阔，气候差异很大，土质也不一样，建筑形式亦不同，西北干旱少雨，人们就采取穴居式窑洞居住。窑洞位多朝南，施工简易，不占土地，节省材料，防火防寒，冬暖夏凉，人可长寿，鸡多下蛋。西南潮湿多雨，虫兽很多，人们就采取栏式竹楼居住。此外，草原的牧民采用蒙古包为住宅，便于随水草而迁徙。贵州山区和大理人民用山石砌房，华中平原人民以土建房，这些建筑形式都是根据当时当地的具体条件而创立的。

(3) 依山傍水。

依山傍水是风水最基本的原则之一，山体是大地的骨架，水域是万物生机之源泉，没有水，人就不能生存。考古发现的原始部落几乎都在河边台地，

依山傍水.pdf

这与当时的狩猎、捕捞、采摘果实相适应。

(4) 观形察势。

风水学重视山形地势，把小环境放入大环境考察。

中国的地理形势，每隔 8 度左右就有一条大的纬向构造，如天山——阴山纬向构造；昆仑山——秦岭纬向构造，南岭纬向构造。

从大环境观察小环境，便可知道小环境受到的外界制约和影响，诸如水源、气候、物产、地质等。任何一块宅地表现出来的好坏，都是由大环境所决定的，犹如中医切脉，从脉象之洪细、弦虚、紧滑、浮沉、迟速，就可知身体的一般状况，因为这是由心血管的机能状态所决定的。只有形势完美，宅地才完美。每建一座城市，每盖一栋楼房，每修一个工厂，都应当先考察山川。

(5) 地质检验。

风水学思想对地质很讲究，甚至是挑剔，认为地质决定人的体质，现代科学也证明这是科学的。地质对人的影响至少有以下四个方面。

① 土壤中含有元素锌、钼、硒、氟等。在光合作用下放射到空气中，直接影响人的健康。

② 潮湿或臭烂的地质，会导致关节炎、风湿性心脏病、皮肤病等。潮湿腐败之地是细菌的天然培养基地，是产生各种疾病的根源，因此，不宜建宅。

③ 地球磁场的影响。地球是一个被磁场包围的星球，人感觉不到磁场的存在，但时刻对人发生着作用。强烈的磁场可以治病，也可以伤人，甚至引起头晕、嗜睡或神经衰弱。

④ 有害波的影响。如果在住宅地面 3m 以下有地下河流，或者有双层交叉的河流，或者有坑洞，或者有复杂的地质结构，都可能放射出长振波、污染辐射线或粒子流，导致人出现头痛，眩晕、内分泌失调等症状。

(6) 水质分析。

不同地域的水分中含有不同的微量元素及化合物质，有些可以致病，有些可以治病。浙江省泰顺承天象鼻山下有一眼山泉，泉水终年不断，热气腾腾，当地人生了病就到泉水中浸泡，比吃药还见效。后经检验发现泉水中含有大量的放射性元素氡。

风水学理论主张考察水的来龙去脉，辨析水质，掌握水的流量，优化水环境，这条原则值得深入研究和推广。

(7) 坐北朝南。

中国位于地球北半球，欧亚大陆东部，大部分陆地位于北回归线(北纬 23 度 26 分)以北，一年四季的阳光都由南方射入。朝南的房屋便于采取阳光。阳光对人的好处很多：一是可以取暖，冬季时南房比北房的温度高 1～2℃；二是参与人体维生素 D 合成，小儿常晒太阳可预防佝偻病；三是阳光中的紫外线具有杀菌作用；四是可以增强人体免疫功能。

坐北朝南，不仅是为了采光，还为了避北风。中国的地势决定了其气候为季风型。冬天有西伯利亚的寒流，夏天有太平洋的凉风，一年四季风向变幻不定。

概言之，坐北朝南原则是对自然现象的认识，顺应天道，得山川之灵气，受日月之光华，颐养身体，陶冶情操，地灵方出人杰。

(8) 适中居中。

适中，就是恰到好处，不偏不倚，不大不小，不高不低，尽可能优化，接近至善至美，适中的风水原则在先秦时就产生了。

适中的原则还要求突出中心，布局整齐，附加设施紧紧围绕轴心。在典型的风水景观中，都有一条中轴线，中轴线与地球的经线平行，向南北延伸。中轴线的北端最好是横行的山脉，形成丁字型组合，南端最好有宽敞的明堂(平原)，中轴线的东西两边有建筑物簇拥，还有弯曲的河流。明清时期的帝陵、清代的园林就是按照这个原则修建的。

清园林.pdf　　　　帝陵.pdf

(9) 风水理论。

指常在有生气的地方修建城镇房屋，这叫作顺乘生气。只有得到生气的滋润，植物才会欣欣向荣，人类才会健康长寿。

风水理论认为：房屋的大门为气口，如果有路有水环曲而至，即为得气，这样便于交流，可以得到信息，又可以反馈信息；如果把大门设在闭塞的一方，谓之不得气。得气有利于空气流通，对人的身体有好处。宅内光明透亮为吉，阴暗灰秃为凶。只有顺乘生气，才能称得上贵格。

(10) 改造风水。

风水学者的任务，就是给有关人士提供一些有益的建议，使城市和乡村的风水格局更合理，更有益于人民的健康长寿和经济的发展。

建筑风水是我国人民几千年以来生活经验的积累和智慧的结晶，指导人们与自然更加和谐地相处，追求更美好的生活，体现了许多自然哲学的思想。

风水不能仅以简单的科学或者是迷信的说法去界定，其实它远远超出这个范围。风水是几千年积累下来的生存智慧和文化基因，是一门大学问。

【案例 2-3】北京天坛地处北京，在原北京外城的东南部，位于故宫正南偏东的城南，正阳门外东侧。始建于明朝永乐十八年(1420)，总面积为 273 公顷，是明清两代帝王用以"祭天""祈谷"的建筑。1961 年，国务院认定天坛为"全国重点文物保护单位"。1998 年，天坛被联合国教科文组织确认为"世界文化遗产"。2009 年，北京天坛入选世界纪录协会中国现存最大的皇帝祭天建筑。

结合自身所学的相关知识，试确定天坛符合建筑风水的哪些选址原则。

本章小结

本章着重介绍了建筑设计、抗震设计与设防。通过本章的学习，同学们可以掌握建筑设计基本知识，掌握抗震设计与设防，了解中国传统建筑文化，并对建筑的相关内容有更加深刻的了解，为以后的学习和工作打下坚实的基础。

实训练习

一、单选题

1. 实际地震烈度与下列(　　)因素有关。

　　A. 建筑物类型　　　　　　　　　　B. 离震中的距离

　　C. 行政区划　　　　　　　　　　　D. 城市大小

2. 多层砖房抗侧力墙体的楼层水平地震剪力分配(　　)。

    A. 与楼盖刚度无关   B. 与楼盖刚度有关

    C. 仅与墙体刚度有关   D. 仅与墙体质量有关

3. 关于多层砌体房屋设置构造柱的作用,下列哪句话是错误的(　　)。

    A. 可增强房屋整体性,避免开裂墙体倒塌

    B. 可提高砌体抗变形能力

    C. 可提高砌体的抗剪强度

    D. 可抵抗由于地基不均匀沉降造成的破坏

4. 震级大的远震与震级小的近震对某地区产生相同的宏观烈度,则对该地区产生的地震影响是(　　)。

    A. 震级大的远震对刚性结构产生的震害大

    B. 震级大的远震对柔性结构产生的震害大

    C. 震级小的近震对柔性结构产生的震害大

    D. 震级大的远震对柔性结构产生的震害小

5. 钢筋混凝土丙类建筑房屋的抗震等级应根据哪些因素查表确定(　　)。

    A. 抗震设防烈度、结构类型和房屋层数

    B. 抗震设防烈度、结构类型和房屋高度

    C. 抗震设防烈度、场地类型和房屋层数

    D. 抗震设防烈度、场地类型和房屋高度

二、多选题

1. 地震按其成因可划分为(　　)四种类型。

    A. 孤立型地震   B. 诱发地震   C 构造地震

    D. 陷落地震   E. 火山地震

2. 地震区的框架结构,应设计成延性框架,遵守(　　)等设计原则。

    A. 强柱弱梁   B. 强剪弱弯   C. 强节点

    D. 强锚固   E. 弱节点

3. 影响梁截面延性的主要因素有(　　)和混凝土强度等级等。

    A. 梁截面尺寸   B. 纵向钢筋配筋率   C. 剪压比

    D. 配箍率   E. 钢筋强度等级

4. 隔震系统一般由(　　)等部分组成。

    A. 上部结构   B. 隔震层   C. 隔震层以下结构

    D. 基础   E. 下部结构

5. 地震按震源深浅不同可分为(　　)。

    A. 浅源地震   B. 中源地震   C. 深源地震

    D. 孤立型地震   E. 诱发地震

三、问答题

1. 简述建筑设计的原则。

2. 简述地震灾害及其特点。

3. 简述建筑风水的选址原则。

第 2 章习题答案.pdf

实训工作单

班级		姓名		日期	
教学项目		建筑设计、规划与建筑文化			
任务	学习抗震设计与设防	学习途径	本书中的案例分析，自行查找相关书籍		
学习目标		掌握抗震设计与设防的相关知识			
学习要点					
学习查阅记录					
评语			指导老师		

第3章 建筑材料与工程技术

【学习目标】

1. 熟悉建筑材料的基本性质
2. 掌握金属材料的特性
3. 掌握无机胶凝材料的特性
4. 掌握混凝土的特性
5. 熟悉建筑功能材料和建筑装饰材料的特性

第3章 建筑材料与
工程技术.pptx

【教学要求】

本章要点	掌握层次	相关知识点
建筑材料的基本性质	熟悉建筑材料的基本性质	结构材料
金属材料	掌握金属材料的特性	金属材料
无机胶凝材料	掌握无机胶凝材料的特性	胶凝材料
混凝土	掌握混凝土的特性	特种混凝土
建筑功能材料和建筑装饰材料	熟悉建筑功能材料和建筑装饰材料的特性	新型材料

【案例导入】

   某工程为钢筋混凝土结构，建筑面积为 $352m^2$，现浇基础和柱子，预制人字形 11m 钢筋混凝土屋架，预制檩条和槽瓦。2010 年 5 月 31 日竣工交付使用，经过 4 年，于 2014 年 5 月 30 日屋架突然倒塌。事故后经检查，设计符合规范要求，钢筋没有破坏，判明屋架是由于上弦混凝土受压破坏。经检查所用水泥有小立窑水泥，安全性不好，后期强度会降低，所以经过长期使用后，发生混凝土破坏。

【问题导入】

   请结合自身所学的相关知识，试根据本案的相关背景，简述混凝土的相关性质。

3.1 建筑材料的基本性质

3.1.1 建筑材料的分类

1．建筑材料的概念

建筑材料(building materials)，是在建筑物中使用的材料统称。

音频.建筑材料的
分类.mp3

2．建筑材料的分类

建筑材料可分为结构材料、装饰材料和某些专用材料。

(1) 结构材料包括木材、竹材、石材、水泥、混凝土、金属、砖瓦、陶瓷、玻璃、工程塑料、复合材料等。

(2) 装饰材料包括各种涂料、油漆、镀层、贴面、各色瓷砖、具有特殊效果的玻璃等。

混凝土.pdf

(3) 专用材料指用于防水、防潮、防腐、防火、阻燃、隔音、隔热、保温、密封等的材料。

3.1.2 材料的状态参数

1．实际密度(密度)

指材料在绝对密实状态下单位体积的质量，单位 g/cm^3 或 kg/m^3。

公式：

$$p=m/v \tag{3-1}$$

式中：p——材料的密度(g/cm^3)；

m——材料在干燥状态下的质量(g)；

v——材料在绝对密实状态下的体积(cm^3)。

绝对密实状态下的体积是指不包括材料内部孔隙在内的体积。

实际密度的测量方法如下所述。

(1) 对近于绝对密实的材料：金属、玻璃等。

测量几何体积→承重→代入公式。

(2) 对有孔隙的材料：砖、混凝土、石材。

磨成细粉→李氏比重瓶法测试。

2．表观密度(容重)

指材料在自然状态下单位体积的质量，单位 g/cm^3 或 kg/m^3。

3.1.3 材料的物理性质

材料的基本物理性质如下所述。

(1) 电学性质：导电率、电阻率、压电性、铁电性、介电常数。

(2) 磁学性质：抗磁性、顺磁性、铁磁性、反铁磁性、亚铁磁性、磁导率。

(3) 光学性质：折射指数、双折射指数、颜色、吸收光谱、发射光谱、磁光转换、电光转换。

(4) 力学性质：质量、体积、长度、横截面积、密度、硬度、强度模量、变形率。

(5) 热学性质：温度、熔点、凝固点、热值、热导率、比热容、热膨胀系数。

3.1.4 材料的力学性质

1. 强度

材料的强度是指材料在外力作用下抵抗破坏的能力。材料在建筑物上所受的外力主要有拉力、压力、弯曲及剪力。材料抵抗这些外力破坏的能力分别称为抗拉、抗压、抗弯和抗剪强度。

2. 脆性与韧性

材料的脆性是指材料在外力作用下未发生显著变形就突然破坏的性质。建筑材料中大部分无机非金属材料为脆性材料。材料的韧性是指材料在冲击或振动荷载作用下产生较大变形尚不致破坏的性质，如钢材、木材等。

3. 弹性与塑性

材料的弹性是指材料在外力作用下产生变形，外力去掉后变形能完全消失的性质。材料的这种可恢复的变形，称为弹性变形。材料的塑性是指材料在外力作用下产生变形，外力去掉后变形不能完全恢复，但也不即行破坏的性质。材料的这种不可恢复的残留变形，称为塑性变形。

4. 硬度和耐磨性

材料的硬度是指材料表面抵抗硬物压力或刻划的能力。材料的耐磨性是指材料表面抵抗磨损的能力。材料的耐磨性与材料的成分、结构、强度、硬度等有关。材料的硬度越大，耐磨性越好。

3.1.5 材料的耐久性

材料的耐久性泛指材料在使用条件下，受各种内在或外来自然因素及有害介质的作用，能长久地保持其使用性能的性质。

材料在建筑物之中，除要受到各种外力的作用之外，还经常要受到环境中许多自然因素的破坏作用。这些破坏作用包括物理、化学、机械及生物的作用。物理作用可有干湿变化、温度变化及冻融变化等。这些作用将使材料发生体积的胀缩，或导致内部裂缝的扩展。时间长久之后即会使材料逐渐破坏。在寒冷地区，冻融变化会对材料起到显著的破坏作用。经常处于高温状态的建筑物或构筑物，所选用的建筑材料要具有耐热性能。在公共和民用建筑中，考虑安全防火要求，须选用具有抗火性能的难燃或不燃的材料。

化学作用包括大气、环境水以及使用条件下酸、碱、盐等液体或有害气体对材料的侵蚀作用。

机械作用包括使用荷载的持续作用，交变荷载引起材料疲劳、冲击、磨损、磨耗等。

生物作用包括菌类、昆虫等的作用而使材料腐朽、蛀蚀而破坏。

砖、石料、混凝土等矿物材料，多是由于物理作用而破坏，也可能同时会受到化学作用的破坏。金属材料主要是由于化学作用引起的腐蚀而破坏。木材等有机质材料常因生物作用而破坏。沥青材料、高分子材料在阳光、空气和热的作用下，会逐渐老化而使材料变脆或开裂。

材料的耐久性指标是由工程所处的环境条件来决定的。例如处于冻融环境的工程，所用材料的耐久性以抗冻性指标来表示。处于暴露环境的有机材料，其耐久性以抗老化能力来表示。

【案例 3-1】建筑材料是随着人类社会生产力及人民生活水平的提高而发展的。随着资本主义的兴起，工业的快速发展，交通的日益发达，钢材、水泥、混凝土及钢筋混凝土的相继问世，建筑材料进入了一个新的发展阶段。进入 20 世纪后，材料科学与工程学的形成和发展，不仅使建筑材料的性能和质量不断改善，而且品种不断曾多，一些具有特殊功能的新型建筑材料，如绝热材料、吸声隔声材料，各种装饰材料，耐热防水材料，抗渗性材料，耐磨、耐腐蚀、防爆和防辐射材料不断问世。到 20 世纪后半叶，建筑材料日益向着轻质、高强、多功能方面发展。请结合上文思考建筑材料的基本性质都有哪些。

3.2 金属材料

钢材.mp4

3.2.1 钢材的分类

钢是以铁、碳为主要成分的合金，它的含碳量一般小于 2.11%。钢是经济建设中极为重要的金属材料。

按化学成分划分，钢分为碳素钢(简称碳钢)与合金钢两大类。碳钢是由除生铁冶炼获得的合金，除铁、碳为其主要成分外，还含有少量的锰、硅、硫、磷等杂质。碳钢具有一定的机械性能，又有良好的工艺性能，且价格低廉。因此，碳钢获得了广泛的应用。但随着现代工业与科学技术的迅速发展，碳钢的性能已不能完全满足需要，于是人们研制了各种合金钢。合金钢是在碳钢的基础上，有目的地加入某些元素(称为合金元素)而得到的多元合金。与碳钢比，合金钢的性能有显著的提高，故应用日益广泛。

由于钢材品种繁多，为了便于生产、保管、选用与研究，必须对钢材加以分类。按钢材的用途、化学成分、质量的不同，可将钢分为许多类。

1. 按用途分类

按钢材的用途不同可分为结构钢、工具钢、特殊性能钢三大类。

(1) 结构钢。

① 用作各种机器零件的钢，包括渗碳钢、调质钢、弹簧钢及滚动轴承钢。

② 用作工程结构的钢，包括碳素钢中的甲、乙、特类钢及普通低合金钢。

钢材.mp4

(2) 工具钢。

工具钢是用来制造各种工具的钢。根据工具用途不同，可分为刃具钢、模具钢与量具钢。如图 3-1 所示。

(3) 特殊性能钢。

特殊性能钢是具有特殊物理化学性能的钢，可分为不锈钢、耐热钢、耐磨钢、磁钢等。

刃具钢.pdf   不锈钢.pdf

2．按化学成分分类

按钢材的化学成分不同，可分为碳素钢和合金钢两大类。

(1) 碳素钢。

按含碳量，又可分为低碳钢(含碳量≤0.25%)；中碳钢(0.25%＜含碳量＜0.6%)；高碳钢(含碳量≥0.6%)，如图 3-2 所示。

图 3-1　工具钢

图 3-2　碳素钢法兰

(2) 合金钢。

3．按合金元素含量分类

按合金元素含量不同，钢又可分为低合金钢(合金元素总含量≤5%)；中合金钢(合金元素总含量 5%～10%)；高合金钢(合金元素总含量＞10%)。此外，根据钢中所含主要合金元素种类不同，也可分为锰钢、铬钢、铬镍钢、铬锰钛钢等。

4．按质量分类

按钢材中有害杂质磷、硫的含量不同，可分为普通钢(含磷量≤0.045%、含硫量≤0.055%；或磷、硫含量均≤0.050%)；优质钢(磷、硫含量均≤0.040%)；高级优质钢(含磷量≤0.035%、含硫量≤0.030%)。

5．按冶炼炉的种类分类

按冶炼炉的种类不同，可将钢分为平炉钢(酸性平炉、碱性平炉)，空气转炉钢(酸性转炉、碱性转炉、氧气顶吹转炉钢)与电炉钢。

6．按冶炼时脱氧程度分类

按冶炼时脱氧程度不同，可将钢分为沸腾钢(脱氧不完全)、镇静钢(脱氧比较完全)及半镇静钢。

钢厂在给钢的产品命名时，往往将用途、成分、质量这三种分类方法结合起来。如将钢称为普通碳素结构钢、优质碳素结构钢、碳素工具钢、高级优质碳素工具钢、合金结构钢、合金工具钢等。

3.2.2 钢材的化学成分及技术性质

1．化学成分

(1) 碳，含碳量增加，钢材的强度和硬度提高，塑性和韧性下降。

(2) 硅，当含量小于 1%时，可提高钢材强度，对塑性和韧性影响不明显。硅是我国钢筋用钢材中的主加合金元素。

(3) 磷，有害元素。磷含量增加，钢材的强度、硬度提高，塑性和韧性显著下降；既可显著加大钢材的冷脆性，也可使钢材可焊性显著降低。

(4) 硫，有害元素，能降低钢材的各种机械性能，并形成热脆，同时使钢的可焊性、冲击韧性、耐疲劳性和抗腐蚀性等均显著降低。

(5) 氧，有害元素，会降低钢材的机械性能，特别是韧性，使钢材的可焊性变差。

(6) 氮，使钢材强度提高，塑性特别是韧性显著下降。

2．技术性质

(1) 工艺性能：包括冷弯性能、焊接性能。

(2) 力学性能：低碳钢从受拉到断须裂经历弹性、屈服、强化、颈缩四个阶段。

音频.钢材中化学成分的影响.mp3

(3) 冲击韧性：钢材抗冲击载荷作用的能力。

(4) 耐疲劳性：在交变载荷反复作用下，于规定的周期基数内不发生断裂所能承受的最大应力。

3.2.3 钢材的冷加工和热处理

1．钢材的冷加工

将钢材于常温下进行冷拉、冷拔、冷轧、冷扭、刻痕等，使之产生一定的塑性变形，强度和硬度明显提高，塑性和韧性有所降低，这个过程称为钢材的冷加工(或冷加工强化、冷作强化)。

土木工程中大量使用的钢筋，往往是同时采用冷加工和时效处理，常用的冷加工方法是冷拉和冷拔。

(1) 冷拉。

将热轧钢筋用拉伸设备在常温下拉长，使之产生一定的塑性变形称为冷拉。冷拉后的钢筋不仅屈服强度可提高 20%～30%，同时还可增加钢筋长度(4%～10%)，因此冷拉是节约钢材(一般 10%～20%)的一种有效措施。

钢材经冷拉后屈服阶段缩短，伸长率减小，材质变硬。

实际冷拉时，应通过试验确定冷拉控制参数。冷拉参数的控制，直接关系到冷拉效果和钢材质量。

钢筋的冷拉可采用控制应力或控制冷拉率的方法。当采用控制应力方法时，在控制应力下的最大冷拉率应满足规定要求，当最大冷拉率超过规定要求时，应进行力学性能检验。当采用控制冷拉率方法时，冷拉率必须由试验确定，测定冷拉率时钢筋的冷拉应力应满足规定要求。

钢筋.mp4 合钢筋螺旋.mp4

冷拉仅能提高钢材的抗拉强度，不能提高抗压强度，如图 3-3 所示。

(2) 冷拔。

将光圆钢筋通过硬质合金拔丝模孔强行拉拔。钢筋在冷拔过程中，不仅受拉，同时还受到挤压作用。经过一次或多次冷拔后，钢筋的屈服强度可提高 40%～60%，但塑性大大降低，具有硬钢的性质。经冷拔后，钢材的抗压、抗拉强度均有一定的提高，如图 3-4 所示。

图 3-3　钢筋冷拉　　　　　　　　　　图 3-4　钢筋冷拔

(3) 冷轧。

将光圆钢筋在常温下用轧钢机轧成断面按一定规律变化的钢筋，轧制时，纵向与横向同时产生变形，因而能较好地保持其塑性和内部结构的均匀性。目前工程中使用的有冷轧带肋钢筋和冷轧扭钢筋。

总体来说，冷加工钢筋尽管强度有一定提高，但塑性、韧性均有所降低，且大多为作坊式生产，质量不易保证，目前使用量呈下降趋势。

2. 钢材的热处理

热处理是将钢材按规定的温度进行加热、保温和冷却处理，以改变其组织，得到所需要的性能的一种工艺，如图 3-5 所示。

图 3-5　钢材热处理

热处理包括淬火、回火、退火和正火。

(1) 淬火。

将钢材加热至基本组织改变温度以上，保温，然后投入水或矿物油中急冷，使晶粒细化，碳的固溶量增加，强度和硬度增加，塑性和韧性明显下降。

(2) 回火。

将比较硬脆、存在内应力的钢，再加热至基本组织改变温度以下(150～650℃)，保温后按一定程序冷却至室温的热处理方法称回火。回火后的钢材，内应力消除，硬度降低，塑性和韧性得到改善。

(3) 退火。

将钢材加热至基本组织转变温度以下(低温退火)或以上(完全退火)，适当保温后缓慢冷却，以消除内应力，减少缺陷和晶格畸变，使钢的塑性和韧性得到改善。

(4) 正火。

将钢件加热至基本组织改变温度以上，然后在空气中冷却，使晶格细化，钢的强度提高而塑性有所降低。

对于含碳量高的高强度钢筋和焊接时形成的硬脆组织的焊件，适合以退火方式来消除内应力和降低脆性，保证焊接质量。

3.2.4 建筑钢材防锈蚀

1. 钢材锈蚀的原因

(1) 锈蚀可发生于许多引起锈蚀的介质中，如潮湿的空气、土壤、工业废气等。钢材的锈蚀大致可分为两类。

① 化学锈蚀：是指钢材表面与周围介质直接发生化学反应而产生的锈蚀。钢材在高温中氧化形成 Fe_3O_4；在常温下氧化形成 FeO。

② 电化学锈蚀：建筑钢材在存放和使用中发生的锈蚀主要属这一类。其锈蚀过程如下所述。

a. 在潮湿的环境中，钢材表面被一层电解质水膜覆盖，由于表面成分或者受力变形等的不均匀性，使邻近的局部产生电极电位的差别，因而形成许多微电池。

b. 在阳极区，铁被氧化成 Fe^{2+} 离子进入水膜；因为水中溶有来自空气的氧，在阴极区氧被还原为 OHk，两者结合成为不溶于水的氢氧化亚铁 $Fe(OH)_2$。

c. 进一步氧化。

由此可以看出，影响钢材最常见的锈蚀破坏的因素是水和提供溶氧的空气。

(2) 在钢筋混凝土中，引起钢筋锈蚀的原因主要有下述各点。

① 埋于混凝土中的钢筋处于碱性介质中(新浇混凝土 pH 约为 12.5 或更高)，而氧化保护膜也为碱性，故不致锈蚀。但这种保护膜易被卤素离子、特别是氯离子所破坏，使锈蚀迅速发展。

② 浇筑混凝土时水灰比控制不好，游离水过多，水化反应之后，游离水分蒸发，使混凝土表面存在许多细微的小孔，由于毛细现象，周围水分会沿着毛细小孔向混凝土内部渗透，锈蚀钢筋。

③ 混凝土的密实性决定了钢筋锈蚀的快慢,混凝土越密实,钢筋越不易锈蚀,反之,则钢筋锈蚀较快。

④ 由于混凝土养护不当或保护层厚度不够以及在荷载作用下混凝土产生的裂缝,也是引起混凝土内部钢筋锈蚀的主要原因。

2. 钢筋锈蚀的危害

钢材(比如钢球)在存放中严重锈蚀,不仅截面积减少,材质强度降低甚至报废,而且除锈工作耗费很大;在使用中则锈蚀不仅可使受力面积减少,而且局部锈坑的产生,可造成应力集中,促使结构早期破坏。尤其在反复荷载的冲击下,将产生锈蚀疲劳现象,使抗疲劳强度大为降低,出现脆性破坏。

在钢筋混凝土中,由于钢筋的锈蚀,将使混凝土的保护层膨胀出现裂纹,严重时混凝土保护层脱落,钢筋脱离,使钢筋和混凝土之间的黏结应力损失或完全丧失,危及结构的安全,因此钢筋的锈蚀对钢筋混凝土结构的使用寿命有很大的影响。

3. 钢材锈蚀的预防

钢材预防锈蚀通常采用表面刷漆的方法,常用底漆有红丹、环氧富锌漆、铁红环氧底漆等;常用面漆有灰铅漆、醇酸磁漆、酚醛磁漆等。在钢筋混凝土中,防止钢筋锈蚀的方法主要有下述几种。

(1) 严格控制氯盐外加剂的掺用量。

(2) 限制并合理选用水灰比和水泥用量。

(3) 保证钢筋有足够的保护层厚度。

(4) 加强混凝土的振捣和养护工作,保证混凝土的密实。

对于预应力配筋,一般含碳量较高,又多经过变形和冷加工处理,因而对锈蚀破坏较敏感,特别是高强度热处理钢筋,容易产生应力锈蚀现象,所以重要的预应力承重结构,除不能掺用氯盐外,应对原材料进行严格检验。

3.3　无机胶凝材料

3.3.1　石灰

1. 石灰的概念

石灰.pdf　　　石灰.mp4

石灰是一种以氧化钙为主要成分的气硬性无机胶凝材料。石灰是用石灰石、白云石、白垩、贝壳等碳酸钙含量高的产物,经 900～1100℃煅烧而成。石灰是人类最早应用的胶凝材料。石灰在土木工程中应用范围很广,在我国还可用在医药方面。为此,古代流传下来以石灰为题材的诗词,被千古吟诵。

2. 石灰的生产工艺

原始的石灰生产工艺是将石灰石与燃料(木材)分层铺放,引火煅烧一周即得。现代则采用机械化、半机械化立窑以及回转窑、沸腾炉等设备进行生产。煅烧时间也相应地被缩短,

用回转窑生产石灰仅需 2～4 小时，比用立窑生产可提高生产效率 5 倍以上。现在又发明了横流式、双斜坡式及烧油环行立窑和带预热器的短回转窑等节能效果显著的工艺和设备，燃料也扩大为煤、焦炭、重油或液化气等。

3. 石灰的发展

公元前 8 世纪古希腊人已将石灰用于建筑，中国也在公元前 7 世纪开始使用石灰。至今石灰仍然是用途广泛的建筑材料。石灰有生石灰和熟石灰(消石灰)，按其氧化镁含量(以 5%为限)又可分为钙质石灰和镁质石灰。由于其原料分布广，生产工艺简单，所以生产成本低廉。

石灰具有较强的碱性，在常温下，能与玻璃态的活性氧化硅或活性氧化铝反应，生成有水硬性的产物，产生胶结。因此，石灰还是建筑材料工业中重要的原材料。

3.3.2 建筑石膏

建筑石膏.mp4

1. 建筑石膏的概念

生产石膏的原料主要为含硫酸钙的天然石膏(又称生石膏)或含硫酸钙的化工副产品以及磷石膏、氟石膏、硼石膏等废渣，其化学式为 $CaSO_4 \cdot 2H_2O$，也称半水石膏。将天然二水石膏在不同的温度下煅烧可得到不同的石膏品种。如将天然二水石膏在 107～170℃的干燥条件下加热，可得建筑石膏。

音频.建筑石膏的
主要性能.mp3

2. 建筑石膏水化硬化

将建筑石膏加水后，它首先溶解于水，然后生成二水石膏析出。随着水化的不断进行，生成的二水石膏胶体微粒不断增多，这些微粒比原先更加细小，比表面积更大，吸附着很多的水分；同时浆体中的自由水分由于水化和蒸发而不断减少，浆体的稠度不断增加，胶体微粒间的黏结逐步增强，颗粒间产生摩擦力和黏结力，使浆体逐渐失去可塑性，即浆体逐渐产生凝结。继续水化，胶体转变成晶体。晶体颗粒逐渐长大，使浆体完全失去可塑性，产生强度，即浆体产生了硬化。这一过程不断进行，直至浆体完全干燥，强度不再增加，此时浆体已硬化成人造石材。

3. 建筑石膏的主要性能

(1) 凝结硬化快。建筑石膏在加水拌和后，浆体在几分钟内便开始失去可塑性，30 分钟内完全失去可塑性而产生强度，大约一星期完全硬化。为满足施工要求，需要加入缓凝剂，如硼砂、酒石酸钾钠、柠檬酸、聚乙烯醇、石灰活化骨胶或皮胶等。

(2) 凝结硬化时体积微膨胀。石膏浆体在凝结硬化初期会产生微膨胀。这一性质使石膏制品的表面光滑、细腻，尺寸精确，形体饱满，装饰性好。

(3) 孔隙率大。建筑石膏在拌和时，为使浆体具有施工要求的可塑性，需加入石膏用量 60%～80%的用水量，而建筑石膏水化的理论需水量为 18.6%，所以大量的自由水在蒸发时，在建筑石膏制品内部形成大量的毛细孔隙。导热系数小，吸声性较好，属于轻质保温材料。

(4) 具有一定的调湿性。由于石膏制品内部大量毛细孔隙对空气中的水蒸气具有较强的吸附能力，所以对室内的空气湿度有一定的调节作用。

(5) 防火性好。石膏制品在遇火灾时，二水石膏将脱出结晶水，吸热蒸发，并在制品表面形成蒸汽幕和脱水物隔热层，可有效减少火焰对内部结构的危害。建筑石膏制品在防火的同时自身也会遭到损坏，而且石膏制品也不宜长期用于靠近 65℃以上高温的部位，以免二水石膏在此温度下失去结晶水，从而失去强度。

(6) 耐水性、抗冻性差。建筑石膏硬化体的吸湿性强，吸收的水分会减弱石膏晶粒间的结合力，使强度显著降低；若长期浸水，还会因二水石膏晶体逐渐溶解而导致破坏。石膏制品吸水饱和后受冻，会因孔隙中水分结晶膨胀而被破坏。所以，石膏制品的耐水性和抗冻性较差，不宜用于潮湿部位。为提高其耐水性，可加入适量的水泥、矿渣等水硬性材料，也可加入有机防水剂等，这些物质可改善石膏制品的孔隙状态或使孔壁具有增水性。

石膏线.pdf

3.3.3 水玻璃

1．水玻璃的概念

水玻璃俗称泡花碱，是一种水溶性硅酸盐，其水溶液俗称水玻璃，是一种矿黏合剂。其化学式为 $R_2O \cdot nSiO_2$，式中 R_2O 为碱金属氧化物，n 为二氧化硅与碱金属氧化物摩尔数的比值，称为水玻璃的摩数。建筑上常用的水玻璃是硅酸钠的水溶液，如图 3-6 所示。

水玻璃.mp4

图 3-6　水玻璃

2．水玻璃的产品信息

(1) 上游原料：1，4-萘醌、纯碱、二氧化硅、硅胶、硅砂、硫酸、硫酸钠、煤、烧碱、碳酸钠、重油。

(2) 下游产品：膏状气刀涂料高岭土、填料高岭土、粉状速溶硅酸钠、改性硅酸钠、硅酸锂、偏硅酸钠、偏硅酸钠(五水)、二氧化硅、聚乙烯醇水玻璃内墙涂料、内外墙涂料、铬酸铅、硅酸钠、肥皂、合成洗衣粉、洗衣膏。

3.3.4 菱苦土

1．菱苦土的概念

菱苦土，又名苛性苦土、苦土粉，它的主要成分是氧化镁。菱苦土以天然菱镁矿为原料，在 800~850℃温度下煅烧而成，是一种细粉状的气硬性胶结材料。颜色有纯白、灰白，或近淡黄色，新鲜材料有闪烁玻璃光泽。

菱苦土.mp4

2. 菱苦土的物理性质

白色或浅黄色粉末，无臭、无味，本品不溶于水和乙醇，熔点 2852℃，沸点 3600℃，有高度耐火绝缘性能。经 1000℃以上高温灼烧可转变为晶体，升至 1500℃以上则成死烧氧化镁或烧结氧化镁。

3.3.5 水泥

1. 水泥的概念

水泥是粉状水硬性无机胶凝材料。加水搅拌后成浆体，能在空气中硬化或者在水中更好地硬化，并能把砂、石等材料牢固地胶结在一起。

早期石灰与火山灰的混合物与现代的石灰火山灰水泥很相似，用它胶结碎石制成的混凝土，硬化后不但强度较高，而且还能抵抗淡水或含盐水的侵蚀。长期以来，它作为一种重要的胶凝材料，广泛应用于土木建筑、水利、国防等工程，如图 3-7 所示。

水泥.mp4

图 3-7 水泥

2. 水泥的分类

1) 水泥按用途及性能划分

(1) 通用水泥：是一般土木建筑工程通常采用的水泥。通用水泥主要是指 GB175—2007 规定的六大类水泥，即硅酸盐水泥、普通硅酸盐水泥、矿渣硅酸盐水泥、火山灰质硅酸盐水泥、粉煤灰硅酸盐水泥和复合硅酸盐水泥。

复合硅酸盐水泥.pdf

(2) 专用水泥：专门用途的水泥。如：G 级油井水泥，道路硅酸盐水泥。

(3) 特性水泥：某种性能比较突出的水泥。如：快硬硅酸盐水泥、低热矿渣硅酸盐水泥、膨胀硫铝酸盐水泥、磷铝酸盐水泥和磷酸盐水泥。

2) 水泥按其主要水硬性物质名称划分

(1) 硅酸盐水泥，即国外通称的波特兰水泥。

(2) 铝酸盐水泥。

(3) 硫铝酸盐水泥。

(4) 铁铝酸盐水泥。

(5) 氟铝酸盐水泥。

(6) 磷酸盐水泥。

(7) 以火山灰或潜在水硬性材料及其他活性材料为主要成分的水泥。

3) 水泥按主要技术特性划分

(1) 快硬性(水硬性)：分为快硬和特快硬两类。

(2) 水化热：分为中热和低热两类。

(3) 抗硫酸盐性：分中抗硫酸盐腐蚀和高抗硫酸盐腐蚀两类。

(4) 膨胀性：分为膨胀和自应力两类。

(5) 耐高温性：铝酸盐水泥的耐高温性以水泥中氧化铝含量分级。

3.3.6 建筑砂浆

1．概述

建筑砂浆是将砌筑块体材料(砖、石、砌块)黏结为整体的砂浆。这种砂浆是由无机胶凝材料、细骨料和水，有时也掺入某些掺合材料组成，常以抗压强度作为最主要的技术性能指标。

2．分类

建筑砂浆根据用途可分为砌筑砂浆、抹面砂浆。抹面砂浆包括普通抹面砂浆、装饰抹面砂浆、特种砂浆。特种砂浆包括防水砂浆、耐酸砂浆、绝热砂浆、吸声砂浆等。

建筑砂浆根据胶凝材料可分为水泥砂浆、石灰砂浆、混合砂浆。混合砂浆又可分为水泥石灰砂浆、水泥黏土砂浆、石灰黏土砂浆、石灰粉煤灰砂浆等，如图 3-8 所示。

建筑砂浆.mp4

图 3-8　建筑砂浆

3．技术性质

1) 新拌砂浆的和易性

砂浆的和易性是指砂浆是否容易在砖石等表面铺成均匀、连续的薄层，且与基层紧密黏结的性质。包括流动性和保水性两方面含义。

(1) 流动性。

影响砂浆流动性的因素，主要有胶凝材料的种类和用量、用水量以及细骨料的种类、颗粒形状、粗细程度与级配，除此之外，也与掺入的混合材料及外加剂的品种、用量有关。

通常情况下,基底为多孔吸水性材料,或在干热条件下施工时,应选用流动性大的砂浆。相反,基底吸水少,或湿冷条件下施工,应选用流动性小的砂浆。

(2) 保水性。

保水性是指砂浆保持水分的能力。保水性不良的砂浆,使用过程中会出现泌水、流浆,使砂浆与基底黏结不牢,且由于失水影响砂浆正常的黏结硬化,可使砂浆的强度降低。

影响砂浆保水性的主要因素是胶凝材料种类和用量,砂的品种、细度和用水量。在砂浆中掺入石灰膏、粉煤灰等粉状混合材料,可提高砂浆的保水性。

2) 硬化砂浆的强度

当原材料的质量一定时,砂浆的强度主要取决于水泥标号和水泥用量。此外,砂浆强度还受砂、外加剂、掺入的混合材料以及砌筑和养护条件有关。砂浆中水泥及其他杂质含量过多时,其强度也会降低。

3.4 混 凝 土

1. 混凝土概述

混凝土,简写为"砼(tóng)",是由胶凝材料将骨料胶结成整体的工程复合材料的统称。通常讲的混凝土一词是指用水泥作胶凝材料,砂、石作骨料;与水(可含外加剂和掺合料)按一定比例配合,经搅拌而得的水泥混凝土,也称普通混凝土,它广泛应用于土木工程,如图 3-9 所示。

混凝土.mp4

图 3-9 细石混凝土

2. 混凝土分类

混凝土有多种分类方法,最常见的有以下几种。

1) 按胶凝材料划分

(1) 无机胶凝材料混凝土。无机胶凝材料混凝土包括石灰硅质胶凝材料混凝土(如硅酸盐混凝土)、硅酸盐水泥系列混凝土(如硅酸盐水泥、普通水泥,矿渣水泥,粉煤灰水泥、火山灰质水泥、早强水泥混凝土等)。钙铝水泥系列混凝土(如高铝水泥、纯铝酸盐水泥、喷射水泥,超速硬水泥混凝土等)、石膏混凝土、镁质水泥混凝土、硫黄混凝土、水玻璃氟硅酸钠混凝土、金属混凝土(用金属代替水泥作胶结材料)等。

(2) 有机胶凝材料混凝土。有机胶凝材料混凝土主要有沥青混凝土和聚合物水泥混凝土、树脂混凝土、聚合物浸渍混凝土等。此外，无机与有机复合的胶体材料混凝土，还可分为聚合物水泥混凝土和聚合物辑靛混凝土。

2) 按表观密度划分

混凝土按照表观密度的大小可分为重混凝土、普通混凝土、轻质混凝土。这三种混凝土不同之处就是骨料。

(1) 重混凝土是表观密度大于 $2500kg/m^3$，用特别密实和特别重的集料制成的。如重晶石混凝土、钢屑混凝土等，它们具有不透 x 射线和 γ 射线的性能；常由重晶石和铁矿石配制而成。

(2) 普通混凝土即我们在建筑中常用的混凝土，表观密度为 $1950\sim2500\ kg/m^3$，主要以砂、石子为主要集料配制而成，是土木工程中最常用的混凝土品种。

(3) 轻质混凝土是表观密度小于 $1950kg/m^3$ 的混凝土。它又可以分为三类：

① 集料混凝土，其表观密度在 $800\sim1950kg/m^3$，轻集料包括浮石、火山渣、陶粒、膨胀珍珠岩、膨胀矿渣、矿渣等。

② 多空混凝土(泡沫混凝土、加气混凝土)，其表观密度是 $300\sim1000kg/m^3$。泡沫混凝土是由水泥浆或水泥砂浆与稳定的泡沫制成的。加气混凝土是由水泥、水与发气剂制成的。

泡沫混凝土.pdf

③ 大孔混凝土(普通大孔混凝土、轻骨料大孔混凝土)，其集料中无细集料。普通大孔混凝土的表观密度范围为 $1500\sim1900\ kg/m^3$，是用碎石、软石、重矿渣作集料配制的。轻骨料大孔混凝土的表观密度为 $500\sim1500\ kg/m^3$，是用陶粒、浮石、碎砖、矿渣等作为集料配制的。

3) 按定额划分

(1) 普通混凝土。普通混凝土可分为普通半干硬性混凝土，普通泵送混凝土和水下灌注混凝土，它们每种又可分为碎石混凝土和卵石混凝土；

(2) 抗冻混凝土。抗冻混凝土可分为抗冻半干硬性混凝土，抗冻泵送混凝土，它们每种又可分为碎石混凝土和卵石混凝土。

4) 按使用功能划分

结构混凝土、保温混凝土、装饰混凝土、防水混凝土、耐火混凝土、水工混凝土、海工混凝土、道路混凝土、防辐射混凝土等。

5) 按施工工艺划分

离心混凝土、真空混凝土、灌浆混凝土、喷射混凝土、碾压混凝土、挤压混凝土、泵送混凝土等。

6) 按配筋方式划分

素(无筋)混凝土、钢筋混凝土、钢丝网水泥、纤维混凝土、预应力混凝土等。

7) 按拌合物划分

干硬性混凝土、半干硬性混凝土、 塑性混凝土、流动性混凝土、高流动性混凝土、流态混凝土等。

8) 按掺合料划分

粉煤灰混凝土、硅灰混凝土、矿渣混凝土、纤维混凝土等。

9)　按抗压强度划分

低强度混凝土(抗压强度小于 30MPa)、中强度混凝土(抗压强度 30～60Mpa)和高强度混凝土(抗压强度大于等于 60MPa)。

10)　按每立方米水泥用量划分

贫混凝土(水泥用量不超过 170kg)和富混凝土(水泥用量不小于 230kg)等。

3. 混凝土外加剂

(1)　混凝土外加剂的概念。

混凝土外加剂是指为改善和调节混凝土的性能而掺加的物质。混凝土外加剂在工程中的应用越来越受到重视，外加剂的添加虽然对改善混凝土的性能可起到一定的作用，其掺量一般不大于水泥重量的 5%。

(2)　混凝土外加剂的分类。

混凝土外加剂按其主要功能可分为四类。

①　改善混凝土拌和物流变性能的外加剂。包括各种减水剂、引气剂和泵送剂等。

②　调节混凝土凝结时间、硬化性能的外加剂。包括缓凝剂、早强剂和速凝剂等。

③　改善混凝土耐久性的外加剂。包括引气剂、防水剂和阻锈剂等。

④　改善混凝土其他性能的外加剂。包括加气剂、膨胀剂、着色剂、防冻剂、防水剂和泵送剂等。

【案例 3-2】2016 年 1 月 16 日，枣庄市阴平镇申丰水泥厂 100 万吨粉磨站磨机厂房工程，在进行三层顶板混凝土浇筑时，发生一起模板支架坍塌事故，造成 1 人死亡。试分析混凝土的基本特性有哪些。

3.5　建筑功能材料

3.5.1　绝热材料

1. 绝热材料的概念

岩棉保温板.pdf　　绝热材料.mp4

绝热材料是指能阻滞热流传递的材料，又称热绝缘材料。传统绝热材料有玻璃纤维、石棉、岩棉、硅酸盐等，新型绝热材料有气凝胶毡、真空板等。它们是用于建筑围护或者热工设备、阻抗热流传递的材料或者材料复合体，既包括保温材料，也包括保冷材料。绝热材料一方面满足了建筑空间或热工设备的热环境的需要，另一方面也节约了能源。因此，有些国家将绝热材料看作是继煤炭、石油、天然气、核能之后的"第五大能"。

2. 绝热材料的分类

绝热材料按其成分不同可以分为有机材料和无机材料两大类。

(1)　热力设备及管道保温用的材料多为无机绝热材料。此类材料具有不腐烂、不燃烧、耐高温等特点，如石棉、硅藻土、珍珠岩、气凝胶毡、玻璃纤维、泡沫混凝土和硅酸钙等。

(2)　低温保冷工程多用有机绝热材料。此类材料具有表观密度小、导热系数低、原料来源广、不耐高温、吸湿时易腐烂等特点，如软木、聚苯乙烯泡沫塑料、聚氨基甲酸酯、牛毛毡和羊毛毡等。

3.5.2 常用保温材料

1．保温材料概述

保温材料一般是指导热系数小于或等于 0.12 的材料。保温材料发展很快，在工业和建筑中采用良好的保温技术与材料，往往可以收到事半功倍的效果。建筑中每使用一吨矿物棉绝热制品，一年可节约一吨石油。

2．保温材料分类

1) 按材料成分分类

隔热保温材料.mp4

(1) 有机隔热保温材料。

(2) 无机隔热保温材料。

(3) 金属类隔热保温材料。

2) 按材料形状分类

(1) 松散隔热保温材料。

(2) 板状隔热保温材料。

(3) 整体保温隔热材料。

3) 按照不同成分分类

按照不同成分可分为有机和无机两类。

4) 按照适用温度不同范围分类

按照适用温度不同范围可分为高温用(700℃以上)、中温用(100～700℃)和低温用(小于100℃)三类。

5) 按照不同形状分类

粉末、粒状、纤维状、块状等类，又可分为多孔、矿纤维和金属等类。

6) 按照不同施工方法分类

按照不同施工方法可分为湿抹式、填充式、绑扎式、包裹缠绕式等。

3.5.3 吸声材料

1．吸声材料的概念

吸声材料要与周围的传声介质的声特性阻抗匹配，使声能无反射地进入吸声材料，并使入射声能绝大部分被吸收。

吸声材料是借自身的多孔性、薄膜作用或共振作用而对入射声能具有吸收作用的材料，又是超声学检查设备的元件之一。

吸声材料.mp4

2．吸声机理

吸声材料按吸声机理分类如下。

(1) 靠从表面至内部许多细小的敞开孔道使声波衰减的多孔材料，以吸收中高频声波为主，有纤维状聚集组织的各种有机或无机纤维及其制品以及多孔结构的开孔型泡沫塑料和膨胀珍珠岩制品。

(2) 靠共振作用吸声的柔性材料(如闭孔型泡沫塑料，吸收中频)、膜状材料(如塑料膜或布、帆布、漆布和人造革，吸收低中频)、板状材料(如胶合板、硬质纤维板、石棉水泥板和石膏板，吸收低频)和穿孔板(各种板状材料或金属板上打孔而制得，吸收中频)。

以上材料复合使用，可扩大吸声范围，提高吸声系数。用装饰吸声板贴壁或吊顶，多孔材料和穿孔板或膜状材料组合装于墙面，甚至采用浮云式悬挂，都可改善室内音质，控制噪声。多孔材料除吸收空气声外，还能减弱固体声和空室气声所引起的振动。将多孔材料填入各种板状材料组成的复合结构内，可提高隔声能力并减轻结构重量。

吸声材料主要用于控制和调整室内的混响时间，消除回声，以改善室内的听闻条件；用于降低喧闹场所的噪声，以改善生活环境和劳动条件(见吸声降噪)；还广泛用于降低通风空调管道的噪声。

3.6　建筑装饰材料

3.6.1　建筑玻璃

人类学会制造使用玻璃已有上千年的历史，但是 1000 多年以来，作为建筑材料玻璃的发展是比较缓慢的。随着现代科学技术和玻璃技术的发展及人民生活水平的提高，建筑玻璃的功能不再仅仅是满足采光要求，而是要具有能调节光线、保温隔热、安全(防弹、防盗、防火、防辐射、防电磁波干扰)、艺术装饰等特性。随着需求的不断发展，玻璃的成型和加工工艺也有了新的发展。现在，已开发出了夹层、钢化、离子交换、釉面装饰、化学热分解及阴极溅射等新技术玻璃，使玻璃在建筑中的用量迅速增加，成为继水泥和钢材之后的第三大建筑材料。

建筑玻璃的主要品种是平板玻璃，具有表面晶莹光洁、透光、隔声、保温、耐磨、耐气候变化、材质稳定等优点。它是以石英砂、砂岩或石英岩、石灰石、长石、白云石及纯碱等为主要原料，经粉碎、筛分、配料、高温熔融、成型、退火、冷却、加工等工序制成。

3.6.2　建筑石材

1. 建筑石材的概念

建筑用天然石为构成地球表面地壳的岩石，经开采后切割加工而成。从微观及物质的基本面而言，岩石为矿物之集合体，天然石材之矿物组成与岩理可决定其物理化学性质。而所谓岩理是就组成岩石矿物颗粒的大小、形状和排列方式而言，这其中当然也包括它们胶结组成的情形。由此，我们可借由矿物组成与岩理来判断石材的种类，一般而言，岩石依其生成的方式来定义，可分为火成岩、沉积岩及变质岩等三大类，如图 3-10 所示。

建筑石材.mp4

建筑毛石.pdf

2．建筑石材的分类

建筑石材可以分为以下三类。

(1) 毛石(分为乱毛石和平毛石)。

天然花岗岩板材.pdf

图 3-10　建筑石材

(2) 料石(分为毛料石、粗料石、半细料石、细料石)。

(3) 饰面石材(分为天然花岗石板材、天然大理石板材、青石板材、人造饰面石材)。

3.6.3　建筑涂料

1．建筑涂料的概念

涂饰于物体表面，能与基体材料很好黏结并形成完整而坚韧保护膜的物料，称为涂料。涂料与油漆是同一概念。油漆是人们沿用已久的习惯名称，引进我国后，就一直使用在建筑行业。涂料的作用可以概括为三个方面：保护作用，装饰作用，特殊功能作用。涂料的一般组成包含成膜物质、颜填料、溶剂、助剂等。

2．建筑涂料的作用

建筑涂料具有装饰功能、保护功能和居住性改进功能。各种功能所占的比重因使用目的不同而不尽相同。

建筑涂料.mp4

(1) 装饰功能是通过建筑物的美化来提高它的外观价值的功能，主要包括平面色彩、图案及光泽方面的构思设计及立体花纹的构思设计。但要与建筑物本身的造型和基材本身的大小和形状相配合，才能充分地发挥作用。

(2) 保护功能是指保护建筑物不受环境的影响和破坏的功能。不同种类的被保护体对保护功能要求的内容也各不相同。如室内与室外涂装所要求达到的指标差别就很大。有的建筑物对防霉、防火、保温隔热、耐腐蚀等有特殊要求。

(3) 居住性改进功能主要是对室内涂装而言，就是有助于改进居住环境的功能，如隔音性、吸音性、防结露性等。

涂料的作用为装饰和保护，可以保护被涂饰物的表面，防止来自外界的光、氧、化学物质、溶剂等的侵蚀，提高被涂敷物的使用寿命；涂料涂饰物质表面，可以改变其颜色、花纹、光泽、质感等，提高物体的美观价值。

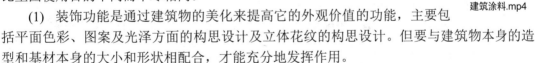

【案例3-3】装饰材料的质量问题很多，最常见的有石灰膏熟化不透，使抹灰层产生鼓泡；水泥地面中因沙子太细、含泥量太大、级配不良、水泥强度等级太低等，很造成地面起灰；抹灰面未干即进行油漆作业，使漆膜起鼓或变色，抹灰面出现泛碱；涂刷漆料太稀，含重质颜料过多，涂漆附着力差，使漆面流坠；木装饰材质差，含水率高，产生翘曲变形；玻璃不干净或有水波纹和气泡；壁纸花饰不对称，表面有花斑，色相不统一，花饰与纸边不平行等。通过本章的学习，分析如何在施工中避免装饰施工出现质量问题。

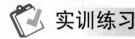 本章小结

通过本章的学习，同学们可以了解了建筑材料的基本性质、分类、物理性质及力学性质；了解钢材的分类、技术性质、冷加工和热处理；了解石灰、建筑石膏、水玻璃、菱苦土等无机胶凝材料的概念；掌握混凝土、绝热材料、吸声材料的基本知识，熟悉常见的建筑装饰材料，为以后进一步学习或者工作打下基础。

实训练习

一、单选题

1. 某一材料的下列指标中为常数的是(　　)。
   A. 密度　　　　　　B. 表观密度(容重)　　　C. 导热系数　　　　　D. 强度
2. 评价材料抵抗水的破坏能力的指标是(　　)。
   A. 抗渗等级　　　　B. 渗透系数　　　　　　C. 软化系数　　　　　D. 抗冻等级
3. 炎热夏季大体积混凝土施工时，必须加入的外加剂是(　　)。
   A. 速凝剂　　　　　B. 缓凝剂　　　　　　　C. $CaSO4$　　　　　　D. 引气剂
4. 欲增大混凝土拌合物的流动性，下列措施中最有效的为(　　)。
   A. 适当加大砂率　　　　　　　　　　　　　B. 加水泥浆(W/C 不变)
   C. 加大水泥用量　　　　　　　　　　　　　D. 加减水剂
5. 对混凝土有利的变形为(　　)。
   A. 徐变　　　　　　B. 干缩　　　　　　　　C. 湿涨　　　　　　　D. 温度变形

二、多选题

1. 进行水泥混凝土配合比设计时，最基本的"三大参数"是(　　)。
   A. 水灰比　　　　　　　　　B. 坍落度　　　　　　　　　C. 砂率
   D. 孔隙率　　　　　　　　　E. 用水量
2. 压实沥青混合料的密度试验可用(　　)四种方法。
   A. 表干法　　　　　　　　　B. 水中称重法　　　　　　　C. 蜡封法
   D. 体积法　　　　　　　　　E. 射线法
3. 用于抗滑表层沥青混合料中的粗集料的三项主要技术指标是(　　)。
   A. 磨光值　　　　　　　　　B. 冲击值　　　　　　　　　C. 磨耗值

　　　D. 坚固性　　　　　　　　E. 含泥量

4. 沥青面层用矿粉质量技术要求中粒度范围为(　　　)三个。

　　　A. ＜2.5mm　　　　　　　B. ＜1.2mm　　　　　　　C. ＜0.6mm

　　　D. ＜0.15mm　　　　　　E. ＜0.75mm

5. 沥青混合料试件的制作方法有三种，分别是(　　　)。

　　　A. 击实法　　　　　　　　B. 轮碾法　　　　　　　　C. 环刀法

　　　D. 静压法　　　　　　　　E. 钻芯法

三、简答题

1. 建筑材料的基本性质都有哪些？

2. 钢材的技术性质有哪些？

3. 简述混凝土外加剂的分类。

4. 建筑涂料的作用是什么？

第3章习题答案.pdf

实训工作单

班级		姓名		日期	
教学项目		建筑材料及其工程技术性质			
目的	现场学习参看主要建筑材料，并了解其基本物理力学性质		任务	熟悉相关材料外观、性质	
其他项目			建筑功能性材料、建筑装饰材料		
过程记录					
评语			指导老师		

第4章 建筑结构

【学习目标】

1. 熟悉建筑结构的分类及其应用
2. 了解各种建筑结构及适用范围
3. 掌握建筑结构受力及防护知识

第4章　建筑结构.pptx

【教学要求】

本章要点	掌握层次	相关知识点
建筑结构的分类及其应用	熟悉建筑结构的分类及其应用	建筑基本内容概述
不同建筑材料所组成的建筑结构及适用范围	掌握不同建筑材料所组成的建筑结构及适用范围	建筑结构的应用
建筑荷载与结构内力	掌握建筑荷载与结构内力	建筑内力

【案例导入】

英国伦敦的西门子"水晶大厦"是一座会议中心，也是一座展览馆，更是向公众展示未来城市及基础设施先进理念的一个窗口。

在伦敦纽汉区皇家维多利亚码头，一座世界上独一无二的建筑已经崛起，西门子将其在城市与基础设施领域的智慧融入其中，正如它的形状"水晶"一样，未来城市的多面将在此放射出夺目的光彩。

除了惊人的结构设计外，"水晶"是人类有史以来最环保的建筑之一。"水晶"本身也为未来城市提供了样本——它占地逾 $6300m^2$，却是高能效的典范。与同类办公楼相比，它可节电 50%，减少二氧化碳排放 65%，供热与制冷的需求全部来自可再生能源。该建筑使用自然光线，做到白天自然光的充分利用。它还利用智能照明技术，在电力主要由光伏太阳能电池板供能的建筑使用一个集成 LED 和荧光灯开关根据白天的大部分场所需要提供照明。

【问题导入】

请结合自身所学的相关知识，试根据本案的相关背景，简述按建筑物使用材料类型的不同，对建筑结构进行分类。

4.1 建筑结构的分类及其应用

4.1.1 按所用建筑材料分类

按使用材料类型的不同，建筑物可以分为砖木结构、砖混结构、钢筋混凝土结构、钢结构和型钢混凝土结构五大类型钢混凝结构。

1. 砖木结构

砖木结构是用砖墙、砖柱、木屋架作为主要承重结构的建筑，如大多数农村的屋舍、庙宇等。这种结构建造简单，材料容易准备，费用较低。

砖木结构.pdf

2. 砖混结构

砖混结构是以砖墙或砖柱、钢筋混凝土楼板和屋顶承重构件作为主要承重结构的建筑，这是目前在住宅建设中建造量最大、采用最普遍的结构类型，如图 4-1 所示。

砖混结构.mp4

图 4-1 砖混结构

砖混结构，顾名思义，就是以砖和钢筋混凝土为主要建筑材料的混合结构。由于砖的生产能够就地取材，因而房屋的造价相对较低。但砖的力学性能较差，承载力较小，房屋的抗震性能不好。设计中通过圈梁、构造柱等措施可以使房屋的抗震性能提高，但一般只能建造 7 层以下的房屋。砖混结构的房屋，其承重墙厚一般为 370mm 或 240mm，占用房屋的使用面积，使房屋的有效使用率变小。另外，砖混结构的房屋，其楼板较多采用预应力空心楼板，房间开间不能太大，否则，楼板会发生挠度，影响使用和美观，并会给使用人造成一定的心理压力。虽然现在许多砖混结构的楼板结构采用全现浇的钢筋混凝土，但因砖混结构整体抗震性能限制，开间仍不能设计得太大。砖混房屋受到结构的限制，空间布置不灵活，不能像框架结构那样，用户可以比较随意地根据自己的需要灵活分割布置空间。

砖混结构.pdf

【案例4-1】罗比住宅坐落于美国芝加哥大学校园内，位于芝加哥南部，建筑面积842m²，于 1908—1910 年建立，是建筑大师赖特的代表作之一。它于 1963 年 11 月 27 日被选为美国国家历史地标(National Historic Landmark)，1966 年入选美国国家史迹名录。

该住宅是砖混结构的典型代表，它的设计语言集中体现了草原风格住宅的精华：低坡屋顶、深远的挑檐、格外醒目的水平线条、明确的公共私人领域分隔和以壁炉为核心的自由平面。1910年，随着赖特草原风格住宅的展览在欧洲(柏林)的成功举办，被谈论最多的罗比住宅可以说是最为启发欧洲现代主义先驱们的赖特作品。罗比住宅是一座超越时代的不朽之作，是赖特在橡树园年代的一个绚烂句号。

3. 钢筋混凝土结构

即主要承重构件包括梁、板、柱全部采用钢筋混凝土结构，此类结构类型主要用于大型公共建筑、工业建筑和高层住宅。

钢筋混凝土建筑里又有框架结构、框架—剪力墙结构、框—筒结构等。目前25～30层的高层住宅通常采用框架—剪力墙结构。

4. 钢结构

即主要承重构件全部采用钢材制作，它自重轻，能建超高摩天大楼。又能制成大跨度、高净高的空间，特别适合大型公共建筑。

5. 型钢混凝土结构

型钢混凝土结构是指在混凝土中主要配置型钢，并配有一定的横向箍筋及纵向受力钢筋的结构，是钢与混凝土组合结构的一种主要形式。型钢混凝土结构在日本称为钢骨钢筋混凝土结构，在欧美国家称为混凝土包钢结构，在苏联则被称为劲性钢筋混凝土结构。根据不同的配钢形式，型钢混凝土结构可以分为实腹式配钢型钢混凝土和空腹式配钢型钢混凝土两大类。目前在抗震结构中多采用实腹式配钢型钢混凝土构件，常用的实腹式型钢混凝土柱、梁、剪力墙和节点等构件典型截面形式。

4.1.2 按建筑结构形式分类

1. 砌体结构建筑

砌体结构建筑是指用叠砌墙体承受楼板及屋顶传来的全部荷载的建筑。这种结构一般常用于多层民用建筑。

2. 框架结构建筑

框架结构建筑是指由钢筋混凝土或钢材制作的梁、板、柱形成的骨架来承受荷载的建筑，墙体只起围护和分隔作用。这种结构多用于多层和高层建筑中。

3. 剪力墙结构建筑

剪力墙结构建筑是指由纵、横向钢筋混凝土墙组成的结构来承受荷载的建筑。这种结构多用于高层住宅、旅馆等。

4. 空间结构建筑

空间结构建筑是指横向跨越30m以上空间的各类结构形式的建筑。在这类结构中，屋盖可采用悬索、网架、拱、薄壳等结构形式，多用于体育馆、大型火车站、航空港等公共建筑。

音频.建筑结构型式的分类.mp3

砌体结构.pdf

框架结构.pdf

空间结构建筑.pdf

4.2 各种建筑结构及适用范围

4.2.1 不同建筑材料所组成的建筑结构及适用范围

(1) 砖木结构，房屋的一种建筑结构，指建筑物中竖向承重结构的墙、柱等采用砖或砌块砌筑，楼板、屋架等用木结构。由于力学工程与工程强度的限制，一般砖木结构是平层(1～3层)。这种结构建造简单，材料容易准备，费用较低。通常多用于农村的屋舍、庙宇等。

这种结构的房屋在我国中小城市中非常普遍。它的空间分隔较方便，自重轻，并且施工工艺简单，材料也比较单一。不过，它的耐用年限短，设施不完备，而且占地多，建筑面积小，不利于解决城市人多地少的矛盾。

(2) 砖混结构是指建筑物中竖向承重结构的墙、柱等采用砖或者砌块砌筑，横向承重的梁、楼板、屋面板等采用钢筋混凝土结构。也就是说砖混结构是以小部分钢筋混凝土及大部分砖墙承重的结构。砖混结构是混合结构的一种，是采用砖墙来承重，钢筋混凝土梁、柱、板等构件构成的混合结构体系。适合开间进深较小，房间面积小，多层或低层的建筑，砖木结构对于承重墙体不能改动，而框架结构则对墙体大部可以改动。

(3) 钢筋混凝土结构是指用配有钢筋增强的混凝土制成的结构，如图4-2所示。承重的主要构件是用钢筋混凝土建造的，包括薄壳结构、大模板现浇结构及使用滑模、升板等建造的钢筋混凝土结构的建筑物。这种建筑物钢筋承受拉力，混凝土承受压力，具有坚固、耐久、防火性能好、比钢结构节省钢材和成本低等优点。

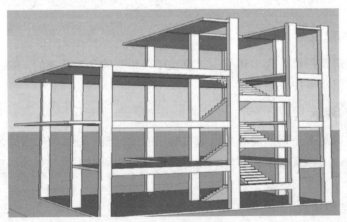

钢筋混凝土结构.mp4

图 4-2 钢筋混凝土结构

钢筋混凝土结构在土木工程中的应用范围极广，各种工程结构都可采用钢筋混凝土建造。钢筋混凝土结构在原子能工程、海洋工程和机械制造业的一些特殊场合，如反应堆压力容器、海洋平台、巨型运油船、大吨位水压机机架等，均得到十分有效的应用，解决了钢结构所难于解决的技术问题。

(4) 钢结构是由钢制材料组成的结构，是主要的建筑结构类型之一，如图4-3所示。结构主要由型钢和钢板等制成的钢梁、钢柱、钢桁架等构件组成，各构件或部件之间通常采用焊缝、螺栓或铆钉连接。因其自重较轻，且施工简便，广泛应用于大型厂房、场馆、超高层等领域。

钢筋混凝土结构.pdf

钢结构.pdf

钢结构.mp4

图 4-3　钢结构

　　钢结构与其他建材相比，在设计、施工及综合经济效益方面都具有优势，造价低，可随时移动。

　　①　钢结构住宅比传统建筑能更好地满足建筑上大开间灵活分隔的要求，并可通过减少柱的截面面积和使用轻质墙板，提高面积使用率，户内有效使用面积可提高约 6%。

　　②　节能效果好，墙体采用轻型节能标准化的 C 型钢、方钢、夹芯板，保温性能好，抗震度好，可节能 50%。

　　③　将钢结构体系用于住宅建筑，可充分发挥钢结构的延性好、塑性变形能力强等优点，具有优良的抗震抗风性能，大大提高了住宅的安全可靠性，尤其在遭遇地震、台风灾害的情况下，钢结构能够避免建筑物的倒塌性破坏。

　　④　建筑总重轻，钢结构住宅体系自重轻，约为混凝土结构的一半，可以大大减少基础造价。

　　⑤　施工速度快，工期比传统住宅体系至少缩短 1/3，一栋 1000m^2 建筑只需 20 天、5 个工人就可完工。

　　⑥　环保效果好，钢结构住宅施工时大大减少了砂、石、灰的用量，所用的材料主要是绿色、100%可回收或降解的材料，在建筑物拆除时，大部分材料可以再用或降解，不会造成垃圾。

　　⑦　灵活、丰实。其大开间设计，户内空间可多方案分割，能满足用户的不同需求。

　　⑧　符合住宅产业化和可持续发展的要求。钢结构适宜工厂大批量生产，工业化程度高，并且能将节能、防水、隔热、门窗等先进成品集合于一体成套应用，将设计、生产、施工一体化，提高建设产业的水平。

　　钢结构与普通钢筋混凝土结构相比，其匀质、高强、施工速度快、抗震性好和回收率高等优越性，钢比砖石和混凝土的强度和弹性模量要高出很多倍，因此在荷载相同的条件下，钢构件的质量轻。从被破坏方面看，钢结构在事先有较大变形预兆，属于延性破坏结构，能够预先发现危险，从而避免损失。

　　钢结构厂房具有总体轻、节省基础、用料少、造价低、施工周期短、跨度大、安全可靠、造型美观、结构稳定等优势。钢结构厂房已被广泛应用于大跨度工业厂房、仓库、冷库、高层建筑、办公大楼，多层停车车场及民宅等建筑行业。

　　(5) 型钢混凝土组合结构是把型钢埋入钢筋混凝土中的一种独立的结构形式。由于在钢筋混凝土中增加了型钢，型钢以其固有的强度和延性以及型钢、钢筋、混凝土三位一体地工作，使型钢混凝土结构具备了比传统的钢筋混凝土结构承载力大、刚度大、抗震性能好的优点。与钢结构相比，型钢混凝土结构具有防火性能好，结构局部和整体稳定性好，节省钢材的优点。

　　国家有针对性地推广应用此类结构，对我国多、高层建筑的发展、优化和改善结构抗震性能都具有极其重要的意义。

4.2.2　不同建筑结构形式及适用范围

1. 砌体结构

　　砌体(砖混结构)是由块体和砂浆砌筑而成的墙或柱，包括砖砌体、砌块砌体、石砌体和墙板砌体，砌体在一般的工程建筑中，约占整个建筑物自重的1/2，用工量和造价约各占1/3，是建筑工程的重要材料。我国占主导地位的砌体材料烧结黏土砖已有二千多年的历史，与黏土瓦并称为"秦砖汉瓦"。但是，这种砌体材料需要大量黏土作原材料。为有效地保护耕地，国家要求尽量不用黏土砖。砌体材料正朝着充分利用各种工业废料，轻质、高强、空心、大块、多功能的方向发展。住宅、办公楼等民用建筑中广泛采用砌体承重。所建房屋层数增加，5～6层高的房屋，采用以砖砌体承重为主的混合结构非常普遍，不少城市建到7～8层；重庆市20世纪70年代建成了高达12层的以砌体承重的住宅；在某些产石地区毛石砌体作承重墙的房屋高达6层。

　　(1) 在工业厂房建筑中，通常用砌体砌筑围墙；砌体结构适用于中、小型厂房和多层轻工业厂房，以及影剧院、食堂、仓库等建筑的承重结构。

　　(2) 可在地震设防区建造砌体结构房屋—合理设计、保证施工质量、采取构造措施。经震害调查和研究表明：地震烈度在六度以下地区，一般的砌体结构房屋能经受地震的考验；按抗震设计要求进行改进和处理，可在七度和八度设防区建造砌体结构的房屋。

2. 框架结构

　　框架结构是指由梁和柱以刚接或者铰接方式相连接而成，构成承重体系的结构，即由梁和柱组成框架共同抵抗使用过程中出现的水平荷载和竖向荷载。结构的房屋墙体不承重，仅起到围护和分隔作用，一般用预制的加气混凝土、膨胀珍珠岩、空心砖或多孔砖、浮石、蛭石、陶粒等轻质板材等材料砌筑或装配而成。

　　框架结构可设计成静定的三铰框架或超静定的双铰框架与无铰框架。混凝土框架结构广泛用于住宅、学校、办公楼，也有根据需要对混凝土梁或板施加预应力，以适用于较大的跨度；框架钢结构常用于大跨度的公共建筑、多层工业厂房和一些特殊用途的建筑物中，如剧场、商场、体育馆、火车站、展览厅、造船厂、飞机库、停车场、轻工业车间等。

3. 剪力墙结构

剪力墙结构指的是竖向上钢筋混凝土墙板，水平方向仍然是钢筋混凝土的大楼板搭载墙上，这样构成的一个体系，叫剪力墙结构，如图4-4所示。楼层越高，风荷载对它的推动越大，那么风的推动叫水平方向的推动。房子的下面是有约束的，上面的风一吹应该产生一定的摇摆的浮动，摇摆的浮动限制的非常小，靠竖向墙板去抵抗，风吹过来，板对它有一个对顶的力，使楼不产生摇摆或者是产生摇摆的幅度特别小，在结构允许的范围之内，比如：风从一面来，那么板有一个相当的力与它顶着，沿着整个竖向墙板的高度上相当于一对的力，正好像一种剪切，相当于用剪子剪楼而且剪楼的力越往下剪力越大，因此，把这样的墙板叫剪力墙板，也说明竖向的墙板不仅仅承重竖向的力还应该承担水平方向的风荷载，包括水平方向的地震力和风对它的一个推动。

图4-4　剪力墙结构

(1) 框架—剪力墙结构。是由框架与剪力墙组合而成的结构体系，适用于需要有局部大空间的建筑，这时在局部大空间部分采用框架结构，同时又可用剪力墙来提高建筑物的抗侧能力，从而满足高层建筑的要求。

(2) 普通剪力墙结构。全部由剪力墙组成的结构体系。

(3) 框架—剪力墙结构。当剪力墙结构的底部需要有大空间，剪力墙无法全部落地时，就需要采用底部框架—剪力墙的框架—剪力墙结构。

【案例4-2】迪拜BuriAl-Arab酒店是阿拉伯人奢侈的象征，也是迪拜的新标志。321m的高度是当时全球第一。奢华的佐证非笔墨可言，每个房间17个电话筒，机场巴士是8辆劳斯莱斯，所有细节都是优雅不俗的金装饰。在沙漠国家，水比金更显财力，而饭店外形是一张鼓满了风的帆，饭店到处是和水有关的主题。

结合自身所学的相关知识，试分析迪拜酒店适合采用哪种建筑结构类型？

4. 空间结构

结构构件三向受力的大跨度的，中间不放柱子，用特殊结构解决的叫作空间结构，如图4-5所示。包括网架结构、悬索结构、壳体结构、管桁架结构、膜结构。

图 4-5　空间结构

(1) 网架结构是由许多连续的杆件按照一定规律组成的网状结构，在接触处加上球状以便加大链接。杆件主要承受轴力，能充分发挥材料的强度，节省钢材，结构自重小。网架结构空间刚度大，整体性强，稳定性好。是利用较小规格的杆件建造大跨度结构，而且杆件类型统一。

(2) 悬索结构(两山之间架的一座桥，用铁锁链在两山之间这就是悬锁结构；如红军通过的泸定桥)是大跨度屋盖的一种理想结构形式。悬索结构一般由钢索、边缘构件和下部支承结构组成，如图 4-6 所示。

图 4-6　悬索结构

(3) 壳体结构是两端有竖向的支撑，沿着曲面的切线把力分解到两侧，尺寸相对非常小，可以做很大的跨度，如图 4-7 所示。

(4) 管桁架结构是指由钢管制成的桁架结构体系，因此又称为管桁架或管结构，如图 4-8 所示。利用钢管的优越受力性能和美观的外部造型构成独特的结构体系，满足钢结构的最新设计观念，集中使用材料、承重与稳定作用的构件组合以发挥空间作用。

(5) 膜结构是 20 世纪中期发展起来的一种新型建筑结构形式，是由多种高强薄膜材料及加强构件(钢架、钢柱或钢索)通过一定方式使其内部产生一定的预张应力以形成某种空间形状，作为覆盖结构，并能承受一定的外荷膜结构载作用的一种空间结构形式，如图 4-9所示。膜结构可分为充气膜结构和张拉膜结构两大类。充气膜结构是靠室内不断充气，使室内外产生一定压力差(一般在 10～30mm 汞柱),室内外的压力差使屋盖膜布受到一定的向上的浮力,从而实现较大的跨度。张拉膜结构则通过柱及钢架支承或钢索张拉成型,其造型非常优美灵活。

图 4-7　壳体结构

壳体结构.mp4

图 4-8　管桁架结构

管桁架结构.mp4

图 4-9　膜结构

膜结构.mp4

4.3　建筑结构受力及防护

4.3.1　建筑荷载与结构内力

1．荷载的分类

音频.荷载按随时间的
变异进行分类.mp3

1)　按随时间的变异分类

(1) 永久作用(永久荷载或恒载)：在设计基准期内，其值不随时间变化；或其变化可以忽略不计。如结构自重、土压力、预加应力、混凝土收缩、基础沉降、焊接变形等。

(2) 可变作用(可变荷载或活载)：在设计基准期内，其值随时间变化。如安装荷载、屋面与楼面活荷载、雪荷载、风荷载、吊车荷载、积灰荷载等。

(3) 偶然作用(偶然荷载、特殊荷载)：在设计基准期内可能出现，也可能不出现，而一旦出现，其值很大，且持续时间较短。例如爆炸力、撞击力、雪崩、严重腐蚀、地震、台风等。

2)　按结构的反应分类

(1) 静态作用或静力作用：不使结构或结构构件产生加速度或所产生的加速度可以忽略不计，如结构自重、住宅与办公楼的楼面活荷载、雪荷载等。

(2) 动态作用或动力作用：使结构或结构构件产生不可忽略的加速度，例如地震作用、吊车设备振动、高空坠物冲击作用等。

3)　按荷载作用面大小分类

(1) 均布面荷载。

即建筑物楼面或墙面上分布的荷载，如铺设的木地板、地砖、花岗石、大理石面层等重量引起的荷载。

音频.荷载按荷载作用
面大小进行分类.mp3

(2) 线荷载。

即建筑物原有的楼面或层面上的各种面荷载传到梁上或条形基础上时可简化为单位长度上的分布荷载。

(3) 集中荷载。

当在建筑物原有的楼面或屋面承受一定重量的柱子，放置或悬挂较重物品(如洗衣机、冰箱、空调机、吊灯等)时，其作用面积很小，可简化为作用于某一点的集中荷载。

4)　按荷载作用方向分类

(1) 垂直荷载：如结构自重、雪荷载等。

(2) 水平荷载：如风荷载、水平地震作用等。

2．施工荷载

在施工过程中，将对建筑结构增加一定数量的施工荷载，如电动设备的振动、在房间放置大量的砂石等建筑材料，可能使建筑物局部面积上的荷载值远远超过设计允许的范围。

3．建筑装饰装修变动对建筑结构的影响及对策

(1) 建筑装饰装修对建筑结构的影响。在装饰装修过程中，如有结构变动，或增加荷

载时，应注意下述问题。

① 将各种增加的装修装饰荷载控制在允许范围以内，如果做不到这一点，应对结构进行重新验算，必要时应采取相应的加固补强措施。

② 建筑装饰装修工程设计必须保证建筑物的结构安全和主要使用功能。当涉及主体和承重结构改动或增加荷载时，必须由原结构设计单位或具备相应资质的设计单位核查有关原始资料，对既有建筑结构的安全性进行核验、确认。

③ 建筑装饰装修工程施工中，严禁违反设计文件擅自改动建筑主体、承重结构或主要使用功能；严禁未经设计单位确认和有关部门批准擅自拆改水、暖、电、燃气、通信等配套设施。

(2) 在楼面上加铺任何材料属于对楼板增加了面荷载。装配式楼板结构，为了加强结构的整体性、抗震性能，常在楼板上做现浇的钢筋混凝土叠合层，厚度50～80mm；严禁采用凿掉叠合层以减轻荷载的方法进行楼面装修。吊点应在钢筋混凝土圆孔板的板缝处下膨胀螺栓。

(3) 在室内增加隔墙、封闭阳台，属于增加的线荷载。在室内采用砌块墙体隔墙时，应对楼板进行加固，以满足承载力的要求。阳台装修时改变使用功能，应征求原设计单位的意见，或请有资质的单位重新设计。

(4) 在室内增加装饰性的柱子，特别是石柱，悬挂较大的吊灯，应采取安全加固措施。

(5) 变动墙对结构的影响。承重墙不得拆除；不允许随便在承重墙体上开洞；墙体开洞时，应经设计单位确定开洞位置、大小和开洞方法。

(6) 楼板或屋面板上开洞、开槽对结构的影响。开洞、开槽应经设计单位同意。

(7) 变动梁、柱对结构的影响。不得将后加构件的钢筋或连接件与原有梁的钢筋焊接；凿掉梁的混凝土保护层，应采用比原梁混凝土强度高一个等级的细石混凝土重新浇筑；梁下加柱相当于在梁下增加了支撑点，将改变梁的受力状态。在新增柱的两侧，梁由承受正弯矩变为承受负弯矩；在柱子中部加梁(包括悬臂梁)将改变柱子的受力状态(包括轴力、弯矩等)。

(8) 房屋增层对结构的影响。房屋增层必须进行如下几个主要方面的结构计算工作。

① 验算增层后的地基承载力。

② 将原结构与增层结构看作一个统一的结构体系，并对此结构体系进行各种荷载作用的内力计算和内力组合。

③ 验算原结构的承载能力和变形。

④ 验算原结构与新结构之间连接的可靠性。

(9) 桁架、网架结构的受力是通过节点传递给杆件的，不允许将较重的荷载作用在杆件上。在吊顶装修或悬挂重物时，注意主龙骨和重物的吊点应与桁架的结点采用常温情况的连接，避免焊接，以防止高温影响桁架杆件的受力。

4．建筑结构变形缝的功能及在装饰装修中应予以的维护

(1) 伸缩缝：基础不用断开。

(2) 沉降缝：从基础到上部结构都断开。

(3) 防震缝：基础不用断开。

5. 建筑结构受力简述

现在建筑多以高层建筑为主,本文以高层建筑为例简述建筑结构受力分析。

高层建筑从本质上讲是一个竖向悬臂结构,垂直荷载主要使结构产生轴向力与建筑物高度大体为线性关系;水平荷载使结构产生弯矩。从受力特性看,垂直荷载方向不变,随建筑物的增高仅引起量的增加;而水平荷载可来自任何方向,当为均布荷载时,弯矩与建筑物高度呈二次方变化。从侧移特性看,竖向荷载引起的侧移很小,而水平荷载当为均布荷载时,侧移与高度呈四次方变化。由此可以看出,在高层结构中,水平荷载的影响要远远大于垂直荷载的影响,水平荷载是结构设计的控制因素,结构抵抗水平荷载产生的弯矩、剪力以及拉应力和压应力应有较大的强度外,同时要求结构要有足够的刚度,使随着高度增加所引起的侧向变形限制在结构允许范围内。

高层建筑有上述的受力特点,因此设计中在满足建筑功能要求和抗震性能的前提下,选择切实可行的结构类型,使之在特定的物资和技术条件下,具有良好的结构性能、经济效果和建筑速度是非常必要的。高层建筑上常用的结构类型主要有钢结构和钢筋混凝土结构。钢结构具有整体自重轻、强度高、抗震性能好、施工工期短等优点,并且钢结构构件截面相对较小,具有很好的延展性,适合采用柔性方案的结构。其缺点是造价相对较高,当场地土特征周期较长时,易发生共振。与钢结构相比,现浇钢筋混凝土结构具有结构刚度大、空间整体性好、造价低及材料来源丰富等优点,可以组成多种结构体系,以适应各类建筑的要求,在高层建筑中得到广泛应用,比较适用于提供承载力,控制塑性变形的刚性方案结构。其突出缺点是结构自重大,抵抗塑性变形能力差,施工工期长,当场地土设计计特征周期较短时,易发生共振。因此,高层建筑采用何种结构形式,应取决于所有结构体系和材料特性,同时取决于场地土的类型,避免场地土和建筑物发生共振,而使震害更加严重。

4.3.2 建筑结构的安全等级

建筑结构安全等级(专业中简称为安全等级、结构安全等级),是为了区别在近似概率论极限状态设计方法中,针对重要性不同的建筑物,采用不同的结构可靠度而提出的。

现行国家标准《建筑结构可靠度设计统一标准》(GB 50068—2001)规定,在建筑结构设计时,应根据结构破坏可能产生的后果的严重性,采用不同的安全等级。建筑结构安全等级划分为三个等级(一级:重要的建筑物;二级:大量的一般建筑物;三级:次要的建筑物)。至于重要建筑物与次要建筑物的划分,则应根据建筑结构的破坏后果,即危及人的生命、造成经济损失、产生社会影响等的严重程度确定。

同一建筑物内的各种结构构件宜与整个结构采用相同的安全等级,但允许对部分结构构件根据其重要程度和综合经济效果进行适当调整。如提高某一结构构件的安全等级所需额外费用很少,又能减轻整个结构的破坏,从而大大减少人员伤亡和财物损失,则可将该结构构件的安全等级相比整个结构的安全等级提高一级;相反,如某一结构构件的破坏并不影响整个结构或其他结构构件,则可将其安全等级降低一级;任何结构的安全等级均不得低于三级。

4.3.3 建筑节能与建筑防护

1. 建筑节能

建筑节能在发达国家最初是为减少建筑中能量的散失，普遍称为"提高建筑中的能源利用率"，在保证提高建筑舒适性的条件下，合理使用能源，不断提高能源利用效率。

建筑节能具体指在建筑物的规划、设计、新建(改建、扩建)、改造和使用过程中，执行节能标准，采用节能型的技术、工艺、设备、材料和产品，提高保温隔热性能和采暖供热、空调制冷制热系统效率，加强建筑物用能系统的运行管理，利用可再生能源，在保证室内热环境质量的前提下，增大室内外能量交换热阻，以减少供热系统、空调制冷制热、照明、热水供应因大量热消耗而产生的能耗。

建筑节能.pdf

建筑节能是关系到我国建设低碳经济、完成节能减排目标、保持经济可持续发展的重要环节之一。要想做好建筑节能工作、完成各项指标，我们需要认真规划、强力推进，踏踏实实地从细节抓起。

建筑节能工作复杂而艰巨，它涉及政府、企业和普通市民，涉及许多行业和企业，涉及新建筑和老建筑，实施起来难度非常大。在建筑节能的初期推进过程中，我们一定要付出精力、成本和代价。从这几年的实践效果看，仅靠出台一些简单的规定、措施和办法，完成建筑节能任务和指标很有难度，这就需要我们再思考，进行比较充分、细致、深层次的研究，找出其症结所在。

对于新建建筑要严格管理，必须达到建筑节能标准，这一点不能含糊；对于既有建筑的节能改造要力度大、办法多，多推广试点经验，采取先易后难、先公后私的原则。在房屋建造过程中，建筑节能要重点解决好外墙保温、窗门隔温等问题，很多建筑漏气都出现在这方面。另外，能利用太阳能的建筑应最大限度地使用这一资源，并在设计过程中实现太阳能与建筑一体化，增加建筑的和谐度和美观度；全面推行水利用和雨水收集系统，大力推进废旧建筑材料和建筑垃圾的回收，使资源能够得到充分利用。

对于新建建筑，只要法制健全、标准配套、支持政策对路，基本上能够达到 50% 的节能标准。但是，要推广 65% 或 75% 的节能标准，许多城市还存在难度，需要在建筑保温材料管理和技术标准的要求方面加大措施；对既有建筑改造和供暖设施的分户改造难度更大，需要统筹考虑、分步实施，并且由财税政策支持，给予一定补贴，使既有建筑的节能改造推进速度加快。要实现新建建筑全面达到节能标准，不能留有缝隙；既有建筑实现逐步改造，要按照先公共建筑、商业建筑，后住宅的顺序进行，也就是首先改造相对容易的建筑，然后逐步解决比较复杂的住宅节能问题。

建筑节能是一项系统工程，在全面推进的过程中，要制定出相关配套政策法规，该强制执行的要加大执行力度；要有相配套的标准，包括技术标准、产品标准和管理标准等，便于在实施过程中进行监督检查；对新技术、新工艺、新设备、新材料、新产品等，要在政策方面给予支持，加大市场推广力度。总而言之，做好建筑节能工作，只要相关部门、各级政府通力合作、密切配合，我国的节能目标就能达到。

中国是一个发展中大国，又是一个建筑大国，每年新建房屋面积高达 17 亿～18 亿平方

米，超过所有发达国家每年建成建筑面积的总和。随着全面建设小康社会的逐步推进，建设事业迅猛发展，建筑能耗也随之迅速增长。所谓建筑能耗指建筑使用能耗，包括采暖、空调、热水供应、照明、炊事、家用电器、电梯等方面的能耗。其中采暖、空调能耗约占 60%～70%。中国既有的近 400 亿平方米建筑，仅有 1%为节能建筑，其余无论从建筑围护结构还是采暖空调系统来衡量，均属于高耗能建筑。单位面积采暖所耗能源相当于纬度相近的发达国家的 2～3 倍。这是由于中国的建筑围护结构保温隔热性能差，采暖用能的 2/3 白白跑掉。而每年的新建建筑中真正称得上"节能建筑"的还不足 1 亿平方米，建筑耗能总量在中国能源消费总量中的份额已超过 27%，逐渐接近三成。

节能建筑.pdf

　　由于中国是一个发展中国家，人口众多，人均能源资源相对匮乏，人均耕地只有世界人均耕地的 1/3，水资源只有世界人均占有量的 1/4，已探明的煤炭储量只占世界储量的 11%，原油占 2.4%，每年新建建筑使用的实心黏土砖毁掉良田 12 万亩。物耗水平相较发达国家，钢材高出 10%～25%，每立方米混凝土多用水泥 80 公斤，污水回用率仅为 25%。国民经济要实现可持续发展，推行建筑节能势在必行、迫在眉睫。中国建筑用能浪费极其严重，而且建筑能耗增长的速度远远超过中国能源生产可能增长的速度，如果听任这种高耗能建筑持续发展下去，国家的能源生产势必难以长期支撑此种浪费型需求，从而不得不被迫组织大规模的旧房节能改造，这将耗费更多的人力物力。在建筑中积极提高能源使用效率，就能够大大缓解国家能源紧缺状况，促进中国国民经济建设的发展。因此，建筑节能是贯彻可持续发展战略、实现国家节能规划目标、减排温室气体的重要措施，符合全球发展趋势。

2．建筑防护

1）施工现场对人员安全纪律的要求

（1）按照作业要求，正确穿戴个人防护用品，进入现场必须戴好安全帽，在没有防护设施的高空、悬崖和陡坡施工必须系好安全带，高处作业不得穿硬底、带钉或易滑的鞋，不得往下投掷物料，严禁赤脚或穿高跟鞋、拖鞋进入施工现场。

建筑防护网.pdf

（2）热爱本职工作，努力学习，增强政治觉悟，提高业务水平和操作技能。积极参加安全生产的各种活动，提出改进安全工作的意见，搞好安全生产。

（3）正确使用防护装置和防护设施，对各种防护装置、防护设施和警告、安全标志等不得随意拆除和随意挪动。

（4）遵守劳动纪律，服从领导和安全检查人员的指挥，工作时集中思想，坚守岗位，未经许可不得从事非本工种作业，严禁酒后上班，不得到禁止烟火的地方吸烟、动火。

（5）在施工现场行走要注意安全，不得攀登脚手架、井字架、龙门架和随吊盘上下。

（6）严格执行操作规程，不得违章指挥和违章作业，对违章作业的指令有权拒绝，并有责任制止他人违章作业。

　　【案例4-3】白金汉宫是英国的王宫，位于伦敦最高权力的所在地——威斯敏特区。东接圣·詹姆斯公园，西临海德公园，是英国王室生活和工作的地方。王宫初建于 1703 年，白金汉公爵、诺曼底公爵和约翰·谢菲尔德在这里建造了一座公馆，并以白金汉公爵的名字命名。白金汉宫经过多次修建和扩展，现已成为一座规模雄伟的三层长方形建筑。外国

的国家元首和政界首脑访问英国时，女王就在宫院中陪同贵宾检阅仪仗队。白金汉宫前的广场中央屹立着有伊丽莎白二世的高祖母维多利亚女王镀金雕像的纪念碑。

结合自身所学的相关知识，简述建筑防护的措施。

2) 施工现场对人员安全生产的要求

(1) 自觉遵守安全生产规章制度，不进行违章作业。

(2) 要随时制止他人违章作业。积极参加有关安全生产的各种活动。

(3) 主动提出改进安全工作的意见。

(4) 爱护和正确使用机器设备、工具及个人防护用品。

(5) 遵章守纪，做到"四不伤害"(自己不伤害自己，自己不伤害他人，自己不被他人所伤害，保护他人不受伤害)。

3) 施工现场对上岗作业人员的要求

(1) 要求有高度的热情和强烈的责任感、事业心，热爱安全工作，且在工作中敢于坚持原则，秉公办事。

(2) 要求熟悉安全生产方针政策，了解国家及行业有关安全生产的所有法律、法规、条例、操作规程、安全技术要求等。

(3) 要求熟悉工程所在地建筑管理部门的有关规定，熟悉施工现场各项安全生产制度。

(4) 要求有一定的专业知识和操作技能，熟悉施工现场各道工序的技术要求，熟悉生产流程，了解各工种、各工序之间的衔接，善于协调各工种、各工序之间的关系。

(5) 要求有一定的施工现场工作经验和现场组织能力，有分析问题和解决问题的能力，善于总结经验和教训，有洞察力和预见性，及时发现事故苗头并提出改进措施，对突发事故能够沉着应对。

(6) 要求有一定的防火、防爆知识和技术，能够熟练地使用工地上配备的消防器材。懂得防尘防毒的基本知识，会使用防护设施和劳动保护用品。

(7) 要求对工地上经常使用的机械设备和电气设备的性能和工作原理有一定的了解，对起重、吊装、脚手架、爆破等容易出事故的工种和工序应有一定程度的了解，懂得脚手架的负荷计算、架子的架设和拆除程序、土方开挖坡度计算和架设支撑、电气设备接零接地的一般要求等，发现问题能够正确处理。

(8) 要求熟悉工伤事故调查处理程序，掌握一些简单的急救技术，懂得现场初级救生知识。

4) 施工现场对操作人员的要求

(1) 隐患未排除，有自己伤害自己、自己伤害他人、自己被他人伤害和不能保护他人不受伤害的不安全因素存在时，不得盲目操作。

(2) 特殊工种人员、机械操作工未经专门安全培训，无有效安全上岗操作证时，不得盲目操作。

(3) 新工人未经三级安全教育，复工换岗人员未经安全岗位教育时，不得盲目操作。

(4) 新技术、新工艺、新设备、新材料、新岗位无安全措施，未进行安全培训教育、交底时，不得盲目操作。

(5) 施工环境和作业对象情况不清、施工前无安全措施或作业安全交底不清时，不得盲目操作。

塔式起重机.mp4

(6) 脚手架、吊篮、塔式起重机、井字架、龙门架、外用电梯、起重机械、电焊机、钢筋机械、木工平刨、圆盘锯、搅拌机、打桩机等设施设备和现浇混凝土模板支撑、搭设安装后，未经验收合格时，不得盲目操作。

(7) 安全帽和作业所必需的个人防护用品不发放落实时，不得盲目操作。

(8) 凡上级或管理干部违章指挥，有冒险作业情况时，不得盲目操作。

(9) 作业场所安全防护措施不落实，安全隐患不排除，威胁人身和国家财产安全时，不得盲目操作。

(10) 高处作业、带电作业、禁火区作业、易燃易爆作业、爆破性作业、有中毒或窒息危险的作业和科研实验等其他危险作业的，均应由上级指派，并经安全交底；未经指派批准、未经安全交底和无安全防护措施的，不得盲目操作。

5) 施工现场对动工人员的要求

(1) 严禁在无照明设施、无足够采光条件的区域、场所内行走、逗留。

(2) 不准从正在起吊、运吊中的物体下通过。

(3) 不准在没有防护的外墙和外壁板等建筑物上行走。

(4) 不准从高处往下跳或奔跑。

(5) 不准站在小推车等不稳定的物体上操作。

(6) 不准进入挂有"禁止出入"或设有危险警示标志的区域、场所。

(7) 不得攀登起重臂、绳索、脚手架、井字架、龙门架和随同运料的吊盘及吊装物上下。

(8) 未经允许不准私自进入非本单位作业区域或管理区域，尤其是存有易燃、易爆物品的场所。

(9) 不准在重要的运输通道上行走或逗留。

(10) 不准带无关人员进入施工现场。

6) 防止机械伤害的基本安全要求

(1) 机电设备运行时，操作人员不得将头、手、身伸入运转的机械行程范围内。

(2) 机电设备应完好，必须有可靠有效的安全防护装置。

(3) 机电设备停电、停工休息时必须拉闸关机，按要求上锁。

(4) 机电设备应做到定人操作，定人保养、检查；定机管理、定期保养；定岗位和岗位职责。

(5) 机电设备不准带病运转。

(6) 机电设备不准超负荷运转。

(7) 机电设备不准在运转时维修保养。

(8) 不懂操作的人员严禁使用和摆弄机电设备。

7) 防止车辆伤害的基本安全要求

(1) 机动车辆不得牵引无制动装置的车辆，牵引物体时物体上不得有人；人不得站在正在牵引的物与车之间；在坡道上牵引时，车和被牵引物下方不得有人作业和停留。

(2) 人员在场内机动车道应避免右侧行走，并做到不平排结队有碍交通；避让车辆时，应不避让于两车交会之中，不站于旁有堆物无法退让的死角。

(3) 严禁翻斗车、自卸车车厢乘人，严禁人货混装，车辆载货应不超载、超高、超宽，捆扎应牢固牢靠，应防止车内物体失稳跌落伤人。

(4) 应坚持做好例保工作，车辆制动器、喇叭、转向系统、灯光等影响安全的部位如有问题也不准出车。

(5) 车辆进出施工现场，在场内掉头、倒车，在狭窄场地行驶时应有专人指挥。

(6) 现场行车进场要减速，并做到"四慢"，即道路情况不明要慢，线路不良要慢，起步、会车、停车要慢，在狭路、桥梁弯路、坡路、岔道、行人拥挤地点及出入大门时要慢。

(7) 乘坐车辆应坐在安全处，头、手、身不得露出车厢外，要避免车辆启动制动时跌倒。

(8) 装卸车作业时，若车辆停在坡道上，应在车轮两侧用楔形木块加以固定。

(9) 在临近机动车道的作业区和脚手架等设施周围，以及在道路中的路障应加误安全色标、安全标志和防护措施，并要确保夜间有充足的照明。

(10) 未经劳动、公安交通部门培训合格持证人员，不熟悉车辆性能者不得驾驶车辆。

8) 防止触电伤害的基本安全要求

(1) 禁止在电线上挂晒物料。

(2) 在架空输电线路附近工作时，应停止输电，不能停电时，应有隔离措施，要保证安全距离，防止触碰。

(3) 电气线路或机具发生故障时，排除故障应找电工处理，非电工不得自行修理。

(4) 使用振捣器等手持电动机械或其他电动机械从事湿作业时，要由电工接好电源，安装漏电保护器，操作者必须穿戴好绝缘鞋、绝缘手套后再进行作业。

(5) 非电工严禁拆接电气线路、插头、插座、电气设备、电灯等。

(6) 搬迁或移动电气设备必须先切断电源。

(7) 禁止使用照明器具烘烧、取暖，禁止擅自使用电炉和其他电加热器。

(8) 搬运钢筋、钢管及其他金属物时，严禁触碰电线。

(9) 使用电气设备前必须检查线路、插头、插座、漏电保护装置是否完好。

(10) 电线必须架空，不得在地面、施工楼面随意乱拖，若必须通过地面、楼面时应有过路保护，物料、车、人不准压、踏、碾、磨电线。

9) 防止高处坠落、物体打击的基本安全要求

(1) 高处作业人员必须着装整齐，严禁穿硬塑料底等易滑鞋、高跟鞋，工具应随手放入工具袋。

(2) 进行悬空作业时，应有牢靠的立足并正确系挂安全带；现场应视具体情况配置护栏网，栏杆或其他全措施。

(3) 在进行攀登作业时，攀登用具结构必须牢固牢靠，正确使用。

(4) 高处作业时，不准往下或向上乱抛材料和工具等物件。

(5) 高处作业时，所有物料应该堆放平稳，不可放置在临边或洞口附近，不可阻碍通行。

(6) 高处作业人员严禁相互打闹，以免失足发生坠落危险。

(7) 高处拆除作业时，对拆卸下的物料、建筑垃圾都要加以清理和及时运走，不得在

走道上任意乱置或向下丢弃，必须保持作业走道畅通。

(8) 施工人员应从规定的通道上下，不得攀爬脚手架、跨越阳台，不得在非规定通道进行攀登、行走。

(9) 各类手持机具使用前应检查，确保安全牢靠。洞口临边作业应防止物体坠落。

(10) 各施工作业场所内，凡有坠落可能的任何物料，都应先行撤除或加以固定，拆卸作业要在设有禁区、有人监护的条件下进行。

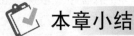

本章小结

通过本章的学习，同学们可以熟悉建筑结构的分类及其应用，掌握各种建筑结构及适用范围，掌握建筑结构受力及防护。同学们还可以初步了解与建筑各部分相关的知识，为以后的学习打下坚实的基础。

实训练习

一、单选题

1. 薄膜结构的主要缺点是(   )。
    A. 传力不明确   B. 抗震能力差   C. 耐久性差   D. 施工复杂

2. 下列哪项不是网壳结构特点(   )。
    A. 空间刚度大，整体性好   B. 稳定性好
    C. 安全度高   D. 平面适应性差

3. 通过增加悬索结构上的荷载来加强悬索结构稳定性的方法中，一般认为当屋盖自重超过最大风吸力的(   )倍，即可认为是安全的。
    A. 1～1.1   B. 1.1～1.3   C. 1.2～1.4   D. 1.5～2

4. 单层悬索体系的优点是(   )。
    A. 传力明确   B. 稳定性好   C. 抗风能力好   D. 耐久性好

5. 高层建筑结构常用的竖向承重结构体系不包括(   )。
    A. 框架结构体系   B. 剪力墙结构
    C. 砌体结构   D. 筒体结构体系

二、多选题

1. 采用不同的楼板布置方式，承重框架的布置方案有(   )三种。
    A. 横向框架承重方案   B. 纵向框架承重方案   C. 混合承重方案
    D. 内框架承重方   E. 砖混承重方案

2. 悬索结构根据拉索布置方式不同可以分为(   )。
    A. 单层悬索体系   B. 双层悬索体系   C. 交叉索网体系
    D. 立体索网体系   E. 三层悬索体系

3. 钢筋混凝土框架结构按施工方法不同可分为(   )。

　　A. 整体式　　　　　　B. 半现浇式　　　　　　C. 装配式

　　D. 装配整体式　　　　E. 分布式

4. 空气薄膜结构即充气结构，通常可分为(　　)三大类。

　　A. 气压式　　　　　　B. 气乘式　　　　　　　C. 混合式

　　D. 充气式　　　　　　E. 压力式

5. 建筑结构的对称性包括(　　)。

　　A. 立面效果的对称　　B. 建筑平面的对称　　　C. 质量分布的对称

　　D. 抗侧刚度的对称　　E. 平面对称

三、问答题

1. 简述建筑材料的分类。

2. 简述不同建筑结构形式及适用范围。

3. 简述建筑节能与建筑防护。

第4章习题答案.pdf

实训工作单一

班级		姓名		日期	
教学项目		建筑结构			
任务	学习建筑结构的分类及其应用	学习途径	本书中的案例分析，自行查找相关书籍		
学习目标		掌握建筑结构的分类及其应用			
学习要点		建筑结构的分类			
学习记录					
评语			指导老师		

实训工作单二

班级		姓名		日期	
教学项目		建筑结构			
任务	学习各种建筑结构及适用范围	学习途径	本书中的案例分析，自行查找相关书籍		
学习目标		掌握各种建筑结构及适用范围			
学习要点		各种建筑结构			
学习记录					
评语				指导老师	

第5章 建筑构造

【学习目标】

1. 掌握地基、基础与地下结构的基本知识
2. 熟悉墙体构造
3. 了解楼地层与屋顶构造的基本知识
4. 掌握楼梯及门、窗的基本知识
5. 熟悉单层工业厂房

第5章 建筑构造.pptx

【教学要求】

本章要点	掌握层次	相关知识点
地基、基础与地下结构	1. 熟悉地基的基本知识 2. 掌握地基的类型 3. 掌握基础与地下室的构造原理	基础的分类
墙体构造	1. 熟悉墙的种类与设计要求 2. 掌握墙体细部构造的基本知识 3. 掌握内、外墙面装饰的基本知识 4. 掌握变形缝的基本知识	内、外墙面装饰
楼地层与屋顶构造	1. 熟悉楼板层的组成 2. 掌握楼地层与屋顶构造的基本知识 3. 掌握地面、顶棚、阳台、屋顶的相关知识	钢筋混凝土楼层
钢筋混凝土楼梯	掌握钢筋混凝土楼梯的基本知识	平板式楼梯
单层工业厂房	熟悉单层工业厂房	单层工业厂房

【案例导入】

上海大剧院整个工期自 1994 年 9 月至 1998 年 8 月。总建筑面积为 62803m^2，总高度为 40m，分地下 2 层，地面 6 层，顶部 2 层，共计 10 层。其建筑风格新颖别致，融汇了东西方的文化韵味。白色弧形拱顶和具有光感的玻璃幕墙有机结合，在灯光的烘托下，宛如一座水晶般的宫殿。

【问题导入】

请结合自身所学的相关知识，根据本案的相关背景，试简述建筑物墙体的细部构造以及结构类型。

5.1 地基、基础与地下结构

5.1.1 地基的基本知识

地基是指建筑物下面支承基础的土体或岩体。作为建筑地基的土层分为岩石、碎石土、砂土、粉土、黏性土和人工填土。地基有天然地基和人工地基(复合地基)两类，如图 5-1 所示。

天然地基.mp4

图 5-1　地基

地基应满足以下几点要求。

(1) 强度方面的要求：要求地基有足够的承载力。

(2) 变形方面的要求：要求地基有均匀的压缩量，以保证有均匀的下沉，防止建筑物上部变形开裂。

地基.pdf

(3) 稳定方面的要求：要求地基有防止产生滑坡、倾斜方面的能力。必要时(特别是高度差较大时)，应加设挡土墙。

5.1.2 地基的类型

从现场施工的角度来讲，地基可分为天然地基、人工地基。地基就是基础下面承压的岩土持力层。

音频.地基的
类型.mp3

天然地基是自然状态下即可满足承担基础全部荷载要求，不需要人工加固的天然土层，是节约工程造价，不需要人工处理的地基。天然地基可分为四大类：岩石、碎石土、砂土、黏性土。

【案例 5-1】某建筑工程，基坑深 17m，地下水位在基坑深度 10m 处，基坑支护采取地下连续墙形式，地下连续墙深 35m。在施工 11 号槽段时，钢筋笼放入基坑，由于基坑内有大量沉渣，钢筋笼不能放入坑底，造成此槽段混凝土不能浇筑，半夜赶上暴雨，致使此槽段塌孔。此槽段紧邻正在使用的城市主干道，且主干道邻近基坑一侧铺设有军用电缆。为使边坡整体稳定，采取了紧急回填的措施。目前，工程地下连续墙已陆续完工，只剩 11 号槽段，需制定此槽段施工方案，以便下一步土方工程顺利进行。

结合自身所学的相关知识，简述地基的基本知识。

人工地基：经过人工处理或改良的地基。当土层的地质状况较好、承载力较强时，可以采用天然地基；而在地质状况不佳的条件下，如坡地、沙地或淤泥地段，或虽然土层质地较好，但上部荷载过大时，为使地基具有足够的承载能力，则要采用人工加固地基，即人工地基，如图 5-2 所示。

人工基坑.mp4

图 5-2　人工地基

5.1.3 与地基相关的经典工程案例

1．工程概况

广西某市中心广场拟建一座 24 层的贸易大厦，该大厦地基工程地质条件和水文地质条件复杂，岩溶、土洞发育。基坑北 5m 处紧邻七层高的图书馆及 4 层高的电影院，南面相距 4m 处为该市主干道，地基处理施工难度较大。施工中引进一些新的施工工艺进行尝试，并取得了良好效果。

该楼为一层地下室，基坑开挖深度 4～4.4m，采用一柱一桩独立基础形式，单桩最大垂直荷载 21000kN。原设计为先开挖基坑，四周用毛石砌挡土墙，坑内采用人工挖孔桩。由于人工挖孔桩施工中抽取大量地下水，造成电影院、图书馆多处开裂，建筑物地基有向下滑移现象，同时挖孔桩无法穿过多层溶洞，施工难以进行，造成停工。在此情况下，对该项工程进行了基础设计修改，采用冲孔和挖孔灌注桩相结合的方式，并制定了一套科学、合理、可行的施工程序，以保证相邻建筑物的安全及施工的顺利进行。

2．工程地质及水文地质条件

根据勘察报告及桩孔的超前钻资料，基坑开挖已经挖除了人工填土层及淤泥层，基坑底地下有 6～9m 厚的覆盖土层，其下为灰岩。该地区属于岩溶发育区，地质条件非常复杂，土洞、溶洞发育，尤其主楼部位岩洞最为发育，最深溶洞达 32m，方向呈多方位；洞孔大小不一，最大的顶底板间距 21m，最小的仅有十几厘米，有的溶洞全被充填或部分充填，有的为空洞并形成地下暗沙。土洞埋藏较浅，常发展到地面。多层溶洞分布在不同的平面

上，岩面起伏不平，高差较大并发育有大量溶槽、溶沟等。大部分基岩上部为块状风化堆积层，充填有黑色淤泥，且厚度大。

该场地地下水属于潜水及岩溶裂隙水，地下水系与相距不远的义昌江相连，场地地下水位高，常高于基坑底面，且流量大，为紊流状态。有的地段钻孔或桩孔时，地下水往上涌，有的溶洞夯穿时，数台抽水机也无法灌满，所灌浆水进入地下暗河流进义昌江。

3．岩溶地基处理方案

由于地基复杂，普遍存在土洞、溶洞，因此该楼采用一柱一桩的形式，要求桩端置于稳定完整的微风化基岩上。

(1) 在每个桩孔上钻进 1～3 个超前钻孔，钻孔深度进入稳定持力层不小于 5m。主要目的：查明每个桩孔的地层结构及分布特征；查明土洞、溶洞分布及大小、规模、连通程度、充填情况；查明强风化层厚度、溶洞顶板厚度；查明稳定持力层的准确顶面标高及其标准承载力；初步判定地下水类型、大小及流向。

(2) 根据超前钻孔资料及建筑荷载进行桩的选型设计。当桩孔下无溶洞或厚层强风化带时，采用人工挖孔桩处理地基，人工挖孔桩要求进入稳定微风化岩石不得小于 0.5m，对于起伏较大的持力层面，可打成 30cm 宽的台阶；当桩孔下有溶洞或厚层强风化带时，采用大直径冲孔灌注桩处理地基。要求该桩穿过溶洞、土洞或厚层强风化带，进入稳定持力层不小于 1 倍桩径。

(3) 关于地下水在桩基施工过程中对周围环境的影响。冲孔灌注桩采用泥浆护壁，水下灌注，无须抽取地下水，避免了深层岩溶裂隙水的抽取导致周围建筑物的变形；人工挖孔桩部分，毫无疑问要抽地下水。前阶段工作中，由于抽取地下水把相邻的电影院、图书馆拉裂，两边道路下沉，导致地下水管道破裂。因此，为了使施工中不再出现上述情况，必须采取调整施工程序等措施，控制抽取地下水，科学、合理地组织施工，严格监测周围建筑物裂缝发展动向。

4．地基处理施工

施工可分为两个部分，即冲孔灌注桩和人工挖孔灌注桩。

(1) 冲孔灌注桩施工。

该施工主要难点为：如何在具有多层溶洞的岩溶区成孔，如何堵住泥浆渗漏及混凝土流失，如何保证冲孔进尺及清除孔底沉渣。

每当打穿一层溶洞时，经常出现如下情况：①孔内泥浆迅速流失，因岩溶水系与义昌江连通，两台 3PN 泵供水也无法使孔内满上来，出现地面孔口塌陷，产生一个大漏斗，不仅不能施工，而且经常危及钻孔及人身安全，有时连钻机撤出的时间都没有；②溶洞或裂隙水流入孔内，破坏泥浆，致使泥浆比重减少或变成清水，孔底出现厚层沉渣，无法返浆，更不能进尺，使工程无法进行。

针对上述情况，采取了相应的解决方法：向孔内回填大量黏土，目的是堵漏，黏土不必装袋，可直接倒入孔内，水泥需整袋抛入，使其沉底，操作方法同上。

当再次打穿下一层溶洞发生漏浆时，重复上述工作，直到完成一个桩孔为止。

这样施工的结果是：堵住了漏浆，堵住了溶洞，保证泥浆质量且能正常返浆，正常进尺，同时在灌注混凝土时，不会出现大量超灌。

如 63#桩具有一定的代表性，桩径 1.6m，桩长 21m，上覆土层厚 5.5m，其下为多层分布的溶洞，遇大小溶洞 4 个，发生强漏浆 6 次，为堵漏造浆共使用 318 包水泥，直接用于堵漏的费用 8600 元。

经比较，上述方法是最经济、最有效的施工方法。与之相比，在此场地也曾采用钻孔灌注桩，钻孔直径 500mm，结果是：①因泥浆流失过大，无法补足泥浆；②长期钻进，出现大面积地面塌陷；③孔底难清除沉渣；④混凝土灌入量无法控制。在仅钻成的两个孔中，孔底几米厚度沉渣无法清除，其中一孔 12h 灌入几十立方米的混凝土，不知流向何处。

(2) 人工挖孔灌注桩施工。

对于人工挖孔桩，按常理来说是最简单的施工方法。由于该地层含有大量地下水，抽取地下水已危及周围建筑物的安全。如何达到最经济最安全的施工要求成为第一难点。经认真分析，充分了解该地基的工程地质条件及水文地质条件与周围建筑的联系，并对建筑物已开裂的原因进行了细致的分析。

抽取大量地下水是导致周围房屋开裂、地基下沉的最主要原因，如要对基坑周围进行全面的帷幕防渗，耗资巨大，同时岩石裂隙水未必能堵住。最后采用了不增加投资的方案，只对施工程序进行了调整。

通过施工程序调整，设法改变水的渗透路径；分散施工，不能成片连续开挖，每隔 3～5 个桩孔开挖一个；先施工水量较小的桩孔，如果发现水量较大的桩孔，停止抽水，不再向下施工，严格控制抽取地下水量；每挖成一个桩孔，验收后立即灌注混凝土，堵住水的部分渗透路径；严格监控周围建筑物的裂缝。

事实证明，按上述原则要求进行施工，顺利、安全地完成了施工任务，保证了周围建筑物的安全，如果不按此程序施工，会产生严重的后果。例如，当时现场为了进度，同时开挖 4 孔，同时抽水，结果 4h 后观测发现周围建筑物裂缝加大，石膏断裂。紧急停工后，再按程序施工没有出现这种情况，施工安全顺利。再次证明经过施工程序的控制，安全施工可以得到保证。

5．总结

(1) 岩溶地基处理有很大的难度和复杂性。需因地制宜地设计和选择施工方法。

(2) 岩溶地基采用冲孔与挖孔相结合的办法进行处理，既经济，又避免了许多难以解决的问题，诸如抽取大量地下水，引起周围建筑物的下沉开裂，人工挖孔难以穿过多层溶洞等问题。

(3) 冲孔桩处理复杂岩溶地基行之有效，有较大的可靠性。

(4) 采用袋装黏土及水泥填堵溶洞及防渗堵漏，行之有效，且最为经济，同时也可保证成桩质量，避免大规模超灌混凝土。

(5) 在进行严格的施工管理条件下，调整施工程序，严格控制抽取地下水量，只要施工程序合理，完全可以无须任何防渗措施，可以进行安全的人工挖孔桩施工。

5.1.4　基础

基础是建筑物地面以下的承重构件，承受建筑物上部结构传下来的荷载，并把其全部荷载传递给它下面的土层——地基。基础一般可分为刚性基础、扩展基础、柱下条形基础、

基础.pdf

片筏基础和箱形基础五大类。

地基与基础之间，有着极为密切的关系。基础的类型与构造并不完全取决于建筑物的上部结构，它与地基土的性质有着密切关系。具有同样上部结构的建筑物建造在不同的地基上，其基础的形式与构造可能是完全不同的。

1. 刚性基础

刚性基础主要有墙下条形基础和柱下独立基础两类，如图 5-3 所示。这两类基础一般建造在土质较好的地基上，基础几乎不会发生挠曲变形。另外，根据材料的不同，刚性基础又可划分为砖基础、毛石基础、灰土基础、三合土基础、毛石混凝土基础和混凝土基础 6种。这些基础材料虽然抗压性能都比较好，但是抗拉、抗剪强度不高。

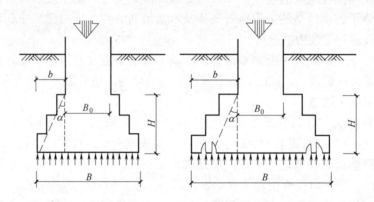

图 5-3 刚性基础

为了保证基础的耐久性，砖的标号不宜低于 M7.5，毛石需采用未风化的硬质岩石。砌筑时，在地下水位以上可用混合砂浆；在地下水位之下，则须用水泥砂浆，砂浆标号不应低于 M5。当荷载较大或需要减小基础构造高度时，可采用混凝土或毛石混凝土基础，其基础台阶高度可适当减小，混凝土标号一般为 C7.5～C10。在我国灰土(石灰：黏土=3：7 或2：8)和三合土(石灰：砂：骨料=1：2：4～1：3：6)在基槽内夯打可做基础。刚性基础一般用于层数较少、荷载较小的工业与民用建筑。

2. 扩展基础

扩展基础是指墙下钢筋混凝土条形基础和柱下钢筋混凝土独立基础。当基础顶部的荷载较大或地基承载力较低时，就需要加大基础底部的宽度，以减小基底的压力。如果采用刚性基础，则基础高度就要相应增加。这样一来，用料多、自重大且施工不便。此时就可以采用如图 5-4、图 5-5 所示的钢筋混凝土扩展基础。这种基础，在其底板上配有受力钢筋，用以承受所产生的弯曲应力。基础底板厚度一般有 300mm 即能满足，而底板宽度可达 2m以上。因此，扩展基础适用于需要"宽基浅埋"的场合。

如果地基土质不均匀，可以采用加肋条形基础，如图 5-4(b)所示。这样，可以增强墙下条形基础的整体性和抗弯能力，承受因基础发生的不均匀沉降而引起的弯曲应力。

对于柱下独立基础，如果柱子采用预制构件，则基础可做成杯口形，如图 5-5(c)所示。当柱子插入后，边缝用细石混凝土灌实。

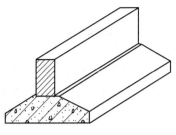 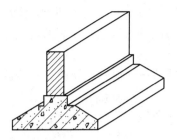

(a) 条形基础   (b) 带肋条形基础

图 5-4 墙下条形基础

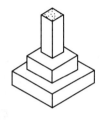 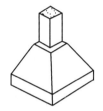 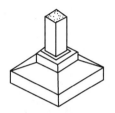 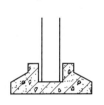

(a) 阶梯形基础   (b) 锥形基础   (c) 杯口基础   (d) 杯口基础构造

图 5-5 柱下独立基础

3．柱下条形基础

当地基条件较差时，为了避免各柱之间产生不均匀沉降而增加建筑物的整体性，可将同一排柱子的基础连在一起，构成柱下条形基础或称为"联合基础"，如图 5-6 所示。柱下条形基础由肋梁和翼板构成，如同钢筋混凝土 T 形截面梁。

柱下独立基础.mp4   条形基础.mp4

它具有相当大的抗弯刚度，不易产生较大的挠曲，所以各柱子的下沉比较均匀。

如果地基很软弱，压缩性又很不均匀，一方面需要进一步扩大基础底面面积；另一方面，还要求基础具有足够的刚度以调节不均匀沉降时，可将柱子基础在纵横两个方向上，都做成钢筋混凝土条形基础，如图 5-7 所示。或者在一个方向上做成条形基础，另一个方向上用联系梁连接起来，梁不着地，便形成了柱下交梁基础。

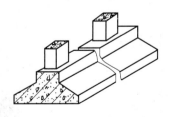 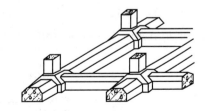

图 5-6 柱下条形基础   图 5-7 柱下交梁基础

4．片筏基础

当地基承载力很小，上部结构传来的荷载却很大，以至于墙下条形基础或柱下交梁基础的底板彼此接近时，可将基础底板连成一个整体，而形成片筏基础。

片筏基础有梁板式和平板式两种。梁板式片筏基础由钢筋混凝土筏板和肋梁组成，在构造上如同倒置的肋形楼盖；平板式片筏基础一般由等厚的钢筋混凝土平板构成，构造上如同倒置的无梁楼盖。

片筏基础的整体性很好，能调节基础各部分的不均匀沉降。柱下片筏基础多为梁板式，而荷载较小的柱下片筏基础和墙下片筏基础一般可做成平板式。由于埋置很浅，筏板可兼做室内地坪和室外散水。这种不埋板式基础制作方便，基坑开挖工作量较小，具有一定的经济意义，特别适用于 5～6 层整体刚度较好的住宅。

5. 箱形基础

箱形基础是一种刚度极大的整体基础。它由钢筋混凝土底板、顶板和纵横墙组成，如图 5-8 所示。

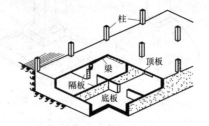

箱型基础.mp4

图 5-8　箱形基础

箱形基础像一块巨大的空心厚板，中空部分可作地下室，可在钢筋混凝土内墙的适当位置开设门洞。箱形基础因刚度极大，能有效地调整基底压力，甚至可以跨越不大的洞穴，所以它一般只发生较为均匀的下沉或整体倾斜，基本上不会在上部结构中引起太大的附加应力，因而消除了因地基变形使建筑物开裂的可能性。箱形基础适合于高层建筑和有地下室的建筑。

5.1.5　地下室

地下室多采用现浇钢筋混凝土结构，有顶板、墙板和底板 3 部分。也有采用砖墙的，但顶板仍用现浇或预制钢筋混凝土。

1. 地下室的类型

从剖面形式看，有全地下室和半地下室两种，如图 5-9 所示。

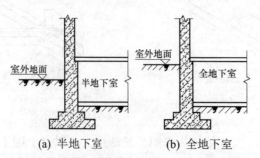

地下室.mp4

(a) 半地下室　　　(b) 全地下室

图 5-9　地下室

全地下室的顶板与室外地坪大致相平，半地下室埋置较浅，常利用侧墙外的采光井来解决采光等问题。地下室的出入口与上部房屋的楼梯间联系，除主要出入口外，还须在另一端设置备用出入口，并与地下通道相连接。

2．地下室的防潮

常年静止水位和丰水期最高水位都低于地下室的地坪且无滞水可能时，由于地下水不会直接浸入地下室，可只做防潮处理，如图5-10所示。

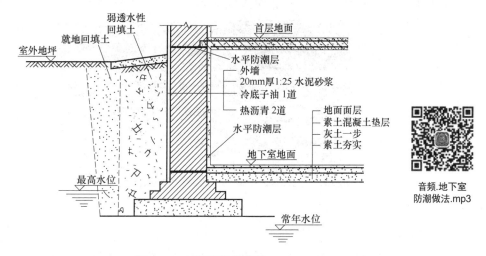

图 5-10　地下室防潮做法

音频.地下室
防潮做法.mp3

常用做法是：外墙外侧抹20mm厚的1∶2.5水泥砂浆(高出散水300mm以上)，上涂1道冷底子油和2道热沥青(到散水底)。在地下室顶板和地下室地面厚度的对应范围内，各做1道水平防潮层，使整个地下室的防潮层连成整体。墙板防潮层外侧0.5m范围内用2∶8灰土回填夯实，这种防潮处理方式适用于不受震动及结构变小的地下室。

5.2　墙 体 构 造

5.2.1　墙的种类与设计要求

墙体是建筑物的重要组成部分，它的作用是承重、围护或分隔空间。墙体按墙体受力情况和材料可分为承重墙和非承重墙，按墙体构造方式可分为实心墙、烧结空心砖墙、空斗墙、复合墙。

1．按墙体材料分类

(1) 砖墙。

用作墙体的砖有普通黏土砖、黏土多孔砖、黏土空心砖、焦渣砖等。黏土砖用黏土烧制而成，有红砖、青砖之分。焦渣砖用高炉硬矿渣和石灰蒸养而成。

砖墙.mp4

(2) 加气混凝土砌块墙。

加气混凝土是一种轻质材料,其成分是水泥、砂子、磨细矿渣、粉煤灰等,用铝粉作发泡剂,经蒸养而成。加气混凝土具有体积质量轻、隔音、保温性能好等特点。这种材料多用于非承重的隔墙及框架结构的填充墙。

(3) 石材墙。

石材是一种天然材料,主要用于山区和产石地区。根据其用料及砌墙方法不同,可分为乱石墙、整石墙和包石墙等,如图 5-11 所示。

图 5-11　石材墙

(4) 板材墙。

板材以钢筋混凝土板材、加气混凝土板材为主,玻璃幕墙亦属此类。

(5) 整体墙。

框架内现场制作的整块式墙体,无砖缝、板缝,整体性能突出,主要用材以轻集料钢筋混凝土为主,操作工艺为喷射混凝土工艺,整体强度略高于其他结构,再加上合理的现场结构设计,特别适用于地震多发区、大跨度厂房建设和大型商业中心隔断。

2．按墙体位置分类

墙体按所在位置一般可分为外墙及内墙两大部分,每部分又各有纵、横两个方向,这样共形成四种墙体,即纵向外墙、横向外墙(又称山墙)、纵向内墙、横向内墙。

3．按墙体受力情况分类

墙体根据结构受力情况不同,有承重墙和非承重墙之分。凡直接承受上部屋顶、楼板所传来荷载的墙称承重墙;凡不承受上部荷载的墙称非承重墙,非承重墙包括隔墙、填充墙和幕墙。隔墙起分隔室内空间的作用,应满足隔声、防火等要求,其重量由楼板或梁承受;填充墙一般填充在框架结构的柱墙之间,幕墙则是悬挂于外部骨架或楼板之间的轻质外墙。外部的填充墙和幕墙承受风荷载和地震荷载。

4．按墙体构造分类

按构造方式不同,墙体还可以分为实体墙、空体墙、复合墙。实体墙:单一材料(砖、石块、混凝土和钢筋混凝土等)和复合材料(钢筋混凝土与加气混凝土分层复合、黏土砖与焦渣分层复合等)砌筑的不留空隙的墙体。空体墙内留有空腔,如空斗墙。复合墙是由两种或两种以上的材料组合而成的墙体。

5．墙的设计要求

根据位置和功能的不同，墙体设计应满足下列条件。

1) 具有足够的强度和稳定性

墙体的强度与所用材料有关。如砖墙与砖、砂浆强度等级有关；混凝土墙与混凝土的强度等级有关。

墙体的稳定性与墙的长度、高度、厚度以及纵、横向墙体间的距离有关。当墙身高度、长度确定后，通常可通过增加墙体厚度、增设墙垛、壁柱、圈梁等办法增加墙体稳定性。

2) 具有必要的保温、隔热等方面的性能

(1) 保温：外围护墙、复合墙等，通过密实缝隙、增加墙体厚度，可以起到保温的作用。

(2) 隔热：对于炎热的地区，墙体应有一定隔热能力。①选用热阻大，重量大的材料，如砖、土等材料。②墙体光滑、平整，浅色材料，增加墙体的反射能力。

3) 应满足防火、防潮、防水要求

墙体材料及墙的厚度，应符合防火、防潮、防水规范的规定。当建筑的占地面积或长度较大时，要设置防火墙，将房屋分成若干段防止水灾蔓延。

4) 满足隔声要求

墙体隔声主要是隔空气传声和撞击声，在设计时采取以下措施。

(1) 密缝：密实墙体缝隙，在墙体砌筑时，要求砂浆饱满，密实砖缝，并通过墙面抹灰解决缝隙。

(2) 墙体厚度：不同的墙体厚度，其隔声能力不同。如240mm的墙体，可隔49dB的噪声。

(3) 采用有空气间层或多孔弹性材料的夹层墙。

取消黏土砖为主的墙体材料，采用板筑墙(混凝土墙)、板材墙(机械化施工)，可以降低劳动强度，提高施工效率。

5) 建筑工业化要求

逐步改换以普通粘土砖为主的墙体材料，采用预制装配式墙体材料和构造方案，为工业化生产和施工机械化创造条件。

5.2.2 墙体细部构造

1．过梁

当墙体上开设门窗洞口时，为了支撑洞口上部砌体所传来的各种荷载，并将这些荷载传给两侧墙体，常在门窗洞口上设置横梁，即过梁，如图5-12所示。过梁上的荷载一般呈三角形分布，为计算方便，可以把三角形折算成1/3洞口宽度，过梁只承受其上部1/3洞口宽度的荷载，因而过梁的断面不大，梁内配筋也较少。过梁一般可分为钢筋混凝土过梁、砖拱(平拱、弧拱和半圆拱)、钢筋砖过梁等几种。

过梁.mp4

2．窗台

窗洞口的下部应设置窗台。窗台可分为悬挑窗台和不悬挑窗台两类，根据窗的安装位置可形成内窗台和外窗台。外窗台是为了防止在窗洞底部积水，并流向室内。内窗台则是为了排除窗上的凝结水，以保护室内墙面，以及存放东西、摆放花盆等。窗台的底面檐口处，应做成锐角形或半圆凹槽(叫"滴水")，便于排水，以免污染墙面。

窗台.pdf

图 5-12　过梁

3．勒脚

外墙墙身下部靠近室外地坪的部分叫勒脚，如图 5-13 所示。勒脚的作用是防止地面水、屋檐滴下的雨水对墙面的侵蚀，从而保护墙面，保证室内干燥，提高建筑物的耐久性。此外，还有美化建筑外观的作用。勒脚经常采用抹水泥砂浆、水刷石或加大墙厚的办法做成。勒脚的高度一般为室内地坪与室外地坪之高差，也可以根据立面的需要而提高勒脚的高度。

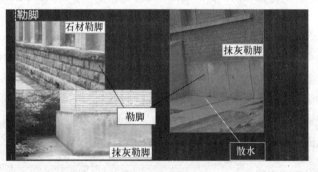

图 5-13　勒脚

勒脚.mp4

4．防潮层

在墙身中设置防潮层的目的是防止土壤中的潮气沿墙身上升和勒脚部位的地面水影响墙身。它的作用是提高建筑物的耐久性，保持室内干燥卫生。防潮层的高度应在室内地坪与室外地坪之间，标高相当于-0.06m，以地面垫层中部最为理想，有水平防潮层和垂直防潮层之分；根据不同的材料做法可以分为防水砂浆防潮层、油毡防潮层和混凝土防潮层。在抗震设防地区一般选用防水砂浆防潮层。

5．散水

散水指的是靠近勒脚下部的排水坡。它的作用是为了迅速排除从屋檐下

散水.pdf

滴的雨水，防止因积水渗入地基而造成建筑物的下沉。散水的宽度应稍大于屋檐的挑出尺寸，且不应小于 600mm。散水坡度在 5%左右。散水的常用材料为混凝土、砖、炉渣等。

5.2.3　内、外墙面装饰

墙面装修按其所处的部位不同可分为室外装修和室内装修。室外装修应选择强度高、耐水性好、抗冻性强、抗腐蚀、耐风化的建筑材料，室内装修应根据房间的功能要求及装修标准来确定。按材料及施工方式的不同，常见的墙面装修可分为抹灰类、贴面类、涂料类、裱糊类和铺钉类五大类。

1. 抹灰类墙面装修

抹灰又称粉刷，是我国传统的饰面做法，它是将砂浆或石渣浆涂抹在墙体表面的一种装修做法。该做法材料来源广泛、施工操作简便、造价低廉，通过改变工艺可获得不同的装饰效果，因此在墙面装修中应用广泛。但目前多为手工湿作业，工效低，劳动强度大。

为了避免出现裂缝，保证抹灰层牢固和表面平整，施工时须分层操作。抹灰装饰层由底层、中间层和面层三个层次组成，如图 5-14 所示。普通抹灰分底层和面层；对一些标准较高的中级抹灰和高级抹灰，在底层和面层之间还要增加一层或数层中间层。各层抹灰不宜过厚，总厚度一般为 15～20mm。

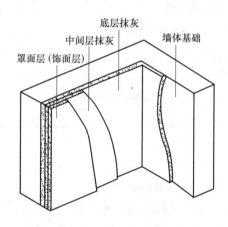

图 5-14　墙面抹灰分层

底层抹灰的作用是与基层(墙体表面)黏结和初步找平，厚度为 5～15mm。底层灰浆用料视基层材料而异：普通砖墙常用石灰砂浆和混合砂浆；混凝土墙应采用混合砂浆和水泥砂浆；板条墙的底灰用麻刀石灰浆或纸筋石灰砂浆；另外，对湿度较大的房间或有防水、防潮要求的墙体，底灰应选用水泥砂浆或水泥混合砂浆。

中层抹灰主要起找平作用，其所用材料与底层基本相同，也可以根据装修要求选用其他材料，厚度一般为 5～10mm。面层抹灰主要起装修作用，要求表面平整、色彩均匀、无裂纹，可以做成光滑或粗糙等不同质感的表面。根据面层所用材料，抹灰装修有很多类型，常见抹灰的具体构造做法见表 5-1。

表 5-1　墙面抹灰做法

抹灰名称	做法说明	选用范围
水泥砂浆墙面(1)	8 厚 1：2.5 水泥砂浆抹面 12 厚 1：3 水泥砂浆打底扫毛 刷界面处理剂一道(随刷随抹底灰)	混凝土基层的外墙
水刷石墙面(1)	8 厚 1：1.5 水泥石子(小八厘)罩面，水刷露出石子 刷素水泥浆一道 12 厚 1：3 水泥砂浆打底扫毛 刷界面处理剂一道(随刷随抹底灰)	混凝土基层的外墙
水刷石墙面(2)	8 厚 1：1.5 水泥石子(小八厘)罩面，水刷露出石子 刷素水泥浆一道 6 厚 1：1：6 水泥灰膏砂浆打底扫毛 刷加气混凝土界面处理剂一道	加气混凝土等轻型外墙
斩假石(剁斧石)墙面	剁斧斩毛两遍成活 10 厚 1：1.25 水泥石子(米粒石内掺 30%石屑) 刷素水泥浆一道 10 厚 1：3 水泥砂浆打底扫毛 清扫集灰，适量洇水	砖基层的外墙
水泥砂浆墙面(2)	刷(喷)内墙涂料 5 厚 1：2.5 水泥砂浆抹面，压实赶光 13 厚水泥砂浆打底	砖基层的内墙
水泥砂浆墙面(3)	刷(喷)内墙涂料 5 厚 1：2.5 水泥砂浆抹面，压实赶光 5 厚 1：1：6 水泥石膏砂浆扫毛 6 厚 1：0.5：4 水泥砂浆打底扫毛 刷界面处理剂一道	加气混凝土等轻型内墙

　　在室内抹灰，对人群活动频繁、易受碰撞的墙面，或有防水、防潮要求的墙身，常采用 1：3 水泥砂浆打底，1：2 水泥砂浆或水磨石罩面，高约 1.5m 的墙裙，如图 5-15 所示。

　　对于易被碰撞的内墙阳角，宜用 1：2 水泥砂浆做护角，高度不应小于 2m，每侧宽度不应小于 50mm，如图 5-16 所示。

　　外墙面抹灰面积较大，由于材料干缩和温度变化，容易产生裂缝，故应在抹灰面层做分格，称为引条线。引条线的做法是，在底灰上埋放不同形式的木引条，面层抹灰完毕后及时取下木引条，再用水泥砂浆勾缝，以提高抗渗能力。

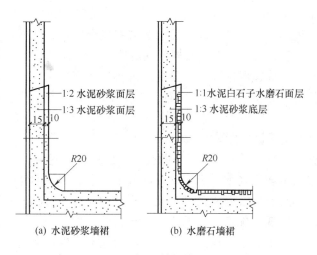

(a) 水泥砂浆墙裙   (b) 水磨石墙裙

图 5-15　墙裙构造

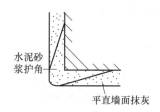

图 5-16　护角做法

2．贴面类墙面装修

贴面类墙面装修是指将各种天然石材或人造板、块，通过绑、挂或直接粘于基层表面的装修做法。它具有耐久性好、装饰性强、容易清洗等优点。常用的贴面材料有花岗岩板和大理石板等天然石板，水磨石板、水刷石板、剁斧石板等人造石板，以及面砖、瓷砖、锦砖等陶瓷和玻璃制品。质地细腻、耐酸性差的各种大理石、瓷砖等一般适用于内墙面的装饰，而质感粗糙、耐酸性好的材料，如面砖、锦砖、花岗岩板等适用于外墙装饰。

（1）面砖、锦砖墙面装修。

面砖多数是以陶土和瓷土为原料，压制成型后经煅烧而成的饰面块，面砖有挂釉和不挂釉、平滑和有一定纹理质感等不同类型。无釉面砖主要用于高级建筑外墙面装修，釉面砖主要用于高级建筑内外墙面及厨房、卫生间和墙裙贴面。面砖质地坚固、防冻、耐蚀、色彩多样。陶瓷锦砖又名马赛克，是以优质陶土烧制而成的小块瓷砖，有挂釉和不挂釉之分。常用规格有 18.5mm×18.5mm×5mm、39mm×39mm×5mm 和 39mm×18.5mm×5mm 等，有方形、长方形和其他不规则形状。锦砖一般用于内墙面装修，也可用于外墙面装修。锦砖与面砖相比造价较低。与陶瓷锦砖相似的玻璃锦砖是透明的玻璃质饰面材料，它具有质地坚硬、色泽柔和，且耐热、耐蚀、不龟裂、不褪色、造价低等特点。面砖等类型贴面材料通常是直接用水泥砂浆粘于墙上。面砖安装前应先将墙面清洗干净，然后将面砖放入水中浸泡，贴前取出擦干或晾干。镶贴面砖需留出缝隙，面砖的排列方式和接缝大小对立面效果有一定影响，通常有横铺、竖铺、错开排列等几种方式。锦砖一般按设计图纸要求在工厂反贴在标准尺寸为 325mm×325mm 的牛皮纸上，施工时将纸面朝外整块粘贴在 1∶1 水泥细砂砂浆上，用木板压平，待砂浆硬结后，洗去牛皮纸即可。此外，在严寒地区选择贴面类外墙饰面砖时应注意其抗冻性能，按规范规定外墙饰面砖的吸水率不得大于 10%，否则因其吸水率过大易造成冻裂脱落而影响美观。凡镶贴于室外突出的檐口、窗口、雨篷等处的面砖饰面，均应做出流水坡度和滴水线(槽)。粘贴于外墙的饰面砖在同一墙面上的横竖排列，均不得有一行以上的非整砖。非整砖行应排在次要部位或阴角处。

(2) 天然石板及人造石板墙面装修。

常见的天然石板有花岗岩板、大理石板两类。它们具有强度高、结构密实、不易污染、装修效果好等优点。由于加工复杂、价格昂贵，故多用于高级墙面装修中。人造石板一般由水泥、彩色石子、颜料等配合而成，具有天然石材的花纹和质感，同时有质量轻、表面光洁、色彩多样、造价较低等优点，常见的有水磨石板、仿大理石板等。天然石材和人造石材的安装方法相同，由于石板面积大、质量大，为保证石板饰面的坚固和耐久性，一般应先在墙身或柱内预埋 $\phi 6$ 铁箍，在铁箍内立直径为 8～10mm 的竖筋和横筋，形成钢筋网，再用双股铜线或镀锌铁丝穿过事先在石板上钻好的孔眼(人造石板则利用预埋在板中的安装环)将石板绑扎在钢筋网上。上下两块石板用不锈钢卡销固定。石板与墙之间一般留 30mm 缝隙，上部用定位活动木楔作临时固定，校正无误后，在板与墙之间分层浇筑 1∶2.5 水泥砂浆，每次灌入高度不应超过 200mm。待砂浆初凝后，取掉定位活动木楔，继续上层石板的安装，如图 5-17 所示。由于湿贴法施工的天然石板墙面具有基底透色、板缝砂浆污染等缺点，在一些装饰要求较高的工程中常采用干挂法施工。

人造石装修.pdf

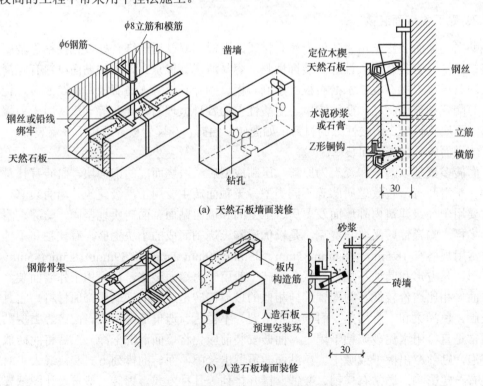

(a) 天然石板墙面装修

(b) 人造石板墙面装修

图 5-17　天然石板与人造石板墙面装修

3. 涂料类墙面装修

涂料类墙面装修是指利用各种涂料敷于基层表面而形成完整牢固的膜层，从而起到保护和装饰墙面的作用的一种装修方法，如图 5-18 所示。它具有造价低、装饰性好、工期短、工效高、自重轻以及操作简单、维修方便、更新快等特点，因而在建筑上得到广泛的应用和发展。涂料按其成膜物的不同可分为无机涂料和有机涂料两大类。

图 5-18　涂料类墙面装修

(1) 无机涂料。

无机涂料有普通无机涂料和无机高分子涂料两种。普通无机涂料如石灰浆、大白浆、可赛银浆等，多用于一般标准的室内装修。无机高分子涂料有耐水、耐酸碱、耐冻融、装修效果好、价格较高等特点，多用于外墙面装修和有耐擦洗要求的内墙面装修。

(2) 有机涂料。

有机涂料依其主要成膜物质与稀释剂不同，有溶剂型涂料、水溶性涂料和乳液性涂料、过氯乙烯内墙涂料等；常见的水溶性涂料有聚乙烯醇水玻璃内墙涂料(106 涂料)、聚合物水泥砂浆饰面涂料、改性水玻璃内墙涂料、108 内墙涂料、ST-803 内墙涂料、JGY-821 内墙涂料、801 内墙涂料等；乳液涂料又称乳胶漆，常见的有乙丙乳胶涂料、苯丙乳胶涂料等，多用于内墙装修。

4. 裱糊类墙面装修

裱糊类墙面装修是将各种装饰性的墙纸、墙布、织锦等卷材类的装饰材料裱糊在墙面的一种装修方法，如图 5-19 所示。常用的装饰材料有 PVC 塑料壁纸、复合壁纸、玻璃纤维墙布等。裱糊类墙体饰面装饰性强、造价较经济、施工方法简捷高效、材料更换方便，并且在曲面和墙面转折处粘贴可以顺应基层，获得连续的饰面效果。

在裱糊工程中，基层涂抹的腻子应坚实牢固，不得粉化、起皮和裂缝。当有铁帽等凸出时，应先将其嵌入基层表面并涂防锈涂料，钉眼接缝处用油性腻子填平，干后用砂纸磨平。为获得基层平整效果，通常可在清洁的基层上用胶皮刮腻子数遍。刮腻子遍数视基层的情况不同而定，抹完最后一遍腻子时应打磨，光滑后再用软布擦净。对有防水或防潮要求的墙体，应对基层做防潮处理，在基层涂刷均匀的防潮底漆。墙面应采用整幅裱糊，并统一预排对花拼缝。不足一幅的，应裱糊在较暗不明显的部位。裱糊的顺序为先上后下、先高后低，应使饰面材料的长边对准基层上弹出的垂直准线，用刮板或胶辊擀平压实。阴阳转角应垂直，棱角分明。阴角处墙纸(布)搭接顺光，阳角处不得有接缝，并应包角压实。

裱糊工程的质量标准是粘贴牢固，表面色泽一致，无气泡、空鼓、翘边、褶皱和斑污，斜视无胶痕，正视(距墙面 1.5m 处)不显拼缝。

图 5-19　裱糊类墙面装修

5. 铺钉类墙面装修

铺钉类墙面装修是指利用天然木板或各种人造板，用镶、钉、粘等固定方式对墙面进行的装修处理。这种做法一般不需要对墙面抹灰，故属于干作业范畴，可节省人工，提高工效，一般适用于装修要求较高或有特殊使用功能的建筑中。铺钉类装修一般由骨架和面板两部分组成。

【案例 5-2】罗浮宫是法国最大的王宫建筑之一，位于巴黎市中心塞纳河右畔、巴黎歌剧院广场南侧。原是一座中世纪城堡，16 世纪后经多次改建、扩建，至 18 世纪建为现存规模，占地约 45 公顷。早在 1546 年，法王弗朗索瓦一世决定在原城堡的基础上建造新的王宫，此后经过 9 位君主不断扩建，历时 300 余年，形成一座呈 U 字形的宏伟辉煌的宫殿建筑群。1793 年 8 月 10 日，在推翻君主制的周年纪念日时，法国"国民公会"决定把昔日的皇宫辟为国立美术博物馆；其画廊长达 900 英尺，藏有大量 17 世纪以及欧洲文艺复兴期许多艺术家的作品，馆藏品达 40 万件。罗浮宫美术博物馆分为五大部分：希腊和罗马艺术馆；东方艺术馆，埃及艺术馆，欧洲中世纪，文艺复兴时期和现代雕像馆，历代绘画馆。展览按不同流派、学派和时代划分。一层展出雕刻，二层油画，三层是素描和彩粉画。20 世纪 80 年代初，法国政府实施扩建和修复罗浮宫的"大罗浮宫计划"。

结合自身所学的相关知识，试分析罗浮宫采用哪种内、外墙面装饰？

5.2.4　变形缝

变形缝是伸缩缝、沉降缝和防震缝的总称。建筑物在外界因素作用下常会产生变形，导致开裂甚至破坏。变形缝是针对这种情况而预留的构造缝。

(1) 伸缩缝：建筑构件因温度和湿度等因素的变化会产生胀缩变形。为此，通常在建筑物适当的部位设置垂直缝隙，自基础以上将房屋的墙体、楼板层、屋顶等构件断开，将建筑物分离成几个独立的部分。为克服过大的温度差而设置的缝，基础可不断开，从基础顶面至屋顶沿结构断开。

音频.变形缝.mp3

(2) 沉降缝：指同一建筑物高低相差很大，上部荷载分布不均匀，或建在不同地基土壤上时，为避免不均匀沉降使墙体或其他结构部位开裂而设置的建筑构造缝。沉降缝把建筑物划分成几个段落，自成系统，从基础、墙体、楼板到房顶各不连接。缝宽一般为 70～100mm，借以避免各段不均匀下沉而产生裂缝。通常设置在建筑高低、荷载或地基承载力差别很大的各部分之间，以及在新旧建筑的联结处。

(3) 防震缝：是为使建筑物较规则，以期有利于结构抗震而设置的缝，基础可不断开。它的设置目的是将大型建筑物分隔为较小的部分，形成相对独立的防震单元，避免因地震造成建筑物整体震动不协调而导致破坏。

在抗震设防区，沉降缝和伸缩缝满足抗震缝要求。

有很多建筑物对这三种接缝进行了综合考虑，即所谓的"三缝合一"。

三缝合一：缝宽按照防震缝宽度处理，基础按沉降缝断开。

施工缝：受到施工工艺的限制，按计划中断施工而形成的接缝，被称为施工缝。混凝土结构由于分层浇筑，在本层混凝土与上一层混凝土之间形成的缝隙，就是最常见的施工缝。所以施工缝并不是真正意义上的缝，而应该是一个面。

1. 伸缩缝

伸缩缝要求把建筑物的墙体、楼板层、屋顶等地面以上部分全部断开，基础部分因受温度变化影响较小，不需要断开，如图 5-20 所示。

图 5-20 伸缩缝

(1) 伸缩缝的设置。

伸缩缝的最大间距，应根据不同材料的结构而定。

(2) 伸缩缝的构造。

伸缩缝是将基础以上的建筑构件全部分开，并在两部分中间留出适当的缝隙，缝宽一般为 20～40mm。

(3) 伸缩缝的结构处理。

砖混结构的墙和楼板及屋顶结构布置可采用单墙，也可采用双墙承重方案，最好设置在平面图形有变化处，以利于隐藏处理。

框架结构一般采用悬臂梁方案，也可采用双梁双柱方式，但施工较复杂。

(4) 墙体伸缩缝构造。

砖墙伸缩缝一般做成平缝或错口缝，一砖半厚外墙应做成错口缝或企口缝。外墙外侧常用浸沥青的麻丝或木丝板及泡沫塑料条、油膏弹性防水材料塞缝，缝隙较宽时，可用镀

锌铁皮、铝皮做盖缝处理。内墙可用金属皮或木条作为盖缝。

(5) 楼地板层伸缩缝构造。

伸缩缝位置大小应与墙体、屋顶变形缝一致。缝内以可压缩变形的油膏、沥青麻丝、金属或塑料调节片等材料做封缝处理，上铺活动盖板或橡皮等以防灰尘下落。顶棚处的盖缝条只能固定于一端，以保证缝两端构件自由伸缩。

(6) 屋顶伸缩缝构造。

不上人屋面一般在伸缩缝处加砌矮墙，屋面防水和泛水基本上同常规做法，不同之处在于盖缝处铁皮混凝土板或瓦片等均应能允许自由伸缩变形而不造成渗漏，上人屋面则用嵌缝油膏嵌缝并注意防水处理。

2．沉降缝

1) 沉降缝的设置

沉降缝是为了避免建筑物各部分由于不均匀沉降引起的破坏而设置的变形缝，如图 5-21 所示。下列情况须设置沉降缝。

(1) 当建筑物建造在不同的地基土壤上，两部分之间应设置沉降缝。

(2) 当同一建筑物的相邻部分高度相差两层以上或部分高度差超过 10m 时。

(3) 当同一建筑相邻基础的结构体系、宽度和埋置深度相差很大时。

(4) 原有建筑物和新建建筑物紧相毗连时。

图 5-21　沉降缝

2) 沉降缝构造

沉降缝与伸缩缝最大的区别在于沉降缝非但将墙、楼层及屋顶部分分开，而且其基础部分亦必须分离。

沉降缝的宽度随地基情况和建筑物的高度不同而定。

沉降缝一般兼起伸缩缝的作用，其构造与伸缩缝基本相同，但盖缝条及调节片构造必须注意能保证在水平方向和垂直方向自由变形。

3．防震缝

对建筑防震来说，一般只考虑水平方向地震波的影响。

在地震区建造房屋，应力求体形简单，重量、刚度对称并均匀分布，建筑物的形心和重心尽可能接近，避免在平面和立面上的突然变化。同时在地震区最好不设变形缝，以保证结构的整体性，增强整体刚度。

多层砌体房屋，在设计烈度为 8 度和 9 度的地震区，当建筑物立面高差大于 6m，或建筑物有错层，且楼板错层高差较大；或建筑物各部分结构刚度、质量截然不同时，应设防震缝。

防震缝宽度在多层砖房中按设计烈度的不同，取 50~70mm；在多层构件混凝土框架建筑中，建筑物高度在 15m 及 15m 以下时为 100mm；当建筑物高度超过 15m 时：

设计烈度 6 度，建筑物每增高 5m，缝宽的 70mm 基础上增加 25mm；

设计烈度 7 度，建筑物每增高 4m，缝宽的 70mm 基础上增加 25mm；

设计烈度 8 度，建筑物每增高 3m，缝宽的 70mm 基础上增加 25mm。

一般基础可不设防震缝，但与震动有关的建筑各相连部分的刚度差别很大时，必须将基础分开。

5.3 楼地层与屋顶构造

5.3.1 楼地层的组成和设计要求

楼板是房屋的水平承重结构，它的主要作用是承受人、家具、设备等动静荷载，并把这些荷载和自重传给承重砖墙。楼板和地面应满足以下要求。

(1) 坚固要求。

楼板和地面均应有足够的强度，能够承受自重和不同要求下的荷载。同时要求具有一定的刚度，其挠度变形不超过承载力要求。

(2) 隔声要求。

楼板的隔声包括隔绝空气传声和固体传声两个方面，楼板的隔声量一般在 40~50dB。空气传声的隔绝可以采用空心构件，并通过铺垫焦渣等材料来达到。隔绝固体传声应减少对楼板的撞击来达到，设置弹性面层，在地面上铺设橡胶、地毯可以减少一些冲击量，获得满意的隔声效果。或采取浮筑楼板，吊天棚等构造方法。

(3) 经济要求。

一般楼板和地面约占建筑物总造价的 20%~30%，选用楼板时应考虑就地取材和提高装配化的程度。

(4) 保温要求。

一般楼板和地面应有一定的蓄热性，即地面应有舒适的感觉。

(5) 防火、防水、防腐蚀要求。

防火要求应符合防火规范的规定。非预应力钢筋混凝土预制楼板耐火极限为 1.0h，预应力钢筋混凝土楼板耐火极限为 0.5h、现浇钢筋混凝土楼板为 1~2h。同时满足防水要求，不渗不漏，选用的材料具有防腐蚀性能。

(6) 便于管线敷设。

楼板和地面层应方便给排水及电气及采暖管道的敷设安装。

5.3.2 钢筋混凝土楼板

钢筋混凝土楼板按施工方法不同可分为：现浇式、预制装配式、装配整体式。

1. 现浇整体式钢筋混凝土楼板

现浇整体式钢筋混凝土楼板是在施工现场经支模、扎筋、浇筑混凝土等施工工序，再养护达到一定强度后拆除模板而成型的楼板结构，如图 5-22 所示。其优点是整体性好，刚度大，利于抗震，梁板布置灵活，能适应各种不规则形状。但模板耗用量大，施工速度慢。主要适用于平面布置不规则、尺寸不符合模数要求或管道穿越较多的楼面，以及对整体刚度要求较高的高层建筑。

现浇整体试钢筋
混凝土楼板.mp4

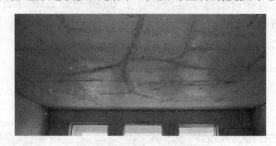

图 5-22　钢筋混凝土楼板

分类：板式楼板、梁板式楼板、井式楼板、无梁楼板和压型钢板混凝土组合楼板几种。

(1) 板式楼板。

板式楼板是将楼板现浇成一块平板，并直接支承在墙上。板底平整、美观，施工方便，板式楼板适用于面积尺寸较小的房间(如住宅中的厨房、卫生间等)以及公共建筑的走廊。荷载传递为荷载→板→墙(或柱)。

楼板结构的经济尺度如下所述。

单向板：板的长边尺寸 l_2 与短边尺寸 l_1 之比 l_2/l_1，大于 2 时，在荷载作用下，楼板基本上只在 l_1 方向上挠曲变形，而在 l_2 方向上的挠曲很小，这表明荷载基本沿 l_1 方向传递，如图 5-23(a)所示。

双向板：当 l_2/l_1，不大于 2 时，楼板在两个方向都挠曲，即荷载沿两个方向传递，如图 5-23(b)所示。

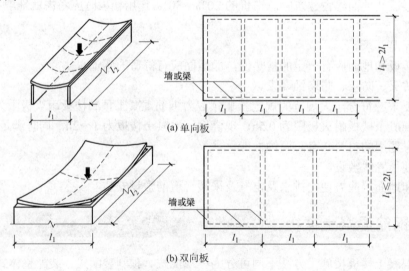

(a) 单向板

(b) 双向板

图 5-23　板式楼板

(2) 梁板式楼板。

当房间的跨度较大时，可在板下设梁来增加板的支点，从而减小板跨。这时，楼板上的荷载先由板传给梁，再由梁传给墙或柱。这种由板和梁组成的楼板称为梁板式楼板。

传力途径：荷载→板→梁(或次梁→主梁)→墙(或柱)

梁板式楼板通常在纵横两个方向虽然都设置有梁，但有主梁和次梁之分，如图 5-24 所示。主梁和次梁的布置应整齐而有规律，并应考虑建筑物的使用要求、房间的大小形状及荷载作用情况等。一般主梁沿房间短跨方向布置，次梁则垂直于主梁布置。对短向跨度不大的房间，也可以只沿房间短跨方向布置一种梁，如图 5-25 所示。

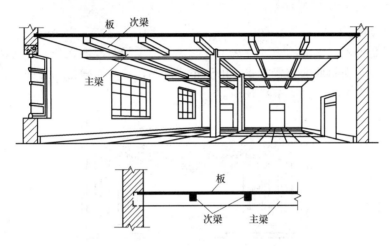

图 5-24　双梁板式楼板

双梁板式楼板.mp4

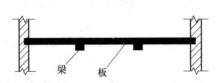

图 5-25　单梁式楼板

楼板结构的经济尺度如下所述。

主梁：跨度 L：5～9m，最大可达 12m

高度 h：$(1/14\sim1/8)L$

宽度 B：$(1/3\sim1/2)h$

次梁：跨度(主梁的间距)L：4～6m

高度 h：$(1/18\sim1/2)L$

宽度 B：$(1/3\sim1/2)h$

板：跨度(次梁或主梁的间距)L：1.7～2.5m，双向板不宜超过 5m×5m

厚度 T：单向板：屋面板板厚 60～80mm；一般为板跨(短跨)的 1/35～1/30，民用建筑楼板板厚 70～100mm；生产性建筑的楼板板厚 80～18mm；当混凝土强度等级≥C20 时，板厚可减少 10mm，但不得小于 60mm。双向板：板厚为 80～160mm；一般为板跨(短跨)的 1/40～1/35。

除了考虑承重要求之外，梁的布置还应考虑经济合理性，即梁、板的经济跨度和截面尺寸。

(3) 井式楼板。

井式楼板是梁板式楼板的一种特殊布置形式，无主梁、次梁之分。井式楼板的梁通常采用正交正放或正交斜放的布置方式，由于布置规整，故具有较好的装饰性。一般多用于公共建筑的门厅或大厅，如图 5-26 所示。

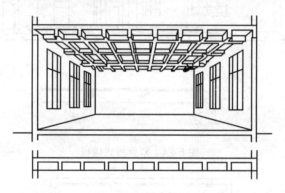

图 5-26　井式楼板

【案例 5-3】比萨斜塔：比萨斜塔从地基到塔顶高 58.36m，是意大利比萨城大教堂的独立式钟楼，位于比萨大教堂的后面，是奇迹广场的三大建筑之一。钟楼始建于 1173 年，设计为垂直建造，但是在工程开始后不久便由于地基不均匀和土层松软而倾斜，1372 年完工，塔身倾斜向东南。比萨斜塔是比萨城的标志，1987 年它和相邻的大教堂、洗礼堂、墓园一起因其对 11 世纪至 14 世纪意大利建筑艺术的巨大影响，而被联合国教育科学文化组织评选为世界遗产。

结合自身所学的相关知识，试分析比萨斜塔采用哪种楼板？

(4) 无梁楼板。

对于平面尺寸较大的房间或门厅，有时楼板层也可以不设梁，直接将板支撑于柱上，这种楼板称为无梁楼板。当荷载较大时，应采用有柱帽无梁楼板，以增加板在柱上的支撑面积，如图 5-27 所示。当楼面荷载较小时，可采用无柱帽楼板。无梁楼板的柱网应尽量按方形网格布置，跨度在 6m 左右较为经济，板的最小厚度通常为 150mm，且不小于板跨的 1/35～1/32。这种楼板多用于楼面荷载较大的展览馆、商店、仓库等建筑。

无梁楼板.mp4

(5) 压型钢板混凝土组合楼板。

利用凹凸相间的压型薄钢板做衬板与现浇混凝土浇筑在一起支撑在钢梁上构成整体型

楼板,又称钢衬板组合楼板。

图 5-27 无梁楼板

压型钢板混凝土组合楼板主要由楼面层、组合板和钢梁三部分组成。组合板包括混凝土和钢衬板。此外,还可根据需要吊顶棚。组合楼板的经济跨度在 2～3m,铺设在钢梁上,与钢梁之间用栓钉连接。上面浇筑的混凝土厚 100～150mm。

压型钢板组合楼板中的压型钢板承受施工时的荷载,是板底的受拉钢筋,也是楼板的永久性模板。这种楼板简化了施工程序,加快了施工进度,并且具有较强的承载力、刚度和整体稳定性和耐久性好等优点,而且比钢筋混凝土楼板自重轻,施工速度快,承载能力更好。但耗钢量较大,适用于大空间建筑和高层框架或框剪结构的建筑中,在国际上已普遍采用。

压型钢板混凝土组合楼板构造形式根据压型钢板形式的不同有单层钢衬板组合楼板和双层钢衬板组合楼板之分。

2. 预制装配式钢筋混凝土楼板

预制钢筋混凝土楼板是指在预制构件加工厂或施工现场外预先制作,然后再运到施工现场装配而成的钢筋混凝土楼板。这种楼板节约模板,加快施工进度,便于建筑工业化,但整体性差。

1) 预制板的分类

预制装配式钢筋混凝土楼板按板的应力状况可分为预应力和非预应力两种。预应力楼板节省钢材和混凝土,刚度大,自重轻,造价低,应用较多。

预制装配式钢筋混凝土楼板常用类型有:实心平板、槽形板、空心板三种,如图 5-28～图 5-30 所示。

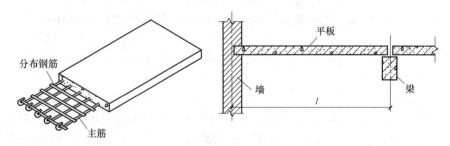

图 5-28 实心平板

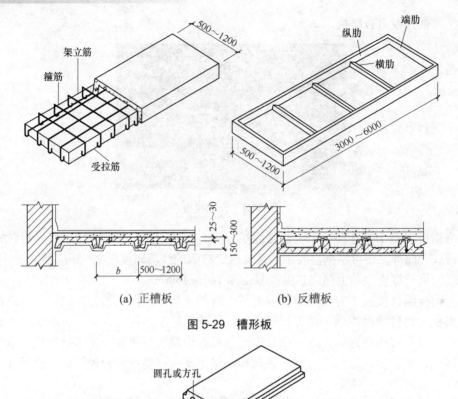

图 5-29　槽形板

图 5-30　空心板

2)　预制板的经济尺寸

(1)　实心平板。

跨度：2.4m 以内；厚度：跨度的 1/30，一般为 50～80mm；宽度：600～900mm。

(2)　槽形板。

槽形板是一种梁板结合的构件，即在实心板的两侧设有纵肋，构成 ⊓ 形截面。

板跨：3～7.2m；宽度：600～1200mm；厚度：25～30mm；肋高：120～300mm

分为正槽板 ⊓ 和反槽板 ⊔ 。

(3)　空心板。

空心板的孔洞形状有圆孔、方孔、椭圆孔等形式。经济尺寸如下所述

中型板：板跨：4.5m 以内；宽度：500～1500mm，常见的 600～1200mm；厚度：90～120mm。

大型板：板跨：4～7.2m；宽度：1200～1500mm；厚度：180～240mm。

3)　预制板的结构布置

(1)　结构布置原则。

尽量减少板的类型、规格，避免空心板三边支承，即空心板平板布置时，只能两端搁置于墙上，应避免出现板的三边支承情况，板的纵边不得伸入砖墙内，否则在荷载作用下，板会产生纵向裂缝。且使压在边肋上的墙体因受局部承压影响而削弱墙体承载能力。因此空心板的纵长边只能靠墙。

(2)　板的搁置。

楼板直接承在墙上，对一个房间进行板的布置时，通常以房间的短边为板跨进行布置，如房间为 3600mm×4500mm 时，采用板长为 3600mm 的预制板铺设，为了减少板的规格，也可考虑以长边作为板跨，如另一个房间的开间为 3000mm、进深为 3600mm，此时仍可选用板跨为 3600mm 的预制楼板。对于板式楼板搁置在墙上，如图 5-31 所示。梁板式楼板搁置在梁上，包括矩形梁、花篮梁或十字梁等，如图 5-32 所示。

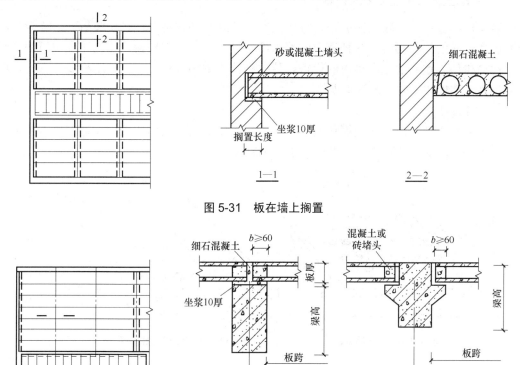

图 5-31　板在墙上搁置

图 5-32　板在梁上搁置

4)　预制板的细部处理

(1)　板缝构造。

侧缝：有三种形式 V 形缝、U 形缝和凹槽缝。

端缝：抗震地区端部钢筋需焊接。

(2)　板缝的调节。

在排板过程中，当板的横向尺寸与房间平面尺寸出现差额(这个差额称为板缝差)时，可采用以下办法。

①　板缝差在 60mm 以内时，调整板缝宽度。

②　板缝差在 60～120mm 时，墙边挑两皮砖。

③　板缝差在 120～200mm 或因竖向管道沿墙边通过时，则用局部现浇板带的办法解决。

④　板缝差超过 200mm 时，应重新选择板的规格。

(3)　对板与墙、板与板间用钢筋进行拉结。

① 板靠墙空心板的纵向长边靠墙布置，板面每隔 1000mm 设置拉筋，在板缝为弯钩，钢筋伸入墙内，在墙体上为长 300mm 的水平弯钩。

② 板进墙空心板的支承端搁置在墙上，除了板端搁置部位座浆外，应在每板缝设拉筋一根，板缝内为向下的直弯钩，伸入墙上的一端为长 300mm 的水平弯钩。

在内墙上，板端钢筋连接，并在每板缝内设置拉筋，分别伸入两房间各 500mm。

3．装配整体式钢筋混凝土楼板

装配整体式钢筋混凝土楼板是先将楼板中的部分构件预制，现场安装后，再浇筑混凝土面层而形成的整体楼板。这种楼板的整体性较好，又可节省模板，施工速度也较快，集中了现浇和预制钢筋混凝土楼板的优点。装配整体式钢筋混凝土楼板按结构及构造方法的不同有叠合楼板和密肋楼板等类型。

(1) 叠合楼板。

叠合楼板由预制板和现浇钢筋混凝土层叠合而成的装配整体式楼板。适用于对整体刚度要求较高的高层建筑和大开间建筑，如图 5-33 所示。

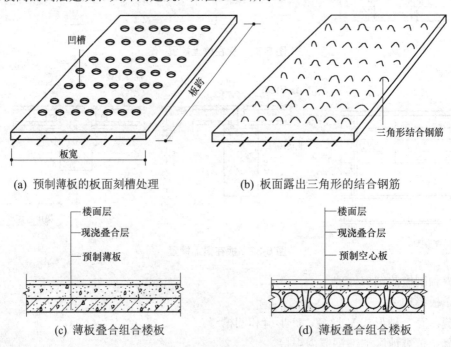

(a) 预制薄板的板面刻槽处理   (b) 板面露出三角形的结合钢筋

(c) 薄板叠合组合楼板   (d) 薄板叠合组合楼板

图 5-33　叠合楼板

(2) 密肋填充块楼板。

密肋填充块楼板采用间距较小的现浇和预制的密肋小梁做承重构件，小梁之间用轻质砌块如陶土空心砖、加气混凝土块、粉煤灰块等块材填充，然后整浇混凝土面层而成。这种楼板构件数量多，施工麻烦，在工程中应用较少。

5.3.3　地面与顶棚

楼板和地层基层上面的装修层分别称为楼面层和地面层(简称楼面和地面)，它们的类型、设计要求、构造基本是相同的。

1．地面

1) 楼地面的设计要求

楼地面是室内重要的装修层，可起到保护楼层、地层结构；改善房间使用质量和增加美观的作用。应满足下列条件。

(1) 具有足够的坚固性，要求在外力作用下不易破坏和磨损。

(2) 表面平整、光洁、不起尘，易于清洁。

(3) 有良好的热工性能，保证寒冷季节脚部舒适。

(4) 具有一定的弹性，使人驻留或行走其上有舒适感；弹性大的楼地面对隔绝撞击声有益。

(5) 对于特殊房间应具有防潮、防水、防火、耐腐蚀等性能。

2) 地坪组成

(1) 基层：为地层的承重层，一般为土壤。当地层上荷载较小，且土壤条件好时，则采用素土夯实或填土分层夯实，素土指不含杂质的砂质黏土。通常是填 300mm 的土后夯实成 200mm 厚，才能均匀有效地承压。当地层上的荷载较大时，则需对土壤进行换土或夯入碎砖、砾石等。

(2) 垫层：为基层和面层之间的填充层，主要起加强地基和传递荷载的作用。地层的垫层一般采用厚 60～100mm C10 混凝土、70～120 mm 厚三合土(石灰、炉渣、碎石)垫层。

(3) 附加层：主要是满足某些特殊使用要求而在面层与垫层之间设置的构造层次，如防水层、防潮层、保温层和管道附设层。

(4) 面层：地坪层中的表面层，对室内起装饰作用。由于室内使用和装饰的要求不同，所以面层所用材料和做法也各不相同。

3) 楼地面的类型

根据面层材料和施工方法不同可分为以下类型。

(1) 整体类地面：用现场浇注的方法做成整片的地面称为整体地面。包括水泥砂浆地面、水磨石地面、细石混凝土地面等。

(2) 块材类地面：块材类地面是指利用各种块材铺贴而成的地面。包括陶瓷板块地面、石板地面、木地面等，如图 5-34 所示。

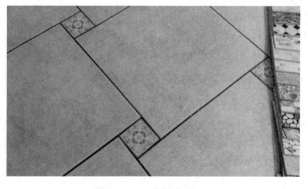

图 5-34 块材类地面

(3) 卷材类地面：卷材地面使用成卷的铺材铺贴而成。包括橡胶地毡、塑料地毡、地毯等。

(4) 涂料类地面：涂料地面是利用涂料涂刷或涂刮而成。它是水泥砂浆地面的一种表面处理形式，用以改善水泥砂浆地面在使用和装饰方面的不足。包括各种高分子合成涂料所形成的地面。

4) 整体类地面

(1) 水泥砂浆地面。

这种地面又称水泥地面，具有构造简单、坚固、防潮、防水、造价低廉等特点，并且可在上面容易改做其他材料的面层，应用较广泛。但该地面表面冷硬、易起尘，有时还会产生反潮现象。

水泥砂浆地面有单层和双层做法。

单层做法是先在垫层上抹水泥浆结合层一道，直接抹 15～20mm 厚 1∶2 或 1∶2.5 水泥砂浆，抹平后待其终凝前进行压光处理。

双层做法分面层和底层，构造常以厚 10～20mm 水泥砂浆 1∶3 打底，找平，再以 5～10mm 厚 1∶1.5 或 1∶2 的水泥砂浆抹面、压光。

(2) 细石混凝土地面。

为了增强楼板层的整体性和防止楼面产生裂缝和起砂，也可在混凝土垫层上做 30～40mm 厚 C20 细石混凝土层，在初凝时用铁滚滚压出浆水，抹平后，待其终凝前用铁板压光。如在内配置 ϕ4@200 钢筋，则可提高预制楼板层的整体性，满足抗震性。在细石混凝土内掺入一定量的三氯化铁，则可提高其抗渗性，成为耐油混凝土地面。其主要优点是经济、施工简单、不易起尘。

(3) 水磨石地面。

水磨石具有与天然石料近似的耐磨性、耐久性、耐蚀性和不透水性。水磨石地面磨光打蜡后，可以得到与天然石材相似的光滑表面，富有光泽，不易染尘，使室内易于保持清洁。常用于公共建筑中的大厅、走道等。

做法：在混凝土垫层上用 15mm 厚 1∶3 水泥砂浆打底、找平，再用玻璃条或铜条按设计的图案分格，临时固定采用 1∶1 水泥砂浆，面层用 10～15mm 厚 1∶1.5～1∶2 水泥石子浆抹平，浇水养护，达到 70%强度左右时用磨石机加水磨光，最后打蜡保护。

水泥石子浆中的石子要求用颜色美观、中等硬度、易磨光的石子，多用白云石或彩色大理石石碴，粒径为 3～20mm。

水磨石有水泥本色和彩色两种。后者是用白色水泥加入颜料或彩色水泥制成。

玻璃条(或铜条)分格的作用是将地面划分成面积较小的区格，减少开裂的可能，分格条形成的图案可使地面更加美观，同时也方便维修。分格条形状有正方形、长方形、多边形等，尺寸为 400～1000mm，如图 5-35 所示。

5) 块材类地面

用各种预制块材和天然石材镶铺在混凝土垫层上的面层做法称镶铺地面。

其优点是色彩多样，经久耐用，易保持清洁，主要用于人流大、耐磨损、清洁要求高或较潮湿的场所。

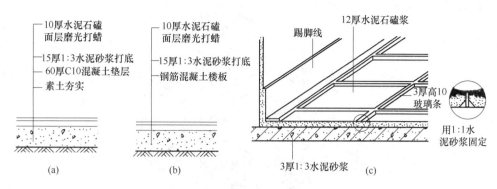

图 5-35　水磨石地面

(1)　黏土砖地面。

黏土砖地面用普通标准砖，有平砌和侧砌两种。

(2)　水泥制品块地面。

水泥制品块包括水泥砂浆砖、水磨石块、预制混凝土块等。水泥制品块与基层粘结有两种方式：当预制块尺寸较大且较厚时，常在板下干铺一层 20～40mm 厚细砂或细炉渣，待校正后，板缝用砂浆嵌填。城市人行道常按此方法施工。当预制块小而薄时，则采用 12～20mm 厚 1：3 水泥砂浆做结合层，铺好后再用 1：1 水泥砂浆嵌缝。

(3)　缸砖及陶瓷锦砖地面。

缸砖是用陶土焙烧而成的一种无釉砖块。形状有正方形、六边形等。缸砖具有质地坚硬、耐磨、耐水、耐酸碱、易清洁等特点。

陶瓷锦砖又称马赛克，是以优质瓷土烧制而成的小尺寸瓷砖，其特点与面砖相似。

(4)　陶瓷地砖地面。

陶瓷地砖又称墙地砖，其类型有釉面地砖、无光釉面砖和无釉防滑地砖及抛光同质地砖。陶瓷地砖有红、浅红、白、浅黄、浅绿、浅蓝等各种颜色。地砖色调均匀，砖面平整，抗腐耐磨，施工方便，且块大缝少，装饰效果好。

(5)　木地面。

木地面具有弹性、不起砂、不起灰、易油漆、易清洁、不返潮，纹理美观，蓄热系数小等特点，常用于住宅、宾馆、剧场、舞台、办公等建筑中。

普通木材料一般指松木、杉木，其质地较软、易加工，但不易开裂和变形；硬木一般指水曲柳、柞木、柚木、榆木、核桃木等，其质地硬、耐磨，不易加工，易开裂和变形，价高，施工要求高。

按构造方式不同铺贴方法有架空、实铺和粘贴三种。

①　架空式木地板常用于底层地面，主要用于舞台、运动场等有弹性要求的地面。如图 5-36 所示。

②　实铺木地面是将木地板直接钉在钢筋混凝土基层上的木搁栅上。木搁栅为 50mm×60mm 方木，中距 400mm，40mm×50mm 横撑，中距 1000mm 与木搁栅钉牢。为了防腐，可在基层上刷冷底子油和热沥青，搁栅及地板背面满涂防腐油或煤焦油，如图 5-37 所示。

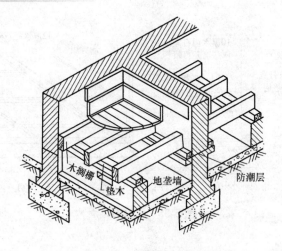

图 5-36　架空木地板

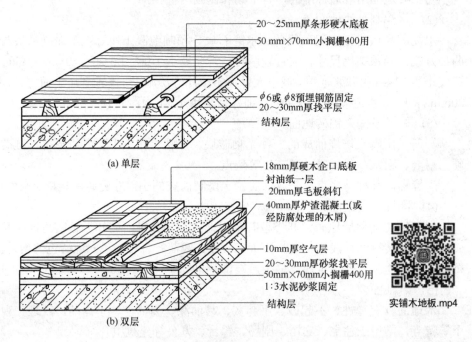

(a) 单层

(b) 双层

图 5-37　实铺木地板

实铺木地板.mp4

③　粘贴木地面的做法是先在钢筋混凝土基层上采用沥青砂浆找平，然后刷冷底子油一道，热沥青一道，用 2mm 厚沥青胶环氧树脂乳胶等随涂随铺贴 20mm 厚硬木长条地板。

随着现在装修与使用的需求，还有其他特殊木地板形式，如弹簧木地板与活动木地板。

6)　粘贴类地面

粘贴地面以粘贴卷材为主。常见的有橡胶地毡、塑料地毡、地毯等。这些材料表面美观、装饰效果好，具有良好的保温、消声性能。

(1) 地毯。

地毯可分为天然纤维地毯和合成纤维地毯两类。天然纤维地毯一般是指羊毛地毯，柔软、温暖、舒适、豪华、富有弹性，但价格昂贵，耐久性差。合成纤维地毯包括丙烯酸、聚丙烯腈纤维地毯、聚酯纤维地毯、烯族泾纤维和聚丙烯地毯、尼龙地毯等，按面层织物的织法不同可分为栽绒地毯、针扎地毯、机织地毯、编结地毯、粘结地毯、静电植绒地毯等。

铺设方法有固定与不固定两种。铺设地毯基层的底层必须加做防潮层(如一毡两油防潮层；水乳型橡胶沥青一布二涂防潮层；油毡防潮层，底层均刷冷底子油一道)，并在防潮层上做 40mm 厚 1：2：3 细石混凝土，撒 1：1 水泥砂压实赶光，含水率不大于 8%。

(2) 塑料地毡。

塑料地毡包括油地毡、橡胶地毡、聚氯乙烯地面等。聚氯乙烯地板系列应用最为广泛，重量轻、机械强度高、耐腐蚀性好、吸水性小、表面光滑、清洁、耐磨、绝缘，有较高的弹塑性能，缺点是受温度影响大，须经常打蜡维护。

可采用直接铺装方式，以粘结剂将材料粘贴在水泥砂浆底层上。

7) 涂料类地面

涂料类地面是水泥砂浆或混凝土地面的表面处理方式，通常是为弥补水泥砂浆或细石混凝土地面在质量上的不足，如易开裂、起尘、不美观等。涂料地面的特点是无缝、易清洁、耐磨、抗冲击、耐酸碱等。

2．顶棚

顶棚又称天棚或天花板，普通房间的顶棚表面平整、光洁。某些特殊房间顶棚要求具有隔声、防火、保温、隔热、隐蔽管线等功能。

按构造方式不同，顶棚可分为直接顶棚和吊顶棚。

1) 直接顶棚

(1) 直接喷、刷涂料顶棚。

当楼板底面平整、室内装饰要求不高时，可直接在楼板底面喷或刷石灰浆、大白浆或涂料。

(2) 抹灰顶棚。

当楼板底面不够平整、室内装饰要求较高时，可在板底进行抹灰装修。抹灰装修见墙面装修。

(3) 贴面顶棚。

对某些有保温、隔热、吸声要求的房间，及天棚装饰要求较高的房间，可在楼板底面直接粘贴装饰墙纸、泡沫塑料板、岩棉板、铝塑板等。

2) 吊顶棚

当楼板底部需隐蔽管道，或有特殊的功能要求、艺术处理，或为降低局部顶棚高度时，常将天棚悬吊于楼板下一定距离，形成吊顶。

(1) 木骨架吊顶。

这种吊顶是在楼板下吊挂木骨架，在木骨架下铺钉各种面板而成的悬挂式天棚，如图 5-38 所示。

图 5-38　木龙骨

(2) 金属骨架吊顶。

这种吊顶是在楼板下吊挂金属骨架，在金属骨架下铺钉各种面板而成的悬挂式天棚，如图 5-39 所示。

图 5-39　金属龙骨

(3) 吊顶面层。

吊顶面层可分为抹灰面层和板材面层两大类。抹灰面层为湿作业施工，费工费时，而板材面层既可加快施工速度，又容易保证施工质量。板材吊顶有植物板材、矿物板材和金属板材等。

5.3.4　阳台和雨篷

1. 阳台

阳台是楼房中挑出于外墙面或部分挑出于外墙面的平台。阳台周围设栏板或栏杆，便于人们在阳台上休息或存放杂物。

1) 分类

(1) 按位置分类。

阳台按其与外墙面的关系可分为挑阳台，凹阳台，半挑半凹阳台；按其在建筑中所处的位置可分为中间阳台和转角阳台，如图 5-40 所示。

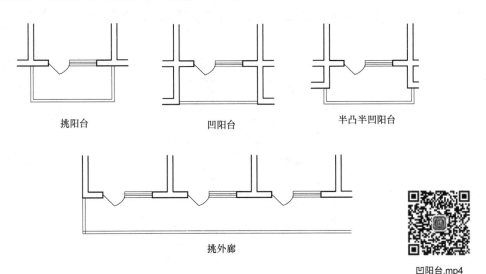

挑阳台　　　　　　　　凹阳台　　　　　　半凸半凹阳台

挑外廊

凹阳台.mp4

图 5-40　阳台分类

(2) 按功能分类。

阳台按使用功能不同又可分为生活阳台(靠近卧室或客厅)和服务阳台(靠近厨房)。由承重梁、板和栏杆组成。

2) 设计时应满足的要求

(1) 安全适用。

悬挑阳台的挑出长度不宜过大，应保证在荷载作用下不发生倾覆现象，以 1.2～1.8m 为宜。低层、多层住宅阳台栏杆净高不低于 1.05m，中高层住宅阳台栏杆净高不低于 1.1m，但也不大于 1.2m。阳台栏杆形式应防坠落(垂直栏杆间净距不应大于 110mm)，防攀爬(不设水平栏杆)，以免造成恶果。放置花盆处，也应采取防坠落措施。

(2) 坚固耐久。

阳台所用材料和构造措施应经久耐用，承重结构宜采用钢筋混凝土，金属构件应做防锈处理，表面装修应注意色彩的耐久性和抗污染性。

(3) 排水顺畅。

为防止阳台上的雨水流入室内，设计时要求将阳台地面标高低于室内地面标高 20～30mm，并将地面抹出 1%～5%的排水坡将水导入排水孔或地漏，使雨水能顺利排出。

还应考虑地区气候特点。南方地区宜采用有助于空气流通的空透式栏杆，而北方寒冷地区和中高层住宅应采用实体栏杆，并满足立面美观的要求，为建筑物的形象增添风采。

3) 阳台结构布置方式

(1) 挑梁式。

从横墙内外伸挑梁，其上搁置现浇或预制楼板，也可由柱挑出，如图 5-41 所示。这种结构布置简单、传力直接明确、阳台长度与房间开间一致。挑梁根部截面高度 H 为$(1/5～1/6)L$，L 为悬挑净长，截面宽度为$(1/2～1/3)h$。为美观起见，可在挑梁端头设置面梁，既可以遮挡挑梁头，又可以承受阳台栏

挑梁式阳台.mp4

杆重量,还可以加强阳台的整体性。预制阳台一般均应做成槽形板。支撑在墙上的尺寸应为100~120mm。预制阳台的锚固,应通过现浇板缝或用板缝梁来进行连接。

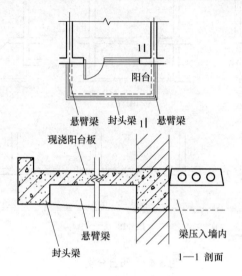

图 5-41 挑梁式阳台板

(2) 挑板式。

当楼板为现浇楼板时,可选择挑板式,悬挑长度为1.2m左右,如图5-42所示。从楼板外延挑出平板,板底平整美观而且阳台平面形式可做成半圆形、弧形、梯形、斜三角等各种形状。挑板厚度不小于挑出长度的1/12。

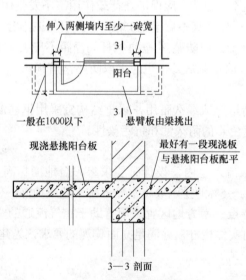

图 5-42 现浇阳台板挑板式

(3) 压梁式。

压梁式是将阳台板与墙梁现浇在一起,墙梁的截面应比圈梁大,以保证阳台的稳定,而且阳台悬挑不宜过长,一般为1.2m左右,并在墙梁两端设拖梁压入墙内。

4) 阳台细部构造

(1) 阳台栏杆。

阳台栏杆细部构造主要包括栏杆与扶手的连接、栏杆与面梁(或称止水带)的连接、栏杆与墙体的连接、栏杆与花池的连接等。常用栏杆形式如图 5-43 所示。

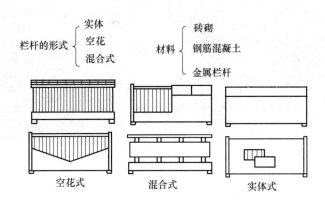

图 5-43 常用栏杆形式

阳台栏杆是设置在阳台外围的垂直构件，主要供人们倚扶之用，以保障人身安全，且对整个建筑物起装饰美化作用。金属栏杆常用方钢、圆钢、扁钢和钢管等组成各种形式的漏花，一般需做防锈处理。金属栏杆可与现浇阳台楼板或楼板面梁内的预埋通长扁铁焊接，亦可插入预留插孔槽内用水泥砂浆填实嵌固。

扶手与墙的连接，应将扶手或扶手中的钢筋伸入外墙的预留洞中，用细石混凝土或水泥砂浆填实固牢；现浇钢筋混凝土栏杆与墙连接时，应在墙体内预埋 240mm×240mm×120mmC20 细石混凝土块，从中伸出 2Φ6，长 300mm 钢筋，与扶手中的钢筋绑扎后再进行现浇。阳台扶手构造如图 5-44 所示。

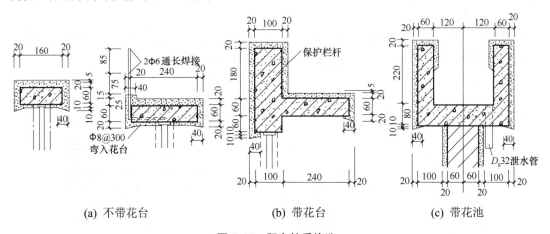

(a) 不带花台   (b) 带花台   (c) 带花池

图 5-44 阳台扶手构造

(2) 阳台排水。

阳台排水有外排水和内排水两种方式，如图 5-45 所示。外排水适用于低层和多层建筑，

即在阳台外侧设置 $\phi 50$ 的镀锌铁管或硬质塑料泄水管将水排出，伸出阳台外应有 80～100mm，以防落水溅到下面的阳台上。

图 5-45 阳台排水

内排水适用于高层建筑和高标准建筑，即在阳台内侧设置排水立管和地漏，将雨水直接排入地下管网，以保证建筑立面美观。

2. 雨篷

在外门的上部常设置雨篷，它可以起到遮风、挡雨的作用。雨篷的挑出长度一般为 1m 左右。挑出尺寸较大者，应采取防倾覆措施。

板式雨棚.mp4

钢筋混凝土雨篷也分现浇和预制两种。雨篷的排水做法与阳台相同。

(1) 悬板式。

悬板式雨篷外挑长度一般为 0.9～1.5m，板根部厚度不小于挑出长度的 1/8，且不小于 70mm，雨篷宽度比门洞每边宽 250mm，雨篷排水方式可采用无组织排水和有组织排水两种。雨篷顶面距过梁顶面 250mm 高，板底抹灰可抹 1：2 水泥砂浆内掺 5%防水剂的防水砂浆 15mm 厚，多用于次要出入口。

(2) 梁板式。

梁板式雨篷多用在宽度较大的入口处，如影剧院、商场等主要出入口处悬挑梁从建筑物的柱上挑出，为使板底平整，多做成倒梁式，如图 5-46 所示。

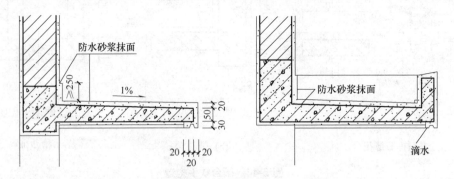

图 5-46 梁板式雨篷

(3) 吊挂式雨篷。

对于钢构架金属雨篷和玻璃组合雨篷常用钢斜拉杆，以防止雨篷的倾覆。有时为了建筑立面效果的需要，立面挑出跨度较大时，也用钢构架带钢斜拉杆组成的雨篷，如图 5-47 所示。

吊挂式雨篷.mp4

图 5-47　吊挂式雨篷

5.3.5　屋顶

屋顶是建筑最顶部的承重围护构件，又称屋盖，主要有以下作用：一是承重作用，主要承受作用于屋顶上的风荷载、雪荷载和屋顶自重等；二是围护作用，防御自然界的风、雨、雪、太阳辐射热和冬季低温等的影响；三是装饰、美观的作用。

1．屋顶的组成

屋顶主要由顶棚、结构层、找坡层、隔气层、保温层、找平层、结合层、防水层、保护层等组成。

2．屋顶的类型

按外观形式划分，屋顶主要有平屋顶、坡屋顶和曲面屋顶三种类型。

(1) 平屋顶。平屋顶通常是指排水坡度小于 5%的屋顶，常用坡度为 2%～3%，上人屋面坡度常用 1%～2%。

(2) 坡屋顶。坡屋顶通常是指屋面坡度大于 10%的屋顶，如图 5-48 所示。

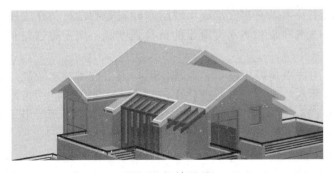

图 5-48　坡屋顶

(3) 曲面屋顶。曲面屋顶是由各种薄壁壳体或悬索结构、网架结构等作为屋顶承重结构的屋顶，如图 5-49 所示。

图 5-49　曲面屋顶

3．卷材防水屋面

卷材防水屋面是将柔性防水卷材或片材用胶结材料贴在屋面基层上，形成一个大面积封闭的防水覆盖层，又称为柔性防水。

目前使用的柔性防水卷材有沥青类卷材，如石油沥青油毡、焦油沥青油毡；有高聚物改性沥青防水卷材，如 SBS 改性沥青防水卷材、APP 改性沥青防水卷材；有合成高分子防水卷材，如三元乙丙橡胶防水卷材、再生胶防水卷材等。卷材铺设前，基层必须干净、干燥，并涂刷与卷材配套使用的基层处理剂。

(1) 卷材防水屋面的基本构造。卷材防水屋面自下而上的构造一般为天棚层、结构层、找平层、隔气层、保温隔热层、找平层、结合层、卷材防水层、保护层。

(2) 卷材防水层的铺贴方法。从施工方法上，可划分为冷粘法、热熔法、热风焊接法、自粘法等；从黏结方式上可划分为满铺法、空铺法、条粘法、点粘法；按卷材铺贴方向可分为垂直屋脊和平行屋脊铺贴两种方法。

当屋面坡度小于 3%时，卷材宜平行屋脊铺贴；当坡度在 3%～15%时，卷材可平行或垂直屋脊铺贴。常用平行屋脊铺贴较多，即自屋檐开始平行于屋脊自下至上一层一层搭接铺贴，的搭接缝应顺年最大频率风向搭接。采用平行屋脊或垂直屋脊方式铺贴时，上下层及相邻两幅卷材的搭接应错开。

4．刚性防水屋面

刚性防水屋面主要指以密实性混凝土或防水砂浆等刚性材料作为屋面防水层的屋面防水构造方法。由于防水砂浆和防水混凝土的抗拉强度低，属于脆性材料，故称为刚性防水屋面。

刚性防水屋面的优点是施工简单、经济。但其施工技术要求较高，对结构变形敏感，易因裂缝而导致渗漏水，多用于气候变化小，防水等级为Ⅲ级的南方地区的屋面防水，也可用作防水等级为Ⅰ级、Ⅱ级的屋面多道防水设防中的一道防水层。其不适用于松散材料做保温层的屋面、振动较大的屋面和温差变化较大的北方地区。

1) 刚性防水屋面的基本构造

刚性防水屋面自下而上的构造一般为天棚层、结构层、保温隔热层、找平层、隔离层、刚性防水层、保护层。

2) 刚性防水屋面的构造做法

(1) 结构层。一般采用现浇或预制装配钢筋混凝土屋面板。

(2) 找平层。结构层为预制的钢筋混凝土板时，应做找平层，常规做法为 15～20mm 厚的 1：3 水泥砂浆。当采用现浇钢筋混凝土整体结构式，可不做找平层。

(3) 防水层。采用强度等级不低于 C20 的细石混凝土整体现浇，其厚度不宜小于 40mm，并在其中部偏上位置配置 $\phi4$ 或 $\phi6@100～200mm$ 的双向钢筋网片，以防止混凝土收缩时产生裂缝，钢筋保护层厚度不小于 10mm。但如果用普通水泥砂浆或细石混凝土时，必须经过处理才能作为屋面刚性防水层，可通过增加防水剂提高密实性，添加微涨剂提高其抗裂性或控制水灰比及加强浇筑时振捣提高砂浆和混凝土的密实性等措施进行处理。

3) 刚性防水屋面应对开裂的措施

刚性防水屋面最大的问题是容易开裂。因为屋面在昼夜温差的作用下周而复始地热胀冷缩，需要防水材料能够随这些变化而伸缩、回缩。

建筑物因沉降不均匀也会造成屋面结构的轻微变形。尤其是当屋面结构采用预制装配式屋面板时，屋面板的搁置端及侧缝间都是变形敏感部位。

针对以上情况，可采取以下措施提高其防水性能。

(1) 设置分格缝。分格缝也称为分仓缝，是防止屋面防水层出现不规则裂缝而适应热胀冷缩及屋面变形设置的人工缝，这是提高刚性防水层防水性能的重要措施。

(2) 设置隔离层。隔离层也被称为浮筑层。由于结构层在荷载作用下会产生挠曲变形，在温度变化时会产生胀缩变形，结构层较防水层厚，刚度也大，当结构产生变形时，就会将防水层拉裂。故将防水层和结构层两者分离，以适应各自的变形，即在结构层与防水层之间设置隔离层。隔离层可采用纸筋灰、低强度等级砂浆或薄砂层上干铺油毡等做法。

5.4 楼梯及门、窗

5.4.1 楼梯种类与构造尺寸

楼梯是建筑物中作为楼层间垂直交通用的构件，用于楼层之间和高差较大时的交通联系。在设有电梯、自动梯作为主要垂直交通手段的多层和高层建筑中也要设置楼梯。高层建筑尽管采用电梯作为主要垂直交通工具，但仍然要保留楼梯供火灾时逃生之用。楼梯由连续梯级的梯段(又称梯跑)、平台(休息平台)和围护构件等组成。楼梯的最低和最高一级踏步间的水平投影距离为梯长，梯级的总高为梯高。

楼梯分普通楼梯和特种楼梯两大类。普通楼梯包括钢筋混凝土楼梯、钢楼梯和木楼梯等，其中钢筋混凝土楼梯在结构刚度、耐火、造价、施工、造型等方面具有较多的优点，应用最为普遍。特种楼梯主要有安全梯、消防梯和自动梯 3 种。

按照空间可划分为室内楼梯和室外楼梯。室内楼梯，字面已经解释清楚，应用于各种住宅内部，因追求室内美观舒适，室内楼梯多以实木楼梯，钢木楼梯，钢与玻璃，钢筋混凝土等或多种混合材质为主，其中实木楼梯是高档住宅内应用最广泛的楼梯，钢与玻璃混合结构楼梯在现代办公区，写字楼，商场，展厅等应用居多，钢筋混凝土楼梯广泛应用于

各种复式建筑中。室外楼梯因为考虑到风吹日晒等自然因素，一般外形美观的实木楼梯，钢木楼梯，金属楼梯等就不太适宜，钢筋混凝土楼梯，各种石材楼梯最为常见。

5.4.2 钢筋混凝土楼梯

现浇钢筋混凝土楼梯是将楼梯段、平台和平台梁现场浇筑成一个整体，其整体性好，抗震性强。其按构造的不同又可分为板式楼梯和梁式楼梯两种。

板式楼梯是一块斜置的板，其两端支承在平台梁上，平台梁支承在砖墙上，如图 5-50 所示。

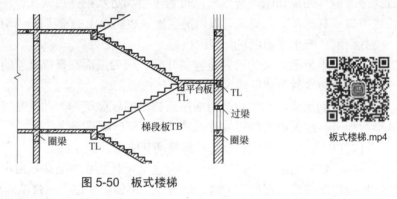

图 5-50　板式楼梯

板式楼梯.mp4

梁式楼梯是指在楼梯段两侧设有斜梁，斜梁搭置在平台梁上。荷载由踏步板传给斜梁，再由斜梁传给平台梁，如图 5-51 所示。

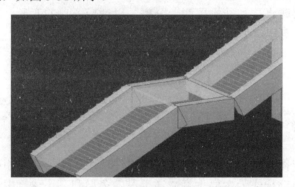

梁式楼梯.mp4

图 5-51　梁式楼梯

染式楼梯在结构刚度、耐火、造价、施工以及造型等方面都有较多的优点，应用最为普遍。钢筋混凝土楼梯的施工方法有整体现场浇筑的，预制装配的，部分现场浇筑和部分预制装配的三种。

整体现场浇筑的，刚性较好，适用于有特殊要求和防震要求高的建筑，但模板耗费大，施工期较长。预制装配的楼梯构件有大型、中型和小型的。大型的是把整个梯段和平台预制成一个构件；中型的是把梯段和平台各预制成一个构件，采用较广；小型的是将楼梯的斜梁、踏步、平台梁和板预制成各个小构件，用焊、锚、栓、销等方法连接成整体。小型的还有一种是把预制的 L 形踏步构件，按楼梯坡度砌在侧墙内，成为悬挑式楼梯。小型预制件装配的施工方法适应性强，运输安装简便，造价较低。

部分现场浇筑和部分预制装配的，通常先制模浇筑楼梯梁，再安装预制踏步和平台板，然后再在三者预留钢筋连接处浇灌混凝土，连成整体。这种方法较整体现场浇筑节省模板和缩短工期，但仍保持预制构件加工精确的特点，而且可以调整尺寸和形式。钢筋混凝土楼梯踏步要求表面便于行走，耐磨，防滑，易于清洁。面层材料一般采用水泥砂浆抹面，可作水磨石面层或用缸砖、大理石贴面，以至铺油地毡、塑料铺材和地毯。踏步近踏口处，可用水泥金刚砂、马赛克、塑料、橡皮等防滑条，或用有槽的陶瓷或金属材料包踏口，兼起保护作用。

5.4.3 门、窗

窗.mp4

1. 窗的分类

按窗的框料材质可分为铝合金窗、塑钢窗、彩板窗、木窗、钢窗等。按窗的层数可分为单层窗和双层窗。按窗扇的开启方式可分为固定窗、平开窗、悬窗、立转窗、推拉窗、百叶窗等，如图5-52所示。

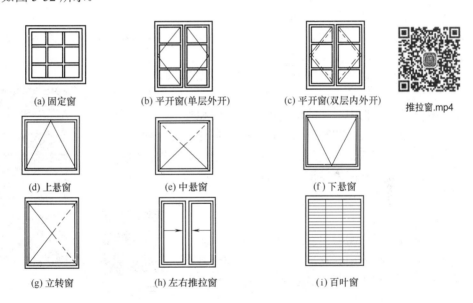

(a) 固定窗　　(b) 平开窗(单层外开)　　(c) 平开窗(双层内外开)

推拉窗.mp4

(d) 上悬窗　　(e) 中悬窗　　(f) 下悬窗

(g) 立转窗　　(h) 左右推拉窗　　(i) 百叶窗

图 5-52　窗的开启形式示意图

(1) 固定窗。

固定窗是指将玻璃直接镶嵌在窗框上，不设可活动的窗扇。一般用于只要求有采光、眺望功能的窗，如走道的采光窗和一般窗的固定部分。

固定窗.mp4

(2) 平开窗。

平开窗是指窗扇一侧用铰链与窗框相连接，窗扇可以向外或向内水平开启。平开窗构造简单，开关灵活，制作与维修方便，在一般建筑物中采用较多。

平开窗.mp4

(3) 悬窗。

悬窗是指窗扇绕水平轴转动的窗。按照旋转轴的位置可以分为上悬窗、

中悬窗和下悬窗，上悬窗和中悬窗防雨、通风效果好，常用作门上的亮子和不方便手动开启的高侧窗。

(4) 立转窗。

立转窗是指窗扇绕垂直中轴转动的窗。这种窗通风效果好，但不严密，不宜用于寒冷地区和多风沙地区。

(5) 推拉窗。

推拉窗是指窗扇沿着导轨或滑槽推拉开启的窗，有水平推拉窗和垂直推拉窗两种。推拉窗开启后不占室内空间，窗扇的受力状态好，适宜安装大玻璃，但通风面积受限制。

(6) 百叶窗。

百叶窗是指窗扇一般用塑料、金属或木材等制成小板材，与两侧框料相连接的窗，有固定式百叶窗和活动式百叶窗两种。百叶窗采光效率低，主要用于遮阳、防雨及通风。

百叶窗.mp4　　百叶窗.pdf

【案例 5-4】有一幢比较破旧的单层建筑，之前的窗户均为木质的，且窗户面向大路，噪声比较大，现考虑全部翻新，原来的窗的洞口尺寸为 1800mm×2000mm，考虑采光的需求以及美观效果与隔热隔音的效果，同时考虑造价的控制，请结合现代窗的工艺及不同材质的优劣点综合考虑，给出合理的选择方案。

2. 门的分类

按门在建筑物中所处的位置可分为内门和外门。按门的使用功能可分为一般门和特殊门。按门的框料材质可分为木门、铝合金门、塑钢门、彩板门、玻璃钢门、钢门等。按门扇的开启方式可分为平开门、弹簧门、推拉门、折叠门、旋转门、卷帘门、升降门等。

(1) 平开门。

平开门是指门扇与门框用铰链连接，门扇水平开启的门，有单扇、双扇及向内开、向外开之分。平开门构造简单，开启灵活，安装维修方便，如图 5-53 所示。

平开门.mp4

图 5-53　平开门

(2) 弹簧门。

弹簧门是指门扇与门框用弹簧铰链连接，门扇水平开启的门，可分为单向弹簧门和双向弹簧门，其最大优点是门扇能够自动关闭。

(3) 推拉门。

推拉门是指门扇沿着轨道左右滑行来启闭的门，有单扇和双扇之分，开启后，门扇可以隐藏在墙体的夹层中或贴在墙面上。推拉门开启时不占空间，受力合理，不易变形，但其构造较复杂，如图 5-54 所示。

(4) 折叠门。

折叠门是指门扇由一组宽度约为 600mm 的窄门扇组成的门，窄门扇之间采用铰链连接。开启时，窄门窗相互折叠推移到侧边，这种门虽占用空间少，但其构造比较复杂。

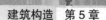

推拉门.mp4

图 5-54　推拉门

(5) 旋转门。

旋转门是指门扇由三扇或四扇通过中间的竖轴组合起来，在两侧的弧形门套内水平旋转来实现启闭的门。旋转门有利于室内阻隔视线、保温、隔热和防风沙，并且对建筑物立面有较强的装饰性，如图 5-55 所示。

旋转门.mp4

图 5-55　旋转门

(6) 卷帘门。

卷帘门是指门扇由金属页片相互连接而成，在门洞的上方设转轴，通过转轴的转动来控制页片启闭的门。其特点是开启时不占使用空间，但其加工制作复杂，造价较高。

卷帘门.mp4

【案例 5-5】有一幢五层办公楼现需要进行翻新，办公楼内分为入户大门和进去之后每层办公室的门以及每层洗手间的门、仓储间的门，所有的门都要进行翻新更换，根据最新定额和规范，综合考虑造价控制，请结合现代门的发展以及门的功能给出合理建议。

3. 门的作用

(1) 水平交通与疏散。

建筑物给人们提供了具有各种使用功能的空间，这些空间之间既相对独立又相互联系，门能在室内各空间之间以及室内与室外之间起到水平交通联系的作用；同时，当有紧急情况和火灾发生时，门还可起到交通疏散的作用。

(2) 围护与分隔。

门是空间的围护构件之一，依据其所处环境起保温、隔热、隔声、防雨、密闭等作用，

门还以多种形式按需要将空间分隔开。

(3) 采光与通风。

当门的材料以透光性材料(如玻璃)为主时能起到采光的作用,如阳台门等;当门采用通透的形式(如百叶门等)时,可以通风,常用于要求换气量大的空间。

(4) 装饰。

门是人们进入一个空间的必经之路,会给人留下深刻的印象。门的样式多种多样,和其他的装饰构件相配合,能起到重要的装饰作用。

【案例5-6】如图 5-56 所示为郑州市动物园的大门,请结合所学知识分析此大门的作用。

图 5-56　动物园大门

4. 窗的作用

(1) 采光。

窗是建筑物中主要的采光构件。开窗面积的大小以及窗的样式决定着建筑空间内是否具有满足使用功能的自然采光量。

(2) 通风。

窗是空气进出建筑物的主要洞口之一,对空间中的自然通风起着重要作用。

(3) 装饰。

窗在墙面上占有较大面积,无论是在室内还是室外,窗都具有重要的装饰作用。

【案例5-7】如图 5-57 所示为一幢写字楼的窗户,请结合所学知识分析此窗户的作用。

图 5-57　某写字楼窗户

5.5 单层工业厂房

5.5.1 单层工业厂房的结构类型与组成

单层厂房.mp4

1. 单层工业厂房的结构类型

(1) 按结构形式分类有排架结构、刚架结构、拱结构等。

① 排架结构。

排架结构是目前最基本、最普遍的结构形式,有屋面(或屋面梁)、柱和基础组成,柱与屋架铰接,与基础刚接。根据生产工艺和使用要求的不同,排架结构可做成等高,不等高和锯齿形等多种形式。排架结构其跨度可超过30m,高度可达20~30m或者更高,吊车吨位可达150t甚至更大。排架结构传力明确,构造简单,施工亦较方便。

【案例5-8】2008年2月1日晚至2日凌晨,受雪灾的影响,地处江西某地的某公司27000多平方米的厂房发生大面积坍塌,厂房内的生产设备损毁严重,造成了严重的经济损失,所幸无人员伤亡。近年来,工程事故屡见不鲜,造成了无数的人员伤亡和财产损失,这对于我们工程从业人员是惨痛的教训。试分析本次厂房倒塌的原因。

② 刚架结构。

刚架结构是柱与横梁刚体接成一个构件,柱与基础通常为铰接。刚架的优点是梁柱合一,构件种类少,制作较简单,且结构轻巧,如图5-58所示。当跨度和高度较小时,其经济指标稍优于排架结构。刚架的缺点是刚架较差,承载后会产生跨变,梁柱转角处易产生早期裂缝,所以对于有较大吨位吊车的厂房,刚架的应用受到一定的限制。

(a) 三铰折线形门式刚架　　(b) 两铰折线形门式刚架　　(c) 两铰拱形门式刚架

刚架结构.pdf

图 5-58　刚架结构示意图

(2) 按结构材料分类有砌体结构、混凝土结构、钢结构等。

(3) 按屋架材料分类有木屋架、混凝土薄腹梁、各种形状的混凝土屋架、梯形及弧形钢屋架等。

(4) 按檩条分类有有檩、无檩。

(5) 按行车分类有无吊车、单轨吊、梁式吊、桥式吊等。

(6) 混凝土屋架又可分普通混凝土屋架和预应力混凝土屋架。

【案例5-9】某生产车间为单层四跨轻钢厂房,屋面采用压型钢板檩条为冷弯薄壁型钢檩条,屋架为变截面H形钢梁门式刚架,跨度为35m,总长80m。厂房建筑面积约为11200m²。原设计檩条为连续Z形檩条,而施工当中,将其施工为简支檩条,连续钢梁在中间支座处也被施工为铰接,已投入使用2年,业主在使用期间又在檩条上增加了消防喷淋。3年后该厂房倒塌。试问该厂房倒塌的原因是什么?

2. 单层工业厂房的主要组成构件

(1) 屋盖结构。

屋盖结构包括屋面板、屋架(或屋面梁)、天窗架及托架等。

(2) 吊车梁。

吊车梁安放在柱子伸出的牛腿上，它承受吊车自重、最大吊重及刹车冲击，并将荷载传递给柱子。

(3) 柱子。

柱子是房屋的主要承重构件，承受屋盖、吊车梁、墙体上的荷载及风载，并传递给基础。

(4) 基础。

基础承担着柱子上的全部荷载，以及基础梁上部分墙体荷载，并由基础传递给地基，基础采用独立基础。

(5) 外墙围护系统。

外墙围护系统包括：厂房四周的外墙、抗风柱、墙梁和基础梁等，这些构件主要承受墙体和构件的自重以及作用在墙体上的风载等。

(6) 支撑系统。

包括柱间支撑、屋盖支撑。作用是：加强厂房结构空间的整体刚度和稳定性，主要传递水平风荷载以及吊车产生的冲切力。

3. 单层工业厂房的主要维护结构

(1) 屋面。

它是厂房维护结构的主要部分，受自然条件直接影响，必须处理好屋面的排水、防水、保温、隔热等问题。

(2) 外墙。

厂房外墙通常采用自承重墙形式，除承自重和风荷载外，主要起防风、防雨、保温、隔热、遮阳、防火等作用。

(3) 门窗。

门窗起交通、采光、通风作用。

(4) 地面。

地面可满足生产使用要求，提供良好的劳动条件。

4. 单层厂房中主要支撑及其作用

为了使厂房的各个构件相互联系，形成空间骨架来抵抗外力，必须加设支撑系统。

(1) 屋架间的垂直支撑及水平系杆作用：保证屋架的整体稳定，当吊车工作时可防止屋架下弦发生侧向颤动。

(2) 屋架间的横向水平支撑作用：形成刚性框架，增强屋盖的整体刚度，保证屋架上弦或屋面梁上翼缘的侧向稳定，同时可将抗风柱传来的风力传递到纵向排架柱顶。

(3) 屋架间的纵向水平支撑作用；提高厂房刚度，保证横向水平力的纵向分布，加强横向排架的空间工作。

(4) 天窗架间的支撑作用：天窗架间的支撑包括天窗架上弦横向水平支撑和天窗架间的垂直支撑，前者的作用是传递天窗端壁所受的风力和保证天窗架上弦的侧向稳定，后者的作用是保证天窗架的整体稳定，应在天窗架两端的第一柱间设置。

(5) 柱间支撑作用：提高厂房纵向刚性和稳定性，如图 5-59 所示。

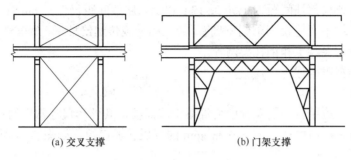

(a) 交叉支撑   (b) 门架支撑

图 5-59　柱间支撑形式

钢筋混凝土除了按结构计算需要配置一定数量的钢筋外，还要根据柱的位置以及柱与其他构件连接的需要，在柱上预先埋设铁件。如柱与屋架、柱与吊车梁、柱与联系梁或圈梁、柱与砖墙或大型墙板之间等。

5.5.2 单层工业厂房主要结构构件

厂房结构一般是由屋盖结构、吊车梁(或桁架)、各种支撑以及墙架等构件组成的空间体系。

这些构件按其所起作用可分为下面几类：横向框架、屋盖结构、支撑体系(屋盖部分支撑和柱间支撑)、作用：承载、连系、吊车梁和制动梁(或制动桁架)、墙架。

1. 厂房构件

1) 屋盖结构

厂房屋盖的围护与承重作用。它包括覆盖构件(如屋面板或檩条、瓦等)和承重构件(如屋架或屋面架)两部分。

(1) 无檩屋盖：无檩屋盖一般用于预应力混凝土大型屋面板等重型屋面，将屋面板直接放在屋架或天窗架上。预应力混凝土大型屋面板的跨度通常采用 6m，有条件时也可采用 12m。当柱距大于所采用的屋面板跨度时，可采用托架支承中间屋架。

(2) 有檩屋盖：有檩屋盖常用于轻型屋面。如压型钢板、压型铝合金板、石棉瓦、瓦楞铁皮等。石棉瓦和瓦楞铁皮屋面，屋架间距通常为 6m；当柱距大于或等于 12m 时，则用托架支承中间屋架。钢板和压型铝合金板屋面，屋架间距常大于或等于 12m。

2) 屋盖承重构件

屋盖承重构件主要包括屋架及屋面梁、屋架托架等。

屋架是屋盖结构的主要承重构件，直接承受屋面荷载，有些厂房的屋架还承受悬挂吊车、管道或其他工艺设备及天窗架等荷载。屋架和柱屋面结构件连接起来，可使厂房组成一个整体的空间结构，对保证厂房的空间钢度起着重要作用。除了跨度很高很大的重型车间和高温车间采用钢屋架之外，一般多采用钢筋混凝土屋面梁和各种形式的钢筋混凝土

屋架。

(1) 屋架形式。

屋架按其形式可分为屋面梁、两铰(或三铰)拱屋架、桁架式屋架三大类。

(2) 屋架托架。

当厂房全部或局部柱间距为 12m 或 12m 以上，屋架间距仍保持 6m 时，需在 12m 柱间距设置托架来支承中间屋架，通过托架将屋架上的荷载传递给柱子，吊车梁也相应采用 12m 长。托架有预应力混凝土和钢托架两种。

3) 屋盖的覆盖构件

(1) 屋面板。

目前，厂房中应用较多的是预应力混凝土屋面板，其外形尺寸常用的是 1.5m×6m，为了配合屋架尺寸和檐口做法，还有 0.9m×6m 的嵌板和檐口板，如图 5-60 所示。

(2) 天沟板。

预应力混凝土天沟板的截面形状为槽型，两边柱高低不同，低柱依附在屋面板边，高柱在外侧，安装时应注意其位置。天沟板宽度是随屋架阔度和排水方式而确定的，如图 5-61 所示。

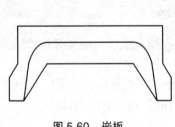

图 5-60 嵌板

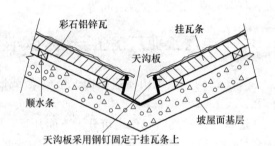

图 5-61 天沟板

(3) 檩条。

檩条起着支撑槽瓦或小型屋面等作用，并将屋面荷载传给屋架，如图 5-62 所示檩条应在屋架上连接牢固，以加强厂房纵向刚度。檩条有钢筋混凝土、型钢和冷弯钢板檩条。

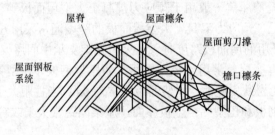

图 5-62 檩条

2. 柱的形式与构造

1) 单层厂房常设置的柱分类

按受力状况分类：受力框(排)架柱、抗风柱、构造柱。

按材料分类：钢筋混凝土柱、钢结构柱。

按截面类型分：钢筋混凝矩形柱、钢筋混凝土工字型柱；型钢柱、格构式柱。

排架柱：排架柱是厂房结构中的主要承重构件之一。它主要承受屋盖和吊车梁等竖向荷载、风荷及吊车产生的纵向和横向水平荷载，有时还承受墙体、管道设备等荷载。所以柱应具有足够的抗压和抗弯能力，并通过结构计算来合理确定截面尺寸和形式。

一般工业厂房多采用钢筋混凝土柱。跨度、高度和吊车起重量都较大的大型厂房可采用钢柱。

单层工业厂房钢筋混凝土柱，基本上可分为单支柱和双支柱两大类。单支柱截面形式有矩形、工字形及单管圆形。双支柱截面形式是有两支矩形柱或两支圆形管柱，用腹杆连接而成。单层工业厂房常用的几种钢筋混凝土柱如图 5-63 所示。

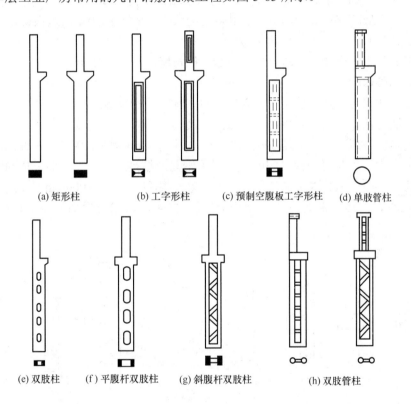

(a) 矩形柱　　(b) 工字形柱　　(c) 预制空腹板工字形柱　　(d) 单肢管柱

(e) 双肢柱　　(f) 平腹杆双肢柱　　(g) 斜腹杆双肢柱　　(h) 双肢管柱

图 5-63　常用的几种钢筋混凝土柱

钢筋混凝土柱除了按结构计算需要配置一定数量的钢筋外，还要根据柱的位置以及柱与其他构件连接的需要，在柱上预先埋设铁件。如柱与屋架、柱与吊车梁、柱与联系梁或圈梁、柱与砖墙或大型墙板之间等。

2)　厂房柱设置要求

(1)　8 度和 9 度时，宜采用矩形、工字形截面柱或斜腹杆双支柱，不宜采用薄壁工字形柱、腹板开孔工字形柱、预制腹板的工字形柱和管柱。

(2)　柱底至室内地坪以上 500mm 范围内和阶形柱的上柱宜采用矩形截面。

厂房的柱距一般为 6m，边柱柱距为 5.4m。跨度一般为 3m 的整数倍。柱距以柱中心为

轴线，跨度以柱外边线为轴线。厂房的围护结构(墙)一般为外包厂房柱。墙厚一般为 240mm(南方)、370mm(北方)，当然，有特殊要求的除外，柱截面尺寸一般分为下柱和上柱。柱宽一般都为 400mm，下柱有可能会支承吊车，截面高度稍大，为 600mm 或以上，上柱仅支承屋架(屋面梁)，截面高度一般为 400mm 或略小于 400mm。防风墙一般应称为山墙，墙内侧距边柱中心一般为 600mm，并在墙内侧设抗风柱，抗风柱要于边跨屋架连接。

5.5.3 单层工业厂房的外墙、地面、天窗及屋面

1. 单层工业厂房的外墙

单层工业厂房的外墙按承重方式可分为承重墙、承自重墙和框架墙等。高大厂房的上部墙体及厂房高低跨交接处的墙体，采用架空支承在排架柱上的墙梁(联系梁)来承担，这种墙称框架墙。

单层工业厂房的外墙按材料可分为砖墙、板材墙、开敞式外墙等。

1) 砖砌外墙

按墙与柱的相对位置，单层厂房墙与柱的位置有四种方案，如图 5-64 所示。

2) 外墙与柱、屋架、屋面板、山墙的连接

做法是沿柱子高度方向每隔 500~600mm 预埋两根 $\phi 6$ 钢筋，砌墙时把伸出的钢筋砌在墙缝里。纵向女儿墙与屋面板之间的连接采用钢筋拉结措施，即在屋面板横向缝内放置一根 $\phi 12$ 钢筋与屋面板纵缝内及纵向外墙中各放置一根 $\phi 12$、长度 1000mm 的钢筋连接，形成工字形的钢筋，然后在缝内用 C20 细石混凝土捣实。山墙与屋面板构造连接如图 5-65 所示。

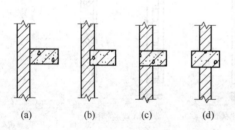

图 5-64 框架墙的墙、柱平面位置关系

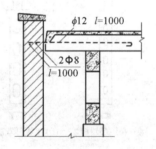

图 5-65 工业厂房山墙与屋面板的连接

3) 钢筋混凝土板材墙的构造

(1) 钢筋混凝土墙板规格及类型。

钢筋混凝土墙板的长度和高度采用扩大模数 3m，厚度采用分模数 1/5m。长度有 4500、6000、7500、12000mm 四种，高度有 900、1200、1500、1800mm 四种，常用的厚度为 160~240mm。

钢筋混凝土墙板按材料和构造方式分有单一材料墙板和复合墙板。

单一材料墙板有钢筋混凝土槽形板、空心板和配筋轻混凝土墙板，如图 5-66 所示。

复合墙板是指采用承重骨架、外壳及各种轻质夹芯材料所组成的墙板。

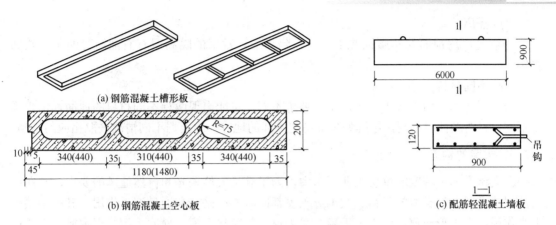

(a) 钢筋混凝土槽形板

(b) 钢筋混凝土空心板

(c) 配筋轻混凝土墙板

图 5-66 工业厂房单一材料墙板

(2) 墙板布置。

墙板布置方式有横向布置、竖向布置和混合布置三种。

横向布置山墙时,墙身部分同侧墙,山尖处的布置有台阶形、人字形、折线形等,如图 5-67 所示。

(3) 墙板和柱的连接。

墙板与柱的连接可分为柔性连接和刚性连接两种。

柔性连接是指通过墙板和柱的预埋件和连接件将二者拉结在一起。柔性连接的方法有螺栓连接和压条连接两种。螺栓连接是在水平方向用螺栓、挂钩等辅助件拉结固定,在垂直方向每 3~4 块板设一个钢支托支承。压条连接是在墙板上加压条,再用螺栓(焊于柱上)将墙板与柱子压紧拉牢。

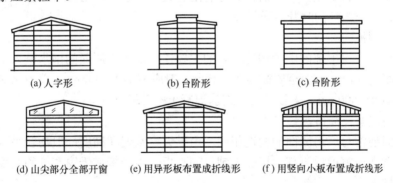

(a) 人字形　　　　　(b) 台阶形　　　　　(c) 台阶形

(d) 山尖部分全部开窗　　(e) 用异形板布置成折线形　　(f) 用竖向小板布置成折线形

图 5-67 工业厂房山墙墙板的布置

2．地面的构造

单层工业厂房地面与民用建筑地面基本构造层一样,一般由面层、垫层和基层组成。当它们不能充分满足使用要求和构造要求时,可增设其他构造层,如结合层、隔离层、找平层等,可统称为附加层。

(1) 面层选择。

面层是地面最上一层的表面层,它直接承受各种物理、化学作用,如摩擦、冲击、冷冻、酸碱侵蚀等,因此应根据生产特征、使用要求和技术经济条件来选择面层和厚度。

(2) 隔离层。

为满足厂房地面的防腐蚀要求，需设隔离层。常用的隔离层有石油沥青油毡、热沥青等

(3) 不同材料接缝。

一个厂房内，由于各工段生产工艺要求不同，可能出现两种不同材料的地面，由于强度不同、材料的性质不同，接缝处是最易遭破坏的地方，应根据不同情况采取相应的措施。

3．天窗的构造

在大跨度和多跨度的单层工业厂房中，为了满足天然采光和自然通风的要求，常在厂房的屋顶设置各种类型的天窗。大部分天窗都同时兼有采光和通风双重作用，其中主要起采光作用的有矩形天窗、锯齿形天窗、平天窗、三角形天窗、横向下沉式天窗等，主要用作通风的有矩形避风天窗、纵向或横向下沉式天窗、井式天窗、M 形天窗等，下面着重介绍矩形天窗。

矩形天窗在我国南北方均适用，是应用最为广泛的一种。矩形天窗沿厂房纵向布置，为简化构造和检修的需要，在厂房两端及变形缝两侧的第一个柱间一般不设天窗，每段天窗的端部设上天窗屋顶的检修梯。矩形天窗主要由天窗架、天窗屋面板、天窗端壁、天窗侧板、天窗扇等组成。

(1) 天窗架。

天窗架是天窗的承重构件，它支承在屋架或屋面梁上，常用的有钢筋混凝土窗架和型钢天窗架两种，跨度一般为 6m、9m、12m。

(2) 天窗扇。

天窗扇多为钢材制成，按开启方式分有上悬式和中悬式，可按一个柱距独立开启分段设置，也可按几个距柱同时开启通长设置。

(3) 天窗侧板。

天窗侧板是天窗下部的围护构件，它的主要作用是防止屋面的雨水溅入车间以及积雪挡住天窗扇影响开启，屋面至侧板顶面的高度一般应不小于 300mm，常有大风雨或多雪地区应增高至 400~600mm，侧板常采用钢筋混凝土槽形板。

(4) 天窗屋面及檐口。

天窗屋面通常与厂房屋面的构造相同，由于天窗宽度和高度一般均较小，故多采用无组织排水，并在天窗檐口下部的屋面上铺设滴水板，雨量多或天窗高度和宽度较大时，宜采用有组织排水

(5) 天窗端壁。

天窗两端的山墙称为天窗端壁，常用预制钢筋混凝土端壁板，它不仅可使天窗尽端封闭起来，同时也可支承天窗上部的屋面板。

4．侧窗和大门构造

1) 单层工业厂房侧窗的特点

(1) 按材料分，有木窗、钢窗和钢筋混凝土窗。

(2) 按层数分，有单层窗、双层窗。

(3) 按开启方式分，有中悬窗、平开窗、固定窗、立转窗等。

2) 单层厂房的侧窗类型

(1) 中悬窗的窗扇沿水平中轴转动，开启角度大，通风良好，便于采用侧窗开关器进行启闭，宜设在外墙的上部。

(2) 平开窗构造简单，通风效果好，开关方便，但防雨较差，而且只能用手开关，不便于设置联动开关器，宜布置在外墙的下部作为进气口。

(3) 固定窗构造简单，节省材料，宜设置在外墙的中部，主要用于采光。

(4) 立转窗的窗扇沿垂直轴转动，通风好，可根据风向调整窗扇，常用于热加工车间的外墙下部作为进风口。

厂房侧窗洞口尺寸一般比较大，根据车间通风的需要，通常可将平开窗、中悬窗、固定窗组合在一起。为了便于安装开关器，侧窗组合时，在同一横向高度内应采用相同的开启方式。

3) 单层厂房大门的特点

为了使满载货物的车辆能顺利地通过大门，门的宽度应比满载货物的车辆外轮廓宽600～1000mm，高度则应高出400～500mm。为了便于采用标准构配件，大门的尺寸应符合《建筑模数协调标准》的规定，以300mm作为扩大模数进级。

(1) 按用途可分为一般大门和有特殊要求的大门(如保温、防火等)。

(2) 按门扇材料分有木门、钢木门、钢板门、铝合金门等。

(3) 按开启方式分有平开门、推拉门、折叠门、上翻门、升降门、卷帘门等。

大门洞口尺寸的确定如下所述。

当门洞宽度大于3m时，应采用钢筋混凝土门框。边框与墙体之间应采用拉筋连接，并在铰链位置上预埋铁件。

当门洞宽度小于3m时，应采用砖砌门框，并在安装铰链的位置砌入有预埋铁件的预制块，且用拉筋与墙体连接。

5．屋顶构造

厂房屋顶除应满足与民用建筑屋顶相同的防水、保温、隔热、通风等要求外，还应考虑吊车传来的冲击、振动荷载以及散热和防爆等要求。为了提高施工速度，屋顶应尽量采用预制装配式结构和构件。

1) 屋面排水

屋面排水方式可分为有组织排水和无组织排水两种。如屋面设置天沟、檐沟、雨水口、雨水管等设备，对屋面雨水进行有组织的疏导，则称为有组织排水；如屋面上不设排水设备，屋面雨水由檐口自由落到地面，则称为无组织排水。

根据排水管道的布置位置，有组织排水又可分为天沟外排水、内排水和悬吊管外排水三种。

(1) 天沟外排水。

这种方式是将屋面雨水排至檐沟，再经雨水管流入室外明经过室内，用料较省，检修方便，但在寒冷地区因冬季融雪易冻结堵塞，故不宜采用此排水方式。

天沟外排水.mp4　　　天沟大样.pdf

(2) 内排水。

内排水是将屋面雨水通过天沟、雨水口和室内立管，从地下管沟排出。大面积多跨厂

房的中间部分以及寒冷地区的厂房，常采用此种排水方式。内排水的构造比较复杂，消耗管材较多，造价和维修费用高。

(3) 悬吊管外排水。

为了避免厂房内地下的雨水管沟与工艺设备、管线发生矛盾，在设备和管沟较多的多跨厂房中，可采用悬吊管外排水方式。它是把天沟中的雨水经过悬吊管引向外墙处排出的。

2) 屋面防水

屋面防水做法有卷材防水屋面、刚性防水屋面、钢筋混凝土构件自防水屋面以及瓦材屋面等。

(1) 卷材防水屋面。

这种屋面在我国单层厂房中应用最广泛。

(2) 构件自防水屋面。

这种屋面指的是利用屋面构件(如大型屋面板、F形屋面板等)自身的混凝土密实度来达到防水目的的屋面。在不要求做保温和隔热的厂房中，采用钢筋混凝土构件自防水屋面，可以充分发挥构件的作用，节省材料，降低造价。但要求材料、构造设计及施工都必须保证质量，才能取得防水效果。

(3) 石棉水泥瓦屋面。

这种屋面材料自重轻，施工方便，造价低。但材料脆性大，在运输和施工、使用过程中容易破碎，保温性能也较差。一般只适用于保温要求不高的小型厂房或仓库中。

3) 屋面的保温

目前厂房屋面的保温一般多采用夹芯板，夹芯板有成品的，也有在现场复合的。其结构是一样的，上下两层彩钢板，中间夹保温材料，保温材料一般采用 80~100mm 厚的岩棉或玻璃丝棉。如果需要保温效果更好，墙面也要采取这种结构形式。

石棉水泥瓦.pdf

本章小结

本章着重介绍了建筑物各部分的构造，通过本章的学习，同学位可以掌握地基、基础与地下结构；墙体构造；地层与屋顶构造及门、窗工程基础知识并熟悉单层工业厂房的建造技术。

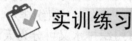

实训练习

一、单选题

1. 在地下室防潮的构造设计中，以下哪种做法不采用(　　)。
　　A. 在地下室顶板中间设水平防潮层　　B. 在地下室底板中间设水平防潮层
　　C. 在地下室外墙外侧设垂直防潮层　　D. 在地下室外墙外侧回填滤水层

2. 下面既属承重构件，又是围护构件的是(　　)。
　　A. 墙　　　　B. 基础　　　　C. 楼梯　　　　D. 门窗

3. 下面既属承重构件，又是围护构件的是(　　)。

    A. 墙、屋顶　　　B. 基础、楼板　　　　C. 屋顶、基础　　　　D. 门窗、墙

4. 墙体按受力情况可分为(　　)。

    A. 纵墙和横墙　　　　　　　　　　B. 承重墙和非承重墙

    C. 内墙和外墙　　　　　　　　　　D. 空体墙和实体墙

5. 墙体按施工方法可分为(　　)。

    A. 块材墙和板筑墙　　　　　　　　B. 承重墙和非承重墙

    C. 纵墙和横墙　　　　　　　　　　D. 空体墙和实体墙

6. 纵墙承重的优点是(　　)。

    A. 空间组合较灵活　　　　　　　　B. 纵墙上开门、窗限制较少

    C. 整体刚度好　　　　　　　　　　D. 楼板所用材料较横墙承重少

7. 在一般民用建筑中，不属于小开间横墙承重结构的优点的是(　　)。

    A. 空间划分灵活　　　　　　　　　B. 房屋的整体性好

    C. 结构刚度较大　　　　　　　　　D. 有利于组织室内通风

二、多选题

1. 常用的过梁构造形式有(　　)三种。

    A. 砖拱过梁　　　　　　B. 钢筋砖过梁　　　　　　C. 钢筋混凝土过梁

    D. 圈梁　　　　　　　　E. 基础梁

2. 钢筋混凝土圈梁的宽度宜与(　　)相同，高度不小于(　　)。

    A. 墙体的厚度　　　　　B. 墙体的厚度的 1/2　　　C. 墙体的厚度的 1/4

    D. 120mm　　　　　　　E. 180mm

3. 根据楼梯样式的不同楼梯可分为(　　)。

    A. 直上式　　　　　　　B. 旋转楼梯　　　　　　　C. 伸缩楼梯

    D. 折叠楼梯　　　　　　E. 螺旋楼梯

4. 楼梯由(　　)组成。

    A. 楼梯段　　　　　　　B. 楼梯平台　　　　　　　C. 栏杆(栏板)

    D. 扶手　　　　　　　　E. 楼梯净高

5. 电梯一般按照(　　)分类。

    A. 用途　　　　　　　　B. 并联控制　　　　　　　C. 拖动方式

    D. 控制方式　　　　　　E. 速度

三、问答题

1. 简述墙的种类与设计要求。

2. 简述钢筋混凝土楼板的优缺点。

3. 简述单层工业厂房构造组成。

第 5 章习题答案.pdf

实训工作单一

班级		姓名		日期	
教学项目		建筑构造			
任务	学习地基、基础与地下结构	学习途径	本书中的案例分析，自行查找相关书籍		
学习目标		掌握地基、基础与地下结构			
学习要点					
学习记录					
评语				指导老师	

实训工作单二

班级		姓名		日期	
教学项目		建筑构造			
任务	学习楼地层与屋顶构造	学习途径	本书中的案例分析，自行查找相关书籍		
学习目标		掌握楼地层与屋顶构造			
学习要点					
学习记录					
评语				指导老师	

实训工作单三

班级		姓名		日期	
教学项目		建筑构造			
任务	学习单层工业厂房		学习途径	本书中的案例分析，自行查找相关书籍	
学习目标			掌握单层工业厂房		
学习要点					
学习记录					
评语				指导老师	

第6章 建筑设备

【学习目标】

1. 了解建筑工程给水系统、排水系统、中水系统的基本知识。
2. 掌握建筑消防室内外消火栓给水系统基本常识。
3. 了解常见的建筑消防设施。
4. 了解建筑采暖、空调、通风及防排烟的基本知识。
5. 了解建筑电气与智能化建筑的基本知识。

第6章　建筑设备.pptx

【教学要求】

本章要点	掌握层次	相关知识点
建筑工程给水系统、排水系统、中水系统	1. 掌握建筑工程给水系统、排水系统的基本知识； 2. 了解建筑中水系统的基本知识	建筑给排水
室内外消火栓给水系统	了解室内外消火栓给水系统的基本概念	室内外消火栓给水系统
常见建筑消防设施	熟悉常见的建筑消防设施	建筑消防设施
建筑采暖、空调、通风及防排烟	1. 掌握建筑采暖、空调的基本知识； 2. 了解建筑通风及防排烟的基本知识	建筑采暖、空调、通风及防排烟
供配电、建筑电气照明工程	熟悉供配电、建筑电气照明工程基本常识	供配电、建筑电气照明
建筑电气与智能化建筑	1. 了解供配电系统及电气照明工程的基本知识； 2. 掌握建筑防雷、接地、接零保护的基本知识； 3. 了解建筑智能化的基本知识	智能化建筑

【案例导入】

某住宅楼共有 160 户，每户平均 3.5 人，用水量定额为 150L/(人·d)，小时变化系数为 $K_h=2.4$，水泵的静扬程为 $40mH_2O$，水泵吸、压水管水头损失为 $2.55mH_2O$，水箱进水口流出水头为 $2.0mH_2O$，室外供水压力为 $15mH_2O$，拟采用水泵水箱给水方式。

【问题导入】

试计算水箱生活水调节容积最小值、水泵流量和扬程(水泵直接从室外给水管道吸水和水泵从低位储水井吸水分别计算)。

6.1 建筑给水排水

6.1.1 建筑给水系统

1. 建筑给水系统的组成

一般建筑物的给排水系统包括给水系统和排水系统,它是任何建筑物必不可少的重要组成部分。给水系统主要由引入管、水表节点、给水管道、配水装置和用水设备、控制附件、增压和储水设备等部分组成。建筑内部常见的给水系统如图 6-1 所示。

给水系统.docx

建筑给水系统的
组成.mp4

图 6-1 建筑内部给水系统

(1) 引入管。

自室外给水管网引入建筑物的给水管段称为引入管,也称进户管。

(2) 水表节点。

安装在引入管上的水表及其前后设置的阀门和泄水装置总称为水表节点。其中,水表用来计量建筑用水量,常采用流速式水表;水表前后安装的阀门用于水表检修和更换时关闭管道,泄水装置用于水表检修时放空管网。为保证水表计量准确,需要水流平稳地流经水表,所以在水表安装时其前后应有符合产品标准规定的一段直线管段。寒冷地区为防止水表冻裂,可将水表井设在有采暖的房间内。常见的室内水表井如图 6-2 所示。

水表节点.mp4

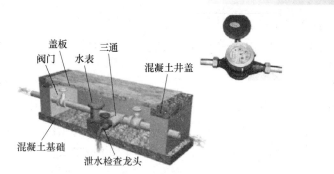

室内水表井.mp4

图 6-2 室内水表井

(3) 给水管道。

给水管道系统是构成水路的重要组成部分，主要由水平干管、立管和支管等组成，多采用钢管和铸铁管，也可采用兼有钢管和塑料管优点的钢塑复合管，以及以铝合金为骨架、管道内外壁均为聚乙烯的铝塑复合管等。

室内给水常用的各种塑料管的综合指标如图 6-3 所示，安装特点如图 6-4 所示。

管材种类	UPVC管	PP-R管	PE管	PEX管	铝塑复合管	PB管
工作温度/℃	$-5 \leqslant t \leqslant 45$	$-20 \leqslant t \leqslant 95$	$-50 \leqslant t \leqslant 65$	$-50 \leqslant t \leqslant 110$	$-40 \leqslant t \leqslant 95$	$-30 \leqslant t \leqslant 110$
最大使用年限/年	50	50	50	50	50	70
主要连接方式	黏接	热熔 电熔（挤压）	热熔 电熔	挤压	挤压	挤压(热熔 电熔)
接头可靠性	一般	较好	较好	好	好	好
产生二次污染	可能有	无	无	无	无	无
管材种类	UPVC管	PP-R管	PE管	PEX管	铝塑复合管	PB管
最大管径/mm	400	125	400	110	110	50
综合费用	约占镀锌管的60%左右	高出镀锌管50%左右	高出镀锌管20%左右	高出镀锌管一倍左右	高出镀锌管一倍以上	高出镀锌管二倍以上

图 6-3 塑料管的综合指标对比

项目 \ 品种	PP-R	PE	PE-X	PE-AL-PE	UPVC
卫生性能	绿色产品	绿色产品	卫生	卫生	较卫生
耐热保温	优	耐热一般保温良	良	良	良
连接方式	热熔	热熔	机械	机械	溶剂胶接
主要用途	冷热水、饮用水、采暖	冷水、饮用水	冷热水、采暖	冷热水、采暖	冷热水
价格化	1.0	0.6	1.0	1.4	1.0
主要特点	耐热保温接头方便可靠	保温接头方便可靠	管道成圈适地板加热无接头	同左	刚性好宜明装

图 6-4 塑料管的安装特点对比

（4）配水装置和用水设备。

配水装置包括各类卫生器具和用水设备的配水龙头，用水设备则主要包括生产、生活及消防等用水设备。

（5）控制附件。

控制附件主要指管道系统中调节水量、水压，控制水流方向以及便于管道、仪表和设备检修的各类阀件。常用的阀门有截止阀、闸阀、蝶阀、止回阀、液位控制阀、安全阀等。电动不锈钢截止阀如图6-5所示，旋启式止回阀如图6-6所示。

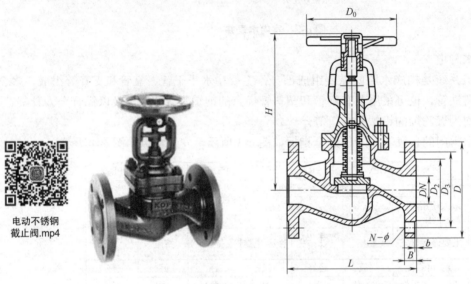

电动不锈钢
截止阀.mp4

图6-5　电动不锈钢截止阀

旋启式
止回阀.mp4

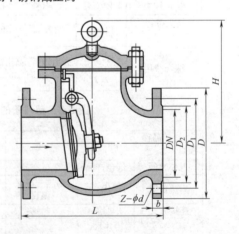

图6-6　旋启式止回阀

（6）增压和储水设备。

当市政给水管网压力不足，不能满足建筑物的正常用水要求，或建筑对安全供水要求较高时，需在给水系统中设置水泵、气压给水装置、水箱与蓄水池等增压和储水设备。

2．建筑给水系统的分类

建筑给水系统按用途可分为生活给水系统、生产给水系统和消防给水系统三类。

(1) 生活给水系统。主要供给人们饮用、盥洗、洗涤、烹饪等生活用水，其水质必须符合国家规定的饮用水质标准和卫生标准。

(2) 生产给水系统。主要供给生产设备冷却、原料和产品的洗涤，以及各类产品制造过程中所需的生产用水。生产用水应根据工艺要求提供所需的水质、水量和水压。

(3) 消防给水系统。主要供给各类消防设备灭火用水，对水质要求不高，但必须按照建筑防火规范保证供给足够的水量和水压。

3．建筑给水系统的给水方式

给水方式即为建筑物内部的供水方案，通常可分为直接给水方式、水箱给水方式、水泵给水方式、水箱与水泵联合给水方式、气压给水方式、分区给水方式和分质给水方式等。

(1) 水泵给水方式采用给水泵向不同高度的终端用户提供具有一定水压的生活用水，常用于多层建筑或小高层建筑。当建筑物内部用水量大且较均匀时，可采用恒速水泵供水；当建筑物内部用水不均匀时，宜采用一台或多台水泵变速运行供水。

(2) 当外部供水管网压力经常低于或不能满足建筑物内部所需水压，且室内用水不均匀时，宜采用水箱与水泵联合给水方式。通常可在建筑物的顶层设置高位水箱，也可在不同高度分区设置水箱，然后用水泵将低位供水管网或蓄水池的水输送至高位水箱，再由高位水箱向给水管网供水，最终将生活用水输送给用户。这种给水方式适用于多层建筑、小高层和高层建筑。在有的建筑物中，下部低楼层采用直接给水方式，上部较高楼层则采用蓄水池、水泵和高位水箱联合给水方式，这种方式也称为分区给水方式，是目前高层建筑较为常用的给水方式之一。

(3) 建筑物使用高位水箱的给水方式也称为重力给水方式，这种方式供水压力比较稳定，且有储水装置，供水较为安全。但由于水箱的滞水作用，可导致水质下降，并且水箱重量较大，增加了建筑物的承载负荷。

(4) 气压给水方式是指在给水系统中设置气压给水设备，如气压水罐，利用该设备内气体的可压缩性来实现升压供水。气压水罐的作用相当于重力给水方式中的高位水箱，但其位置可根据需要设置在高处或低处，可以避免重力给水系统在楼顶设置水箱的缺点。如需恒压供水，可在给水系统中设置水泵机组或气压水罐等设备，通过对压力信号的采集和调节，控制水泵的转速或气压水罐出口阀门的开度，以满足用户对供水压力的要求。变频恒压供水是目前较为常用的给水方式，它既节能、又节省建筑面积。这种给水方式通过变频器来自动调节水泵的转速，使供水量随用水量的变化而变化，从而维持给水系统的压力恒定。

4．室内给水方式

1) 室内给水方式的选择，必须根据各种条件来确定

(1) 用户对水质、水压和水量的要求(主要是系统所需水压 H)。

(2) 室外管网所能提供的水质、水量和水压情况。

(3) 卫生器具及消防设备等用水点在建筑物内的分布，及用户对供水安全、可靠性的

要求等。

2) 主要分为以下几种形式

(1) 直接给水方式。

特点：系统简单，投资省，可充分利用外网水压。但是一旦外网停水，室内立即断水。适用场所：水量、水压在一天内均能满足用水要求的用水场所。

直接给水方式.mp4

(2) 单设水箱的给水方式。

特点：水箱进水管和出水管共用一根立管，供水可靠，系统简单，投资节省，可充分利用外网水压。缺点是水箱水用尽后，用水器具水压会受外网压力影响。适用场所：供水水压、水量周期性不足时采用。

(3) 单设水泵的给水方式。

特点：系统简单，供水可靠，无高位水箱，但耗能多。适用场所：水压经常不足，用水较均匀，且不允许直接从管网抽水时采用。

单设水箱给水
方式.mp4

(4) 水泵和水箱联合工作的给水方式。

特点：水泵能及时向水箱供水，可缩小水箱的容积。供水可靠，投资较大，安装和维修都比较复杂。适用场所：室外给水管网水压低于或经常不能满足建筑内部给水管网所需水压，且室内用水不均匀时采用。

(5) 设气压装置的给水方式。

特点：供水可靠，无高位水箱，但水泵效率低、耗能多。适用场所：外网水压不能满足所需水压，用水不均匀，且不宜设水箱时采用。

(6) 分区给水方式。

特点：可以充分利用外网压力，供水安全，但投资较大，维护复杂。适用场所：供水压力只能满足下层供水要求时采用。

(7) 分质给水方式。

特点：根据不同用途所需的不同水质，设置独立的给水系统。适用场所：小区中水回用等。

3) 室内给水方式一般根据以下原则来选择

(1) 力求系统简单、管道输送距离短，以降低工程费用及运行管理费用。

(2) 充分利用城市管网水压。

(3) 供水应安全可靠，管理、维修方便。

(4) 当两种或两种以上用水的水质接近时，应尽量共用给水系统。

(5) 生活给水系统中，卫生器具给水配件处的静水压力≯0.6MPa(竖向分区)。

(6) 消防给水系统中，消火栓处的静水压力≯0.8MPa。

6.1.2 建筑排水系统

1. 排水系统的分类和组成

排水系统.docx

(1) 排水系统的分类。

建筑内部排水系统是将建筑内部人们日常生活和工业生产中使用过的水收集起来，及时排到室外。按系统接纳的污废水类型不同，建筑内部排水系统可分为三类：生活污水系统、生活废水系统、雨水排水系统。

(2) 排水系统的组成。

建筑内部排水系统的组成应能满足以下三个基本要求：首先，系统能迅速畅通地将污废水排到室外；其次，排水管道系统气压稳定，有害有毒气体不进入室内，保持室内环境卫生；最后，管线布置合理，简短顺直，工程造价低。

为满足上述要求，建筑内部排水系统的基本组成部分为卫生器具和生产设备的受水器、排水管道、清通设备和通气管道。在有些排水系统中，根据需要还设有污废水的提升设备和局部处理构筑物。

2．排水系统的类型

污废水排水系统通气的好坏直接影响着排水系统的正常使用，按系统通气方式和立管数目，建筑内部污废水排水系统可分为单立管排水系统、双立管排水系统和三立管排水系统。

3．排水方式的选择

如建筑为高层建筑，生活污水不能与雨水合流排除，雨水排水系统应单独设立。排水方式的选择应遵循下述各项原则。

(1) 当城市有完善的污水处理厂时，宜采用生活污水排水系统，用一个排水系统接纳生活污水和生活废水，出户后排入市政污水管道系统或合流制排水系统。

(2) 当城市无污水处理厂或污水处理厂处理能力有限，生活污水需要经局部处理时，宜分别设置生活污水排水系统和生活废水排水系统。少数污、废水负荷较小的建筑和污、废水不便分流的建筑，如办公楼、标准较低的住宅等，也可采用生活污水排水系统。

(3) 对含有有害物质、大量油脂的污、废水以及需要回收利用的污、废水，应采用单独的排水系统收集、输送，经适当处理后排除或回收利用。

采用什么方式排除污水和废水，应根据污、废水的性质、污染程度以及回收利用价值，结合市政排水系统体制，城市污水处理情况，通过技术经济比较，综合考虑。

4．排水管道的布置与敷设

室内排水管道的布置与铺设在保证排水畅通，安全可靠的前提下，还应该兼顾经济、施工、管理、美观等因素。

(1) 排水畅通，水利条件好。

(2) 保证设有排水管道的房间或场所的正常使用。

(3) 保证排水管道不受损坏。

(4) 室内环境卫生条件好。

(5) 施工安装、维护管理方便。

(6) 占地面积小，总线路短、工程造价低。

5．卫生器具的布置与敷设

(1) 根据卫生间和公共厕所的平面尺寸、所选用的卫生器具类型和尺寸布置卫生器具。既要考虑使用方便，又要考虑管线短，排水顺畅，便于维护管理。

(2) 为使卫生间使用方便，使其功能正常发挥，卫生器具的安装高度应满足相关规范的要求。

(3) 地漏应设在地面最低处易于溅水的卫生器具附近。地漏不宜设在排水支管顶端，以防止卫生器具排放的杂物在卫生器具和地漏之间横支管内沉淀。

6. 排水横支管的布置与敷设

(1) 排水横支管不宜过长，应尽量少转弯，1 根支管连接的卫生器具不宜太多。

(2) 横支管不得穿过沉降缝、烟道、风道。

(3) 横支管不得穿过有特殊卫生要求的生产厂房、食品及贵重商品仓库、通风小室和变电室。

(4) 横支管不得布置在遇水易引起燃烧、爆炸或损坏的原料、产品和设备上面，也不得布置在食堂、饮食业的主副食操作烹调的上方。

(5) 横支管距楼板和墙应有一定的距离，以便于安装和维修。

(6) 当横支管悬吊在楼板下，接有 2 个及 2 个以上大便器，或 3 个及 3 个以上卫生器具时，横支管顶端应升至上层地面设清扫口。

7. 排水横立管的布置与敷设

(1) 立管应靠近排水量大，水中杂质多，最脏的排水处。

(2) 立管不得穿过卧室、病房，也不宜靠近与卧室相邻的内墙。

(3) 立管宜靠近外墙，以减少埋地管长度，便于清通和维修。

(4) 立管应设检查口，其间距不大于 10m，但底层和最高层必须设。平顶建筑物可用通气管代替最高层的检查口。检查口中心至地面距离为 1m，并应高于该层溢流水位最低的卫生器具上边缘 0.15m。

8. 横干管及排出管的布置与敷设

(1) 排出管以最短的距离排出室外，应尽量避免在室内转弯。

(2) 建筑层数较多时，应按表 6-1 确定底部横管是否单独排出。其中最低横支管与立管连接处至立管管底的最小距离见表 6-1。

表 6-1　最低横支管与立管连接处至立管管底的最小距离

立管连接卫生器具层数/层	≤4	5～6	7～12	13～19	≥20
垂直距离/m	0.45	0.75	1.20	3.00	6.00

注：当与横干管连接的立管底部管径放大一级时，或横干管管径放大一级时，可将表中距离降低一档。

(3) 埋地不得布置在可能受重物压坏处或穿越生产设备基础。

(4) 埋地管穿越承重墙或基础处，应预留洞口，且管顶上部净空不得小于建筑物的沉降量，一般不宜小于 0.15m。

(5) 湿陷性黄土地区的排出管应设在地沟内，并应设检漏井。

(6) 距离较长的直线管段上应设检查口或清扫口。

(7) 排出管与室外排水管连接处应设检查井，检查井中心到建筑外墙距离不宜小于 3m。检查井至污水立管或排出管上清扫口的距离不大于表 6-2 给出的数值。

表6-2 室外检查井中心至污水立管或排出管上清扫口的最大长度

管径/mm	50	75	100	≥100
最大长度/m	10	12	15	20

9. 通气系统的布置与敷设

(1) 生活污水管道和散发有毒有害气体的生产污水管道应设伸顶通气管。伸顶通气管高出屋面不得小于 0.3m，但应大于该地区最大积雪厚度，屋顶有人停留时，应大于2m。

(2) 连接 4 个及 4 个以上卫生器具，且长度大于 12m 的横支管和连接 6 个或 6 个以上大便器的横支管上要设环形通气管。环形通气管应在横支管始端的两个卫生器具之间接出，在排水管横支管中心线以上，与排水横支管垂直或45°连接。

(3) 对卫生、安静要求高的建筑物内，生活污水管道宜设器具通气管。器具通气管应设在存水弯出口端。

(4) 器具通气管和环形通气管与通气立管连接处应高于卫生器具上边缘 0.15m，按不小于 0.01 的上升坡与通气立管连接。

(5) 专用通气立管每隔 2 层，主通气立管每隔 8～10 层设结合通气管与污水立管连接。结合通气管下端宜在污水横支管以下与污水立管以斜三通连接，上端可在卫生器具上边缘以上不小于 0.15m 处与通气立管以斜三通连接。

(6) 专用通气立管和主通气立管的上端可在最高层卫生器具上边缘或检查口以上不小于 0.15m 处与污水立管以斜三通连接，下端在最低污水横支管以下与污水立管以斜三通连接。

(7) 通气立管不得接纳污水、废水、雨水，通气管不得与通气管或烟道连接。

6.1.3 建筑中水系统

1. 建筑中水系统的组成

1) 中水原水系统

中水原水系统指确定为中水水源的建筑物原排水的收集系统。它可分为污、废水合流系统和污、废水分流系统。一般情况下，推荐采用污、废水分流系统。

2) 中水处理设施

(1) 预处理设施。

① 化粪池：以生活污水为原水的中水系统，必须在建筑物的粪便排水系统中设置化粪池，使污水得到初级处理。

② 格栅：其作用是截流中水原水中漂浮和悬浮的机械杂质，如毛发、布头和纸屑等。

③ 调节池：其作用是对原水流量和水质起调节均化作用，保证后续处理设备的稳定和高效运行。

中水系统.docx

(2) 主要处理设施。

① 沉淀池：通过自然沉淀或投加混凝剂，使污水中悬浮物借重力沉降作用从水中分离。

② 气浮池：通过进入污水后的压缩空气在水中析出的微波气泡，将水中比重接近于水的微小颗粒粘附，并随气泡上升至水面，形成泡沫浮渣而去除。

③ 生物接触氧化池：在生物接触氧化池内设置填料，填料上长满生物膜，污水与生物膜互相接触，在生物膜上微生物的作用下，分解流经其表面的污水中的有机物，使污水得到净化。

④ 生物转盘：其作用机理与生物接触氧化池基本相同，生物转盘每转动一周，即进行一次吸附—吸氧—氧化—分解过程，衰老的生物膜在二沉池中被截留。

(3) 后处理设施。

当中水水质要求高于杂用水时，应根据需要增加深度处理，即中水再经过后处理设施处理，如过滤、消毒等。

消毒设备主要有加氯设备和臭氧发生器。

3) 中水管道系统

(1) 中水原水集水系统是指建筑内部排水系统排放的污废水进入中水处理站，同时设有超越管线，以便出现事故，可直接排放。

(2) 中水供应系统：原水经中水处理设施处理后成为中水，首先流入中水储水池，再经水泵提升后与建筑内部的中水供水系统连接，建筑物内部的中水供水管网与给水系统相似。

2．小区中水系统的组成

小区中水系统适用于缺水城市的小区建筑物、分布较集中的新建住宅小区和高层建筑群。

室外消火栓
给水系统.docx

(1) 中水水源的选择。

中水水源一般为生活污水、冷却水、雨水等。医院污水不宜用作中水水源。一般应优先选用优质杂排水，可按下列顺序进行取舍：冷却水、淋浴排水、盥洗排水、洗衣排水、厨房排水、厕所排水。

(2) 中水供应对象。

冲洗厕所用水、喷洒用水(喷洒道路、花草、树木)、空调冷却水(补给水)、娱乐用水(水池、喷泉)。

(3) 原排水水质与水量。

洗脸、洗手、沐浴的排水比厨房排水和厕所排水污染程度低，为优质杂排水，应首先选用。

6.2 建筑消防

6.2.1 消防基础知识

1．消防系统的组成

所谓消防系统主要由两大部分组成：一部分为感应机构，即火灾自动报警系统，另一部分为执行机构，即灭火及联动控制系统。

火灾自动报警系统由探测器、手动报警按钮、报警器和警报器等构成,以完成检测火情并及时报警之用。

灭火系统的灭火方式可分为液体灭火和气体灭火两种,最常用的为液体灭火方式。如目前国内经常使用的消火栓灭火系统和自动喷水灭火系统,无论哪种灭火方式,其作用都是当接到火警信号后迅速执行灭火任务。联动系统有火灾事故照明及疏散指示标志、消防专用通信系统及防排烟设施等,均是为火灾下人员较好地疏散、减少伤亡所设。

综上所述,消防系统的主要功能是自动捕捉火灾探测区域内火灾发生时的烟雾或热气,从而发出声光报警并控制自动灭火系统,同时联动其他设备的输出接点,控制事故照明及疏散标记、事故广播及通信、消防给水和防排烟设施,以实现监测、报警和灭火的自动化。

2. 消防系统的类型

消防系统的类型,如按报警和消防方式可分为两种。

(1) 自动报警,人工消防。中等规模的旅馆在客房等处设置有火灾探测器,当火灾发生时,在本层服务台处的火灾报警器发出信号,同时在总服务台显示出某一层(或某分区)发生火灾,消防人员可根据报警情况采取相应的消防措施。

(2) 自动报警,自动消防。这种系统与上述不同点在于:在火灾发生处可自动喷洒水,进行消防。而且在消防中心的报警器附设有直接通往消防部门的电话。消防中心在接到火灾报警信号后,立即发出疏散通知(利用紧急广播系统)并开启消防泵和电动防火门等防火设备。

6.2.2 室外消火栓给水系统

1. 建筑消火栓给水系统

建筑消火栓给水系统是指为建筑消防服务的以消火栓为给水点、以水为主要灭火剂的消防给水系统,它由消火栓、给水管道、供水设施等组成。按设置区域划分,消火栓系统划分为城市消火栓给水系统和建筑物消火栓给水系统。按设置位置划分,消火栓系统划分为室外消火栓给水系统、室内消火栓给水系统。

消防给水设施包括消防水源(消防水池)、消防水泵、消防增(稳)压设施(消防气压罐)、消防水箱、水泵接合器和消防给水管网等。

消防水泵是通过叶轮的旋转将能量传递给水,从而增加了水的动能、压能,并将其输送到灭火设备处,以满足各种灭火设备的水量、水压要求,它是消防给水系统的心脏。目前消防给水系统中使用的水泵多为离心泵,因为该类水泵具有适应范围广、型号多、供水连续、可随意调节流量等优点。

这里的消防水泵主要指用水灭火系统中的消防给水泵,如消火栓泵、喷淋泵、消防转输泵等。

2. 室外消火栓系统

室外消火栓系统的任务就是通过室外消火栓为消防车等消防设备提供消防用水,或通过进户管为室内消防给水设备提供消防用水。室外消防给水系统应满足火灾扑救时各种消防用水设备对水量、水压、水质的基本要求。

室外消火栓给水系统通常是指室外消防给水系统，它是设置在建筑物外墙外的消防给水系统，主要承担城市、集镇、居住区或工矿企业等室外部分的消防给水任务的工程设施。

室外消火栓给水系统由消防水源、消防供水设备、室外消防给水管网和室外消火栓灭火设施组成。室外消防给水管网包括进水管、干管和相应的配件、附件。室外消火栓灭火设施包括室外消火栓、水带、水枪等。

6.2.3 室内消火栓给水系统

室内消火栓给水系统是建筑物应用最广泛的一种消防设施。其既可以供火灾现场人员使用消火栓箱内的消防水喉、水枪扑救初期火灾，也可供消防队员扑救建筑物的大火。室内消火栓实际上是室内消防给水管网向火场供水的带有专用接口的阀门。其进水端与消防管道相连，出水端与水带相连。室内消火栓系统如图6-7所示。

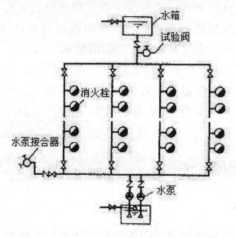

室内消防栓给水系统.mp4

图6-7 室内消火栓给水系统

室内消火栓给水系统是由消防给水基础设施、消防给水管网、室内消火栓设备、报警控制设备及系统附件等组成。

【案例6-1】某夜总会地上3层，每层建筑面积为18m×60m=1080m²，砖混结构。一层为大堂(190m²)、迪斯科舞厅(810m²)和消防控制室(80m²)，二、三层为KTV包间(每个包间的建筑面积不大于200m²)。建筑总高度为12m。在距该夜总会两侧山墙50m处各设有室外地上消火栓一个；该建筑内每层设三个DN65消火栓，采用25m水带，19mm水枪，消火栓间距为30m，并与室内环状消防给水管道相连；该建筑内还设有湿式自动喷水灭火系统，选用标准喷头，喷头间距不大于3.60m，距墙不大于1.80m。室内、外消防给水均取至市政DN200枝状管网，水压不小于0.35MPa。该建筑内2~3层走道(宽度2m，长度60m)和一层迪斯科舞厅，不具备自然排烟条件设有机械排烟系统，并在层顶设排烟机房，排烟机风量是50000m³/h。迪斯科舞厅划分两个防烟分区，最大的防烟分区面积410m²；在各KTV包间内、迪斯科舞厅内、走道、楼梯间、门厅等部位设有应急照明和疏散指示标志灯；在每层消火栓处设置5kg ABC干粉灭火器两具。

结合本案例和本节知识给出合理的室内、外消火栓给水系统的配置。

6.2.4 自动喷水灭火系统

自动喷水灭火系统是由洒水喷头、报警阀组、水流报警装置(水流指示器或压力开关)等组件，以及管道、供水设施组成，并能在发生火灾时喷水的自动灭火系统。自动喷水灭火系统在保护人身和财产安全方面具有安全可靠、经济实用、灭火成功率高等优点，广泛应用于工业建筑和民用建筑。

自动喷水灭火系统根据所使用喷头的形式，可分为闭式自动喷水灭火系统和开式自动喷水灭火系统两大类；根据系统的用途和配置状况，自动喷水灭火系统又可分为湿式系统、干式系统、雨淋系统、水幕系统、自动喷水—泡沫联用系统等。

自动喷水灭火系统.docx

1．湿式自动喷水灭火系统

湿式自动喷水灭火系统(以下简称湿式系统)由闭式喷头、湿式报警阀组、水流指示器或压力开关、供水与配水管道以及供水设施等组成，在准工作状态时管道内充满用于启动系统的有压水。湿式系统的组成如图6-8所示。

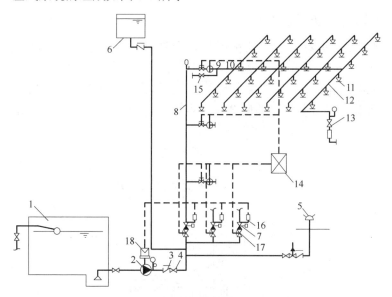

图6-8　湿式系统

1—消防水池　2—水泵　3—止回阀　4—闸阀　5—水泵接合器　6—消防水箱　7—湿式报警阀组
8—配水干管　9—水流指示器　10—配水管　11—闭式喷头　12—配水支管　13—末端试水装置
14—报警控制器　15—泄水阀　16—压力开关　17—信号阀　18—驱动电动机

2．干式自动喷水灭火系统

干式自动喷水灭火系统(以下简称干式系统)由闭式喷头、干式报警阀组、水流指示器或压力开关、供水与配水管道、充气设备以及供水设施等组成，在准工作状态时配水管道内充满用于启动系统的有压气体。干式系统的启动原理与湿式系统相似，只是将传输喷头开放信号的介质，由有压水改为有压气体。干式系统的组成如图6-9所示。

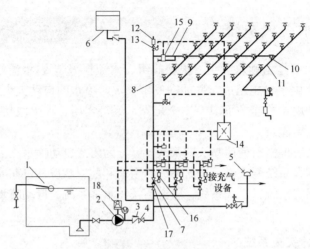

图 6-9 干式系统

1—消防水池   2—水泵   3—止回阀   4—闸阀   5—水泵接合器   6—消防水箱   7—干式报警阀组
8—配水干管   9—配水管   10—闭式喷头   11—配水支管   12—排气阀   13—电动阀
14—报警控制器   15—泄水阀   16—压力开关   17—信号阀   18—驱动电动机

3. 预作用自动喷水灭火系统

预作用自动喷水灭火系统(以下简称预作用系统)由闭式喷头、雨淋阀组、水流报警装置、供水与配水管道、充气设备和供水设施等组成，在准工作状态时配水管道内不充水，由火灾报警系统自动开启雨淋阀后，转换为湿式系统。预作用系统与湿式系统、干式系统的不同之处，在于系统采用雨淋阀，并配套设置有火灾自动报警系统。预作用系统的组成如图 6-10 所示。

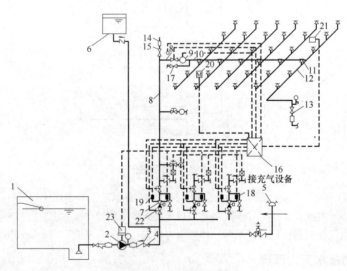

图 6-10 预作用系统

1—消防水池   2—水泵   3—止回阀   4—闸阀   5—水泵接合器   6—消防水箱   7—预作用报警阀组
8—配水干管   9—水流指示器   10—配水管   11—闭式喷头   12—配水支管   13—末端试水装置
14—排气阀   15—电动阀   16—报警控制器   17—泄水阀   18—压力开关   19—电磁阀
20—感温探测器   21—感烟探测器   22—信号阀   23—驱动电动机

4．水幕系统

水幕系统由开式洒水喷头或水幕喷头、雨淋报警阀组或感温雨淋阀、供水与配水管道、控制阀以及水流报警装置(水流指示器或压力开关)等组成，与前几种系统不同的是，水幕系统不具备直接灭火的能力，是用于挡烟阻火和冷却分隔物的防火系统。

5．自动喷水—泡沫联用系统

该系统是配置供给泡沫混合液的设备后，组成既可喷水又可以喷泡沫的自动喷水灭火系统。

【**案例6-2**】某多层丙类仓库地上3层，建筑高度20m，建筑面积12000m²，占地面积4000m²，建筑体积 72000m³，耐火等级二级。储存棉、麻、服装衣物等物品，堆垛储存，堆垛高度不大于6m。属多层丙类2项堆垛储物仓库。该仓库设消防泵房和两个 500m³ 的消防水池，消防设施有室内、室外消火栓给水系统、自动喷水灭火系统、机械排烟系统、火灾自动报警系统、消防应急照明和消防疏散指示标志、建筑灭火器等消防设施及器材。

结合本案例和本节知识给出合理的室内、室外消火栓给水系统的配置及自动喷水灭火系统的配置。

6.2.5 常见建筑消防设施

1．建筑消防设施的作用

不同建筑根据其使用性质、规模和火灾危险性的大小，需要有相应类别、功能的建筑消防设施作为保障。建筑消防设施的主要作用是及时发现和扑救火灾、限制火灾蔓延的范围，为有效地扑救火灾和人员疏散创造有利条件，从而减少火灾造成的财产损失和人员伤亡。具体的作用大致包括防火分隔、火灾自动(手动)报警、电气与可燃气体火灾监控、自动(人工)灭火、防烟与排烟、应急照明、消防通信以及安全疏散、消防电源保障等方面。建筑消防设施是保证建(构)筑物消防安全和人员疏散安全的重要设施，是现代建筑的重要组成部分。

2．建筑消防设施的分类

现代建筑消防设施种类多、功能全，使用普遍。按其使用功能不同划分，常用的建筑消防设施有以下15类。

(1) 建筑防火分隔设施。

建筑防火分隔设施是指在一定时间能把火势控制在一定空间内，阻止其蔓延扩大的一系列分隔设施，如图6-11所示。各类防火分隔设施一般在耐火稳定性、完整性和隔热性等方面具有不同要求。常用的防火分隔设施有防火墙、防火隔墙、防火门窗、防火卷帘、防火阀、阻火圈等。

(2) 安全疏散设施。

安全疏散设施是指在建筑物发生火灾等紧急情况时，及时发出火灾等险情警报，通知、引导人们向安全区域撤离并提供可靠的疏散安全保障条件的硬件设备与途径。包括安全出口、疏散楼梯(如图6-12所示)、疏散(避难)走道、消防电梯、屋顶直升机停机坪、消防应急照明和安全疏散指示标志等。

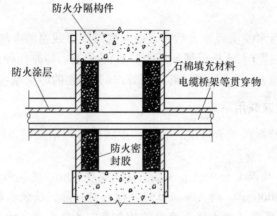

建筑防火分隔
构造.mp4

图 6-11　建筑防火分隔构造

图 6-12　疏散楼梯

(3)　消防给水设施。

消防给水设施是建筑消防给水系统的重要组成部分，其主要功能是为建筑消防给水系统储存并提供足够的消防水量和水压，确保消防给水系统供水安全。消防给水设施通常包括消防供水管道、消防水池、消防水箱(如图 6-13 所示)、消防水泵、消防稳(增)压设备、消防水泵接合器等。

(4)　防烟与排烟设施。

建筑的防烟设施可分为机械加压送风的防烟设施和可开启外窗的自然排烟设施。建筑的排烟设施可分为机械排烟设施和可开启外窗的自然排烟设施，如图 6-14 所示。建筑机械防烟、排烟设施，是由送排风管道、管井、防火阀、门开关设备、送排风机等设备组成。

图 6-13　耐高温不锈钢消防水箱

图 6-14　防排烟设施示意图

(5) 消防供配电设施。

消防供配电设施是建筑电力系统的重要组成部分,消防供配电系统主要包括消防电源、消防配电装置、线路等方面。消防配电装置是从消防电源到消防用电设备的中间环节。

(6) 火灾自动报警系统。

火灾自动报警系统由火灾探测触发装置、火灾报警装置、火灾警报装置以及具有其他辅助功能的装置组成,如图6-15所示。此系统能在火灾初期,将燃烧产生的烟雾、热量、火焰等物理量,通过火灾探测器变成电信号,传输到火灾报警控制器,并同时显示出火灾发生的部位、时间等,使人们能够及时发现火灾,并及时采取有效措施。火灾自动报警系统按应用范围可分为区域报警系统、集中报警系统、控制中心报警系统三类。

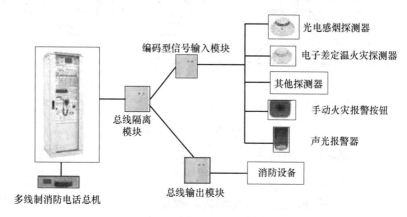

图6-15 火灾自动报警系统

(7) 自动喷水灭火系统。

自动喷水灭火系统是由洒水喷头、报警阀组、水流报警装置(水流指示器、压力开关)等组件以及管道、供水设施组成,并能在火灾发生时响应并实施喷水的自动灭火系统。依照采用的喷头不同可分为两类:采用闭式洒水喷头的为闭式系统,包括湿式系统(如图6-16所示)、干式系统、预作用系统、简易自动喷水系统等;采用开式洒水喷头的为开式系统,包括雨淋系统、水幕系统等。

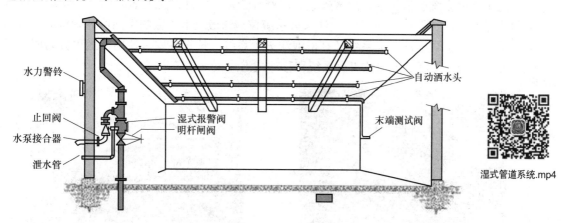

湿式管道系统.mp4

图6-16 湿式管道系统

(8) 水喷雾灭火系统。

水喷雾灭火系统是利用专门设计的水雾喷头，在水雾喷头的工作压力下将水流分解成粒径不超过 1mm 的细小水滴进行灭火或防护冷却的一种固定灭火系统，如图 6-17 所示。其主要灭火机理为表面冷却、窒息、乳化和稀释作用，具有较高的电绝缘性能和良好的灭火性能。该系统按启动方式可分为电动启动和传动管启动两种类型；按应用方式可分为固定式水喷雾灭火系统、自动喷水—水喷雾混合配置系统、泡沫—水喷雾联用系统三种类型。

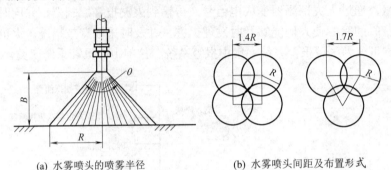

(a) 水雾喷头的喷雾半径   (b) 水雾喷头间距及布置形式

图 6-17   水雾喷头的平面布置方式

R—水雾锥底圆半径(m)；B—喷头与保护对象间距(mm)；θ—喷头雾化角

(9) 细水雾灭火系统。

细水雾灭火系统是由供水装置、过滤装置、控制阀、细水雾喷头等组件和供水管道组成，能自动和人工启动并喷放细水雾进行灭火或控火的固定灭火系统，如图 6-18 所示。该系统的灭火机理主要是表面冷却、窒息、辐射热阻隔和浸湿以及乳化作用，在灭火过程中，几种作用往往同时发力，从而有效灭火。细水雾灭火系统按工作压力可分为低压系统、中压系统和高压系统；按应用方式可分为全淹没系统和局部应用系统；按动作方式可分为开式系统和闭式系统；按雾化介质可分为单流体系统和双流体系统；按供水方式可分为泵组式系统、瓶组式系统、瓶组与泵组结合式系统。

(10) 泡沫灭火系统。

泡沫灭火系统由消防泵、泡沫贮罐、比例混合器、泡沫产生装置、阀门及管道、电气控制装置组成，如图 6-19 所示。泡沫灭火系统按泡沫液发泡倍数的不同可分为低倍数泡沫灭火系统、中倍数泡沫灭火系统及高倍泡沫灭火系统；按设备安装使用方式可分为固定式泡沫灭火系统、半固定式泡沫灭火系统和移动式泡沫灭火系统。

图 6-18   细水雾灭火系统

图 6-19   泡沫灭火系统

(11) 气体灭火系统。

气体灭火系统是指平时灭火剂以液体、液化气体或气体状态存贮于压力容器内,灭火时以气体(包括蒸汽、气雾)状态喷射灭火介质的灭火系统,如图 6-20 所示。该系统能在防护区空间内形成各方向均一的气体浓度,而且至少能保持该灭火浓度达到规范规定的浸渍时间,实现扑灭该防护区的空间、立体火灾。气体灭火系统按灭火系统的结构特点可分为管网灭火系统和无管网灭火装置;按防护区的特征和灭火方式可分为全淹没灭火系统和局部应用灭火系统;按一套灭火剂贮存装置保护防护区的多少可分为单元独立系统和组合分配系统。

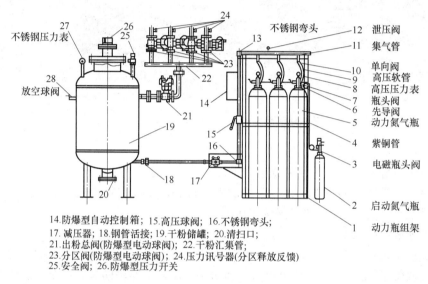

14.防爆型自动控制箱; 15.高压球阀; 16.不锈钢弯头;
17.减压器; 18.钢管活接; 19.干粉储罐; 20.清扫口;
21.出粉总阀(防爆型电动球阀); 22.干粉汇集管;
23.分区阀(防爆型电动球阀); 24.压力讯号器(分区释放反馈)
25.安全阀; 26.防爆型压力开关

图 6-20 气体灭火系统

(12) 干粉灭火系统。

干粉灭火系统由启动装置、氮气瓶组、减压阀、干粉罐、干粉喷头、干粉枪、干粉炮、电控柜、阀门和管系等零部件组成,一般为火灾自动探测系统与干粉灭火系统联动,如图6-21所示。干粉灭火系统利用氮气瓶组内的高压氮气经减压阀减压后,使氮气进入干粉罐,其中一部分氮气被送到干粉罐的底部,起到松散干粉灭火剂的作用。随着罐内压力的升高,使部分干粉灭火剂随氮气进入出粉管并被送到干粉固定喷嘴或干粉枪、干粉炮的出口阀门处,当干粉固定喷嘴或干粉枪、干粉炮的出口阀门处的压力到达一定值后,打开阀门(或者定压爆破膜片自动爆破),压力能迅速转化为速度能,高速的气粉流便从固定喷嘴(或干粉枪、干粉炮的喷嘴)中喷出,射向火源,切割火焰,破坏燃烧链,起到迅速扑灭或抑制火灾的作用。

(13) 可燃气体报警系统。

可燃气体报警系统即可燃气体泄漏检测报警成套装置。当系统检测到泄漏可燃气体浓度达到报警器设置的爆炸临界点时,可燃气体报警器就会发出报警信号,提醒消防人员及时采取安全措施,防止发生气体大量泄漏以及爆炸、火灾、中毒等事故。按照使用环境可以分为工业用气体报警器和家用燃气报警器,按自身形态可分为固定式可燃气体报警器和便携式可燃气体报警器。按工作原理可分为传感器式报警器、红外线探测报警器、高能量

回收报警器。

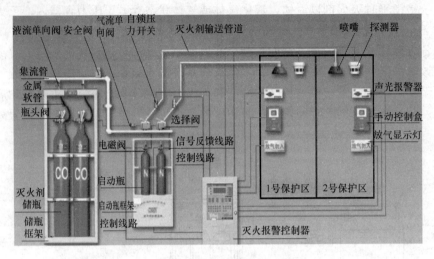

贮气瓶型超细
干粉系统.mp4

图 6-21　贮气瓶型超细干粉灭火系统

(14) 消防通信设施。

消防通信设施指专门用于消防检查、演练、火灾报警、接警、安全疏散、消防力量调度以及与医疗、消防等防灾部门之间联络的系统设施。主要包括火灾事故广播系统、消防专用电话系统、消防电话插孔以及无线通信设备等。

(15) 移动式灭火器材。

移动式灭火器材是相对于固定式灭火器材设施而言的，即可以人为移动的各类灭火器具，如灭火器(如图 6-22 所示)、灭火毯、消防梯、消防钩、消防斧、安全锤、消防桶等。除此以外，还有一些其他的器材和工具在火灾等不利情况下，也能够发挥灭火和辅助逃生等消防功效，如防毒面具、消防手电、消防绳、消防沙、蓄水缸等。

移动式灭火器.mp4

图 6-22　移动式灭火器

1—车架总成　2—喷筒总成　3—保险装置　4—器头总成　5—筒体总成　6—防护圈

6.3 建筑采暖、空调、通风及防排烟

6.3.1 建筑采暖

采暖工程包括室外供热管网和室内采暖系统两大部分。

1. 室外供热管网

室外供热管网的任务是将锅炉生产的热能，通过蒸汽、热水等热媒输送到室内采暖系统，以满足生产、生活的需要。室外供热管网根据输送的介质不同，可分为蒸汽管网和热水管网两种；按其工作压力不同可分为低压、中压和高压三种。室外供热管网本课程不作介绍。

2. 室内采暖系统

室内采暖系统根据室内供热管网输送的介质不同，也可分为热水采暖系统和蒸汽采暖系统两大类。

(1) 热水采暖系统。

热水采暖系统按供水温度可分为一般热水采暖(供水温度 95℃，回水温度 70℃)和高温热水采暖(供水温度 96～130℃，回水温度 70℃)两种；按水在系统内循环的动力可分为自然循环系统(靠水的重度差进行循环)和机械循环系统(靠水泵力进行循环)两种，分别如图 6-23、图 6-24 所示。

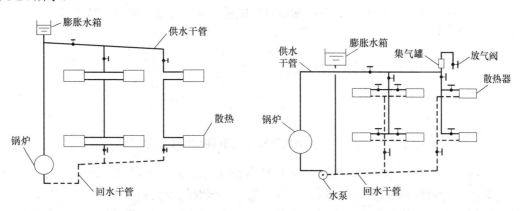

图 6-23 自然循环上分式单管系统　　　　图 6-24 机械循环上分式双管系统

(2) 蒸汽采暖系统。

蒸汽采暖系统按压力不同可分为低压蒸汽采暖(蒸汽工作压力≤0.07MPa)和高压蒸汽采暖(蒸汽工作压力>0.07MPa)两种。按凝结水回水方式不同可分为重力回水式蒸汽采暖系统和机械回水式蒸汽采暖系统两种，分别如图 6-25、图 6-26 所示。

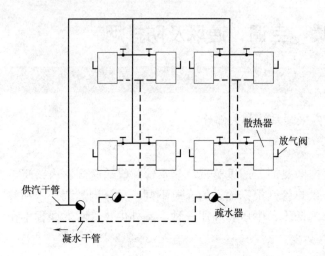

图 6-25　重力回水式双管上分式
蒸汽采暖系统

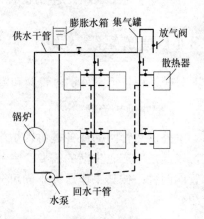

图 6-26　机械回水式双管上分式
蒸汽采暖系统

3．室内采暖系统的组成

室内采暖系统是由入口装置、室内采暖管道、管道附件、散热器等组成的。

室内采暖系统.mp4

（1）入口装置。

室内采暖系统与室外供热管网相连接处的阀门、仪表和减压装置统称为采暖系统入口装置。热水采暖系统常用设调压板的入口装置，如图 6-27 所示。

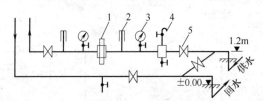

图 6-27　热力采暖系统设调压板的入口装置

从图 6-28 可知，在入口装置中及入口处常设低压设备减压器与疏水器。减压器是靠阀孔的启闭对通过介质进行节流达到减压目的的，减压阀的安装是以阀组的形式出现的。阀组由减压阀、前后控制阀、压力表、安全阀、冲洗管、冲洗阀、旁通管、旁通阀及螺纹连接的三通、弯头、活接头等管件组成，此阀组则称为减压阀；疏水器与减压阀相类似，它也是由疏水器和前后的控制阀、旁通装置、冲洗和检查装置等组成的阀组的合称，如图 6-29 所示。

减压阀、疏水器、安全阀等有时根据需要也可单体安装，如图 6-30 所示。

（2）室内采暖管道。

室内采暖管道是由供水(气)干管、立管及支管组成的，其管道安装要求基本上同给水管道。

（3）管道附件。

采暖管道上的附件有阀门、放气阀、集气罐、膨胀水箱、伸缩器等。

放气阀一般设在供气干管上的最高点,当管道水压试验前充水和系统启动时,利用此阀可排除管道内的空气。集气罐一般装在热水采暖管道系统中供水干管的末端(高点),用于排除系统中的空气。但也可装在排气阀和膨胀水箱,排除系统及散热器组内的空气。

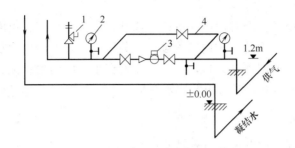

图 6-28　蒸汽凝结水管的减压装置

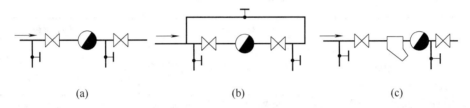

图 6-29　疏水器组

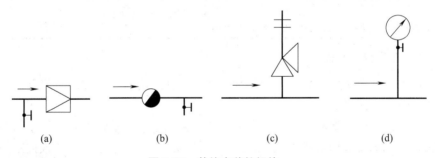

图 6-30　单体安装的阀体

6.3.2　建筑空调

一栋理想的建筑,不仅具有合理的平面和空间布局,而且具有完善的功能——有方便工作、学习、生活的设施;有满足人们视觉、听觉、热感觉、生理要求的舒适环境。设计这样的建筑,需要依靠建筑师和各专业工程师共同合作方能完成。提供一个舒适的环境。在设计时,暖通空调工程师应当与建筑师、其他专业工程师互相提供信息,充分协调,解决矛盾,以获得暖通空调与建筑总体的完美设计搭配。

暖通空调系统的评价指标:①经济性指标(初投资和运行费用,或其他综合费用);②功能指标(对室内温度、湿度或其他参数的控制);③能耗指标(优先选用节能的系统、产品);④系统与建筑的协调性(系统与装修,系统与建筑空间、平面的协调性);⑤其他(维护管理的方便性,噪声,对环境的影响)。

以下我们主要介绍几种空调方式。

1. 客房部分空调方式

客房是旅馆建筑的主体。目前客房空调使用最为普遍，公认最为适宜的是风机盘管+独立新风系统。

建筑特点：在旅馆的标准客房中，房门内通常布置有小走廊、走廊一侧为卫生间，另一侧为壁橱。通常在小走廊的吊顶内设置卧式暗装风机盘管。出风口从小走廊的吊顶内伸入客房，在门洞上部设双层百叶风口，回风口布置在小走廊的吊顶上。这种布置方式的气流组织属于上侧送上回方式，气流组织比较理想。

2. 卫生间的排风

卫生间的排风方式、特点及适用对象见表 6-3。

表 6-3　卫生间的排风

方　式	特　点	适用对象
卫生间装排气风扇和防火阀(70℃)，屋顶装排风机(排气风扇和屋顶风机连锁)	通风效果好，能满足防火要求。竖井始终保持负压，各楼层间不会发生交叉污染	卫生标准要求较高的高层住宅、宾馆客房卫生间
屋顶装排风机，各卫生间排风口装防火阀	屋顶风机风量、风压较大，否则不易保证竖向各卫生间的排风效果	层数不宜太高，适用于高层建筑公共卫生间
各卫生间装设普通排气风扇，竖井依然靠热压自然排风	通风效果好，但排风竖井受气候影响较大，有时会倒灌	适用于卫生标准不太高的宾馆

3. 大堂部分空调方式

建筑特点：大堂是旅馆的门面和旅客活动的公共场所，一般装修豪华且净空较高，大型旅馆常与中庭结合起来。

空调系统：旅馆大堂属于大空间空调，通常采用全空气空调方式。较小的中、小型旅馆，也有采用风机盘管加新风系统，或立柜空调机组方式。全空气系统根据空间大小与建筑装修配合，可设计成喷口送风，顶送、侧送或周边低区的吊顶条缝送风等形式。大堂空调系统比较大时，一般应设计成一个独立的系统。

在寒冷地区，大堂空调供暖时应特别注意，因为门厅往往有大面积的玻璃窗，为防止冬季靠窗部位受寒冷气候影响，以及内表面结露，热风应沿玻璃窗下送或上送来设计风口(如条缝形送风口)。大堂入口，应设旋转门或风幕。

4. 餐厅、宴会厅和多功能厅

这些餐厅在使用中，客人的密集程度差别很大，且使用时间较集中在几个时段内。空调方式可根据空间大小，层高等具体情况，采用全空气系统或风机盘管加新风方式。考虑到节能和室内负荷的多变，也可采用变风量空调方式。对于多功能厅，常用活动隔断，送、回风口的布置应考虑到适应不同隔断的需要；对于与厨房相通的餐厅和宴会厅，必须做好空调系统与厨房通风系统的协调，保证餐厅、宴会厅内正压，避免厨房的油烟等串入餐厅、宴会厅。

5. 办公楼常用空调方式

大型办公楼，基于内、外区两部分区域的两种截然不同的空调负荷要求，可在平面上进行分区，内区夏季供冷，冬季根据需要供冷、供暖或仅送新风；外区夏季供冷，冬季供暖。内外区一般以周边外维护结构内沿 5~6m 为界。

大开间布局的建筑平面，可能将由业主根据出租情况自由进行分隔。这种情况下，空调系统也必须能够适应各种可能出现的平面分隔，或者能够根据分隔情况，做出必要而又简单的更改，从而保证在整个建筑平面均有良好的空调效果。

6. 中小型办公楼空调方式

对于中小型或平面形状呈长条形或房间进深较小的办公楼建筑，通常可不分内外区，一般采用全空气系统或者风机盘管+新风系统的空调方式，也可用分散式的水环热泵系统或 VRV 多联机系统。

7. 商场建筑空调系统

1) 商场建筑室内空调的特点

商场建筑的功能不同于旅馆和办公楼，室内空调有下述一些特点。

(1) 商场建筑空间大，室内人员多，照明设备多，故空调冷负荷和新风负荷大。

(2) 商品种类多，营业厅布局常有变动，要求空调设备具有一定的灵活性。

(3) 大商场内有些营业厅人员密度大，有些密度小，在确定空调机组容量和空调分区时，应加以区别。

(4) 有些商业建筑趋向多功能化，除了商业空间外，还设有会场、剧场、餐厅等，其空调系统应考虑分区。

(5) 商场出入口人流频繁，在寒冷地区的冬季，为防止或减少室外冷风的入侵，往往设置前室并使用热风幕。

(6) 在过渡季节，为推迟或少开制冷机，应充分利用新风供冷。

(7) 根据建筑防火规范的要求，设置防排烟装置。

2) 商场空调负荷特点

(1) 大、中型商场有较大的内区，人员多，因此人员负荷和按人计算的新风负荷将占冷负荷的大部分，而建筑维护结构负荷的比例很小。正确估计人员密度直接影响到设计冷负荷计算的精度。地处繁华商业区，经营服装、针织品、儿童用品、副食等商品的营业区，多层建筑中的一、二层人员密度大，宜取大值。地处非商业区，经营工艺品、珠宝、首饰、钟表、文教体育用品、精品、高档商品，多层建筑中的顶上一、二层，人员密度小，宜取小值。

(2) 灯光负荷是不均匀的，当无具体灯光功率分布的数据时，可按如下方法取值：①一般的营业厅平均为 20~40W/m²；②珠宝金银首饰或需特殊展示商品的区域平均为 60~80W/m²；③休息区、接待区、洗手间等平均为 20W/m²。

(3) 商场的发热设备主要有自动扶梯、食品冷藏陈列柜。

①自动扶梯为 7.5~11kW/台；②冷却(0℃左右)食物柜：卧式约为 190W/m；立式约为 650W/m；③冷冻(-18~-12℃)物陈列柜：卧式约为 300W/m；立式约为 1400W/m。

3) 商场空调的缺点

商场特点是空间大、装饰要求高，冷负荷中湿负荷较大，室内污染物较多，一般不宜采用风机盘管加新风系统。因为该系统有以下难以克服的缺点：①风机盘管的盘管为 2～3 排，除湿能力低；②风机盘管无空气过滤器或只有效率很低的过滤器，且机外余压很小，无法再增设初、中效过滤器；③每台机组的制冷量很小，在营业厅中装太多的风机盘管，管理和维修均不方便。

6.3.3 建筑通风及防排烟

通风是借助换气稀释或通风排除等手段，控制空气污染物的传播与危害，实现室内外空气环境质量保障的一种建筑环境控制技术。通风系统就是实现通风这一功能，包括进风口、排风口、送风管道、风机、降温及采暖、过滤器、控制系统以及其他附属设备在内的一整套装置。

1．通风系统的分类

按通风动力分类：自然通风、机械通风；按照通风服务范围分类：全面通风、局部通风；按气流方向分类：送(进)、排风(烟)；按通风目的分类：一般换气通风、热风供暖、排毒与除尘、事故通风、防护式通风、建筑防排烟等；按动力所处的位置分类：动力集中式和动力分布式。

2．通风系统的功能

(1) 用室外的新鲜空气更新室内由于居住及生活过程而污染了的空气，以保持室内空气的洁净度达到某一最低标准。

(2) 增加体内散热及防止由皮肤潮湿引起的不舒适，此类通风可称为热舒适通风。

(3) 当室内气温高于室外的气温时，使建筑构件降温，此类通风名为建筑的降温通风。

通风系统.docx

3．防排烟系统

防排烟系统是防烟系统和排烟系统的总称，如图 6-31 所示。防烟系统采用机械加压送风方式或自然通风方式，防止烟气进入疏散通道的系统；排烟系统采用机械排烟方式或自然通风方式，将烟气排至建筑物外的系统。

图 6-31 防排烟系统

4．机械防排烟系统

防排烟系统都是由送排风管道、管井、防火阀、门开关设备、送排风机等设备组成。防烟系统设置形式为楼梯间正压。机械排烟系统的排烟量与防烟分区有着直接的关系。高层建筑的防烟设施应分为机械加压送风的防烟设施和可开启外窗的自然排烟设施。

5．自然防排烟系统

防烟楼梯间前室或合用前室，利用敞开的阳台、凹廊或前室内不同朝向的可开启外窗自然排烟时，该楼梯间可不设排烟设施。利用建筑的阳台、凹廊或在外墙上设置，便于开启的外窗或排烟进行无组织的自然排烟方式。自然排烟系统应设于房间的上方，在距顶棚或顶板下 800mm 以内，其间距以排烟口的下边缘计。自然进风应设于房间的下方，在房间净高的 1/2 以下。其间距以进风口的上边缘计。内走道和房间的自然排烟口，至该防烟分区最远点应在 30m 以内。自然排烟窗、排烟口、送风口应设开启方便、灵活的装置。

6.4 建筑电气与智能化建筑

6.4.1 供配电系统

建筑供配电系统的安全可靠性是电气设计的出发点和归宿。除了保证满足电气负荷要求和做好供配电线路设计外，设计时还应注意采取措施做好系统的防雷及防雷击电磁脉冲，并尽量减少高次谐波分量。同时电气设备应尽量采用技术先进、可靠性高的产品，以确保电气工程质量，保证其安全可靠性。

1．供配电系统的重要性

供配电系统的安全可靠性在电气设计时是至关重要的一环。电力负荷根据对供电可靠性的要求及中断供电的损失和影响程度可分为一级负荷、二级负荷、三级负荷。一类高层建筑的消防控制室、消防水泵、消防电梯、火灾自动报警、自动灭火系统、应急照明等消防设备为一级负荷，还有柴油发电机房送风机、专用变电所所用的送、排风机及消防水泵房、消防电梯所用的污水泵等设备应与消防设备等级一致。一级负荷中特别重要的负荷，除有两个电源外，还必须增设应急电源。为保证对特别重要负荷的供电，严禁将其他负荷接入应急供电系统。

2．供电系统的设计

负荷等级的计算：负荷等级的确定应按有关规范进行。一般情况下，高层建筑负荷等级也可按以下方法确定：一级负荷包括疏散楼梯、消防电梯前室及地下室的应急照明、消防水泵、排烟风机、消防电梯等；二级负荷包括部分客梯电力、生活泵电力；三级负荷包括一、二级负荷以外的其他用电负荷。

供电系统.docx

（1）一级负荷。

中断供电将造成人身伤亡者，造成重大政治影响和经济损失，或造成公共场所秩序严

重混乱的电力负荷，属于一级负荷。如国家级的大会堂、国际候机厅、医院手术室、省级以上体育场(馆)等建筑的电力负荷。对于某些特殊建筑，如重要的交通枢纽、重要的通信枢纽、国宾馆、国家级及承担重大国事活动的会堂、国家级大型体育中心，以及经常用于重要国际活动的大量人员集中的公共场所等的一级负荷，为特别重要负荷。一级负荷应由两个电源供电，一用一备，当一个电源发生故障时，另一个电源应不致同时受到损坏。一级负荷中的特别重要负荷，除上述两个电源外，还必须增设应急电源。为保证对特别重要负荷的供电，禁止将其他负荷接入应急供电系统。

常用的应急电源可有以下几种：独立于正常电源的发电机组、供电网络中有效的独立于正常电源的专门馈电线路、蓄电池。

(2) 二级负荷。

当中断供电将造成较大政治影响、较大经济损失或将造成公共场所秩序混乱的电力负荷，属于二级负荷。如省部级的办公楼、甲等电影院、市级体育场馆、高层普通住宅、高层宿舍等建筑的照明负荷。对于二级负荷，要求采用两个电源供电，一用一备，两个电源应做到当发生电力变压器故障或线路常见故障时不致中断供电(或中断供电后能迅速恢复)。在负荷较小或地区供电条件困难时，二级负荷可由一路 6kV 及以上的专用架空线供电。

(3) 三级负荷。

不属于一级和二级负荷的一般电力负荷，均属于三级负荷。三级负荷对供电电源无要求，一般为一路电源供电即可，但在可能的情况下，也应提高其供电的可靠性。

6.4.2　建筑电气照明工程

电气照明是通过照明电光源将电能转换成光能，在夜间或天然采光不足的情况下，创造一个明亮的环境，以满足生产、生活和学习的需要。合理的电气照明对于保证安全生产、改善劳动条件、提高劳动生产率、减少生产事故、保证产品质量、保护视力及美化环境都是必不可少的。电气照明已成为建筑电气一个重要组成部分。

1. 照明方式和种类

(1) 照明方式。

照明方式有一般照明、局部照明、混合照明，如图 6-32 所示。

(a) 一般照明　　　　　(b) 局部照明　　　　　(c) 混合照明

图 6-32　照明方式

(2) 照明种类。

正常照明、应急照明、值班照明、警卫照明、障碍照明、装饰照明、艺术照明等。

(3) 照明质量。

衡量照明质量的好坏，主要有照度合理、照度均匀、照度稳定、避免眩光、光源的显色性、频闪效应的消除等。

2．照明电光源与灯具

下面介绍几种常用的照明电光源。

(1) 白炽灯。

白炽灯是最早出现的光源，即所谓第一代光源，如图 6-33 所示。它是将灯丝加热到白炽的程度，利用热辐射发出可见光。白炽灯具有显色性好、结构简单、使用灵活、能瞬时点燃、无频闪现象、可调光、可在任意位置点燃、价格便宜等特点。因其极大部分辐射为红外线，故光效最低，按照节能要求，应限制使用。

(2) 卤钨灯。

卤钨灯也是一种热辐射光源，如图 6-34 所示。灯管多采用石英玻璃，灯头一般为陶瓷制，灯丝通常做成螺旋形直线状，灯管内充入适量的氩气和微量卤素碘或溴，因此，常用的卤钨灯有碘钨灯和溴钨灯。卤钨灯的发光原理与白炽灯相同，但它利用了卤钨循环的作用，使卤钨灯比普通白炽灯光效高，寿命长，光通量更稳定，光色更好。

图 6-33　白炽灯泡实物

图 6-34　卤钨灯实物

(3) 荧光灯。

荧光灯是一种低压汞蒸汽放电灯，如图 6-35 所示。荧光灯具有表面亮度低、表面温度低、光效高、寿命长、显色性较好、光通分布均匀等特点。它被广泛用于进行精细工作、照度要求高或进行长时间紧张视力工作的场所，目前直管形三基色荧光灯常用的有 T5、T8 系列，T5 系列更节能。

(a) 直管形

(b) 环形

(c) 紧凑形

荧光灯.mp4

图 6-35　荧光灯实物

(4) 高压汞灯。

高压汞灯发光原理和荧光灯一样，只是构造上增加一个内管。它是一种功率大，发光效率高的光源，常用于空间高大的建筑物中，悬挂高度一般在 5m 以上，如图 6-36 所示。

由于它的光色差，在室内照明中可与白炽灯、碘钨灯等光源混合使用。多用于车间、礼堂、展览馆等室内照明，或道路、广场的室外照明。

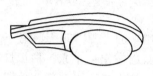

高压汞灯.mp4

图 6-36　高压汞灯

(5) 高压钠灯。

高压钠灯是利用高压钠蒸汽放电而工作的，具有光效高、紫外线辐射小、透雾性能好、光通维持性好、可任意位置点燃、耐震等特点，但显色性差。它广泛用于道路照明，当与其他光源混光后，可用于照度要求高的高大空间场所。高压钠灯如图 6-37 所示。

高压钠灯.docx

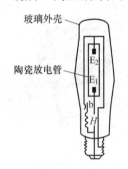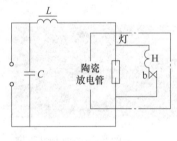

(a) 原理图　　　　　　　　　　　　　　　　(b) 灯管外形

图 6-37　高压钠灯原理及实物

(6) 金属卤化物灯。

金属卤化物灯与高压汞灯类似，但在放电管中除了充有汞和氢气外，还加充了发光的金属卤化物(以碘化物为主)。金属卤化物灯发光效率高、显色性能好、但平均寿命短。金属卤化物灯如图 6-38 所示。

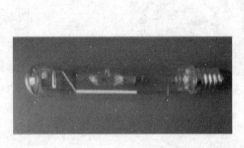

图 6-38　金属卤化物灯实物

(7) LED 节能灯。

LED 灯是利用注入式电致发光原理制作的二极管，叫发光二极管，属于典型的绿色照明光源，且有发光效率高、光线质量高、无辐射，而且可靠耐用、维护费用极为低廉等优点，LED 将是未来室内照明的主流。但目前我国 LED 产品开发技术水平还较低，成本也较高。

3．电光源的分类

电光源按发光原理可分为热辐射光源、气体放电光源和场致光源。各种电光源的适用场所及举例见表 6-4。

表 6-4 各种电光源的适用场所及举例

光源名称	适用场所	举例
白炽灯	1．照明开关频繁，要求瞬时启动或要避免频闪效应的场所；2．识别颜色要求较高或艺术需要的场所；3．局部照明、事故照明；4．需要调光的场所；5．需要防止电磁波干扰的场所	住宅、旅馆、饭馆、美术馆、博物馆、剧场、办公室、层高较低及照度要求也较低的厂房、仓库及小型建筑等
卤钨灯	1．照度要求较高，显色性要求较好，且无震动的场所；2．要求频闪效应小的场所；3．需要调光的场所	剧场、体育馆、展览馆、大礼堂、装配车间、精密机械加工车间
荧光灯	1．悬挂高度较低(例如 6m 以下)，要求照度又较高者(例如 100lx 以上)；2．识别颜色要求较高的场所；3．在无自然采光和自然采光不足而人们需长期停留的场所	住宅、旅馆、饭馆、商店、办公室、阅览室、学校、医院、层高较低但照度要求较高的厂房、理化计量室、精密产品装配、控制室等
荧光高压汞灯	1．照度要求较高，但对光色无特殊要求的场所；2．有震动的场所(自镇流式高压汞灯不适用)	大中型厂房、仓库、动力站房、露天堆场及作业场地、厂区道路或城市一般道路等
金属卤化物灯	高大厂房，要求照度较高，且光色较好场所	大型精密产品总装车间、体育馆或体育场等
高压钠灯	1．高大厂房，照度要求较高，但对光色无特别要求的场所；2．有震动的场所；3．多烟尘场所	铸钢车间、铸铁车间、冶金车间、机加工车间、露天工作场地、厂区或城市主要道路、广场或港口等
LED 节能灯	应用主要集中在商业照明领域，以装饰性照明为主	显示、交通标志、汽车电子、背光源、建筑照明、建筑装饰等

6.4.3 建筑防雷、接地、接零保护

1．防雷保护措施

雷电过电压会危及供电设备和人身安全，其危害形式分为三种：直击雷、雷电感应、雷电波侵入。针对这三种雷电危害人类发明了相应的防雷保护设施，有避雷针、避雷网、避雷带、阀型避雷器等。

避雷针.docx

1) 避雷针

避雷针是一种常见的防雷设施，它通过高于被保护物的避雷功能，将雷电电流导入大地，从而保护人身及设备安全。

避雷针保护范围(如图 6-39 所示)。

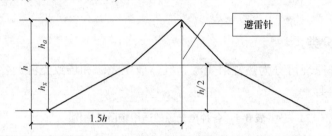

图 6-39　避雷针保护范围计算

(1) 对地面保护半径。

$$r=1.5h \tag{6-1}$$

式中：r——保护半径(m)；

　　　h——避雷针高度(m)。

(2) 对保护物 h_x 高度水平保护半径。

$$h_x \geqslant h/2 \text{ 时，} r_x=h-h_{xp}=h_a \tag{6-2}$$

$$h_x < h/2 \text{ 时，} r_x=1.5h-2h_{xp} \tag{6-3}$$

式中：h_x——被保护物高度(m)；

　　　r_x——在 h_x 水平上保护半径(m)；

　　　h_a——避雷针有效高度(m)；

　　　p——高度影响系数。

2) 避雷线

避雷线和避雷针一样，可将雷电引向自己并导入大地。

3) 阀型避雷器

阀型避雷器由火花间隙和电阻盘串联组成，当电力系统出现危险过电压时，火花间隙被击穿，将雷电流引入大地。

2．建筑物、构筑物的防雷分类

民用建筑防雷分类如下所述。

① 一类：具有重大政治意义的建筑物，如国家机关、车站、机场、展览馆等，应有直击雷、雷电感应、雷电波侵入的保护设施；②二类：重要公共建筑物，如商场、影剧院、高度在 15m 以上的建筑物和构筑物。

3．接地的分类

在电气工程上，接地主要可分为五种：工作接地；保护接地；保护接零；重复接地和防雷接地。

4．接地体布置方式

接地布置根据安全、技术、地理位置等要求，可分为条状、环状、放射形多种，如图 6-40

所示。

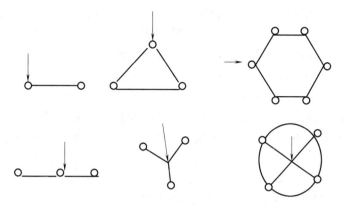

图 6-40　接地体布置方式

5．接地电阻值的要求

(1)　大接地短路电流系统：接地电阻≤0.5Ω。

(2)　工作接地：接地电阻≤4Ω。

(3)　保护接地：低压接地电阻≤4Ω高压接地电阻≤10Ω。

(4)　重复接地：接地电阻≤10Ω。

(5)　避雷针：接地电阻≤10Ω。

(6)　阀型避雷器：接地电阻≤5Ω。

(7)　民用建筑防雷：接地电阻为 10～30Ω。

音频.接地电阻值
的要求.mp3

6．接地装置巡视检查内容

(1)　电气设备与接地线连接处、断接卡子处的连接有无松动现象。

(2)　接地线有无损伤、断股及腐蚀现象。

(3)　人工接地体周围地面上，不应堆放或倾倒有强烈腐蚀性的物质。

(4)　明装接地线表面油漆有无脱落现象。

(5)　移动式电气设备接地线是否良好，有无断股现象。

7．接地装置维修

运行中的接地装置，若发现下列情况之一者应及时进行维修。

(1)　接地线连接处，有焊缝开裂或接触不良者。

(2)　电力设备与接地线连接处螺栓松动者。

(3)　接地线有机械损伤、断股或化学腐蚀者。

(4)　接地体由于洪水冲刷或取土露出地面者。

(5)　测量的接地电阻阻值不合格者。

6.4.4　智能化建筑

智能化建筑是随着人类对建筑内外信息交换、安全性、舒适性、便利性和节能性的要

求提高而产生的。智能建筑及节能行业强调用户体验，具有内生发展动力。建筑智能化提高客户工作效率，提升建筑适用性，降低使用成本，已经成为发展趋势。有数据显示，2012年我国新建建筑中智能化建筑的比率仅为26%左右，远低于美国的70%、日本的60%，市场拓展空间巨大。《中国智能建筑行业发展前景与投资战略规划分析报告前瞻》显示，我国建筑业产值的持续增长推动了建筑智能化行业的发展，智能建筑行业市场在2005年首次突破200亿元之后，也以每年20%以上的增长态势发展，2012年市场规模达到861亿元。

我国智能建筑行业仍处于快速发展期，随着技术的不断进步和市场领域的延伸，未来几年智能建筑市场前景仍然巨大。同时，随着我国城镇化建设的不断推进，也给智能建筑的发展提供了沃土。我国平均每年要建20亿平方米左右的新建建筑，预计这一过程还要持续25～30年。按照"十三五"末国内新建建筑中智能建筑占新建建筑比率30%计算，该比率提高近一倍。未来三年智能建筑市场规模增速将维持在25%左右，2013年市场将超千亿元规模。

实现建筑智能化的目的，是为用户创造一个安全、便捷、舒适、高效、合理的投资和低能耗的生活或工作环境，在建筑物内设置的任何设施与系统都要服从于这个目标，否则建筑智能化就失去了意义。

建筑智能化工程又称弱电系统工程，主要指通信自动化(CA)、楼宇自动化(BA)、办公自动化(OA)、消防自动化(FA)和保安自动化(SA)，简称5A。

常见系统有：①消防报警系统；②闭路监控系统；③停车场管理系统；④楼宇自控系统；⑤背景音乐及紧急广播系统；⑥综合布线系统；⑦有线电视及卫星接收系统；⑧计算机网络、宽带接入及增值服务；⑨无线转发系统及无线对讲系统；⑩音视频系统；⑪水电气三表抄送系统；⑫物业管理系统；⑬大屏幕显示系统；⑭机房装修工程。

1．消防报警系统

作为一幢高档的综合性建筑，按照消防局的管理规范，一套先进的消防报警系统必不可少。通过烟温感探测器可对各种火情作出分析报警，并通知主机作出联动反应，如图6-41所示。

图6-41　控制主机实物

火灾自动报警系统是由触发器件、火灾警报装置以及具有其他辅助功能的装置组成的火灾报警系统。它能够在火灾初期，将燃烧产生的烟雾、热量和光辐射等物理量，通过感温、感烟和感光等火灾探测器变成电信号，传输到火灾报警控制器，并同时显示出火灾发生的部位，记录火灾发生的时间。一般火灾自动报警系统和自动喷水灭火系统、室内消火栓系统、防排烟系统、通风系统、空调系统、防火门、防火卷帘、挡烟垂壁等相关设备联动，自动或手动发出指令、启动相应的装置。

(1) 触发器。

在火灾自动报警系统中，自动或手动产生火灾报警信号的器件称为触发件，主要包括火灾探测器和手动火灾报警按钮。火灾探测器是能对火灾参数(如烟、温度、火焰辐射、气体浓度等)响应，并自动产生火灾报警信号的器件。按响应火灾参数的不同，火灾探测器可分成感温火灾探测器、感烟火灾探测器、感光火灾探测器、可燃气体探测器和复合火灾探测器五种基本类型。不同类型的火灾探测器适用于不同类型的火灾和不同的场所。手动火灾报警按钮是手动方式产生火灾报警信号、启动火灾自动报警系统的器件，也是火灾自动报警系统中不可缺少的组成部分之一，如图 6-42 所示。

触发器.mp4

图 6-42　触发器实物

(2) 探测器。

在火灾自动报警系统中，用以接收、显示和传递火灾报警信号，并能发出控制信号和具有其他辅助功能的控制指示设备称为火灾报警装置。

火灾报警控制器就是其中最基本的一种。火灾报警控制器担负着为火灾探测器提供稳定的工作电源；监视探测器及系统自身的工作状态；接收、转换、处理火灾探测器输出的报警信号；进行声光报警；指示报警的具体部位及时间；同时执行相应辅助控制等诸多任务。是火灾报警系统中的核心组成部分。探测器类型如图 6-43 所示。

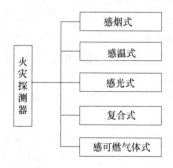

图 6-43　探测器的类型

(3) 警报装置。

在火灾自动报警系统中，用以发出区别于环境声、光的火灾警报信号的装置称为火灾

警报装置。它以声、光方式向报警区域发出火灾警报信号，以警示人们采取安全疏散、灭火救灾措施，如图 6-44 所示。

图 6-44 警报装置

2. 闭路监控系统

为了加强对建筑物周围环境及内部的管理，保障入住客户的人身财产安全，使入住的客户有一个满意的生活、居住、工作空间，闭路监控系统显得尤为重要。闭路监控系统还可以与停车场管理系统联合使用，对进出的车辆进行强化管理。防止一些不必要的麻烦、纠纷，从而提高大厦在本行业内的知名度，招揽更多的客户入住。

闭路电视监控系统是一个跨行业的综合性保安系统，该系统运用了世界上最先进的传感技术、监控摄像技术、通信技术和计算机技术，组成一个多功能全方位监控的高智能化处理系统。闭路电视监控系统因其能给人以最直接的视觉、听觉感受，以及对被监控对象的可视性、实时性及客观性的记录，因而已成为当前安全防范领域的主要手段，被广泛推广应用。

闭路监控的特点是提供远近距离的监视和控制。根据国家有关技术规范，系统应设置安防摄像机，电视监视器、录像机(或硬盘录像机)和画面处理器等，使用户能随时调看任意一个画面，遥控操作任一台摄像机等。

闭路监控系统一般由三部分组成：前端设备、传输部分、后端设备(包括控制设备和显示设备)。

一个完整的闭路电视监控系统主要由前端音视频数据采集设备、传送介质、终端监看监听设备和控制设备组成。通过在监控区域内安装固定摄像机或全方位摄像机，对监控区域进行实时监控。通过传输线路将摄像机所收集到的信号传送至图像分配器或放大器，然后再传入监视器，实现对监控区域的全面监视，如图 6-45 所示。

前端设备是指系统前端采集音视频信息的设备。操作者通过前端设备可以获取必要的声音、图像及报警等需要被监视的信息。系统前端设备主要包括摄像机、镜头、云台、解码控制器和报警探测器等。

传送介质是将前端设备采集到的信息传送到控制设备及终端设备的传输通道。主要包括视频线、电源线和信号线，一般来说，视频信号采用同轴视频电缆传输，也可用光纤、微波、双绞线等介质传输。

控制设备是整个系统的最重要的部分，它起着协调整个系统运作的作用。人们正是通过控制设备来获取所需的监控功能。满足不同监控目的的需要。控制设备主要包括音、视

频矩阵切换控制器、控制键盘、报警控制器和操作控制台。

终端设备是系统对所获取的声音、图像、报警等信息进行综合后,以各种方式予以显示的设备。系统正是通过终端设备的显示来提供给人最直接的视觉、听觉感受,以及被监控对象提供的可视性、实时性及客观性的记录。系统终端设备主要包括监视器、录像机等。

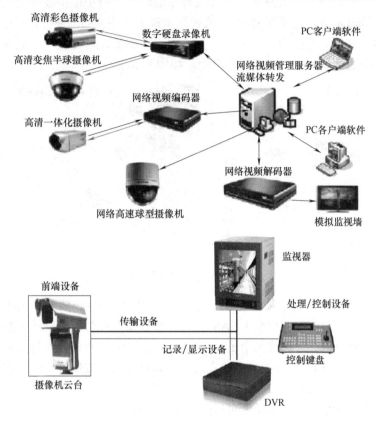

图 6-45　闭路监控系统

闭路电视监控系统是应用光纤、同轴电缆、微波在其闭合的环路内传输电视信号,并从摄像到图像显示构成独立完整的电视系统。它能实时、形象、真实地反映被监控对象,不但极大地延长了人眼的观察距离,而且扩大了人眼的机能,它可以在恶劣的环境下代替人工进行长时间监视,让人能够看到被监视现场的实际发生的一切情况,并通过录像记录下来。

【案例6-3】监控系统中10个720P的网络摄像头,采用16路的NVR进行存储,存储码流设置在2Mbps,单路每小时约需要0.9GB的存储空间,假设硬盘利用率为0.9,请问录像存储时间为30天需要配置几块3TB硬盘?

3. 停车场管理系统

停车场管理系统可分为入口管制部分,出口管制部分,中央控制部分。停车场系统根据需要还可以与其他系统进行集成。建议在地下停车电梯的前室设立门禁系统,只有合法的用户才可以通过电梯进到各楼层,这样可以防止一些未授权的用户非法通过地下室进入各楼层。

4. 楼宇自控系统

楼宇自动化系统(Building Automation System，BAS)对整个建筑物的所有公用机电设备，包括建筑物内的中央空调系统、给排水系统、供配电系统、照明系统、电梯系统，进行集中监测和遥控来提高建筑的管理水平，降低设备故障率，减少维护及营运成本。楼宇自动化系统也叫建筑设备自动化系统(BAS)，是智能建筑不可缺少的一部分，其任务是对建筑物内的能源使用、环境、交通及安全设施进行监测、控制等，以提供一个既安全可靠，又节约能源，而且舒适宜人的工作或居住环境中，如图 6-46 所示。

云办公系统　能效管理系统　视频会议　楼宇一卡通系统　智能停车场　安防系统

图 6-46　楼宇自控系统

建筑设备自动化系统通常包括暖通空调、给排水、供配电、照明、电梯、消防、安全防范等子系统。根据中国行业标准，BAS 又可分为设备运行管理与监控子系统和消防与安全防范子系统。一般情况下，这两个子系统宜一同纳入 BAS 考虑，如将消防与安全防范子系统独立设置，也应与 BAS 监控中心建立通信联系以便灾情发生时，能够按照约定实现操作权转移，进行一体化的协调控制。

建筑设备自动化系统的基本功能可以归纳如下为几点。

(1) 自动监视并控制各种机电设备的起、停，显示或打印当前运转状态。

(2) 自动检测、显示、打印各种机电设备的运行参数及其变化趋势或历史数据。

(3) 根据外界条件、环境因素、负载变化情况自动调节各种设备，使之始终运行于最佳状态。

(4) 监测并及时处理各种意外、突发事件。

(5) 实现对大楼内各种机电设备的统一管理、协调控制。

(6) 能源管理：水、电、气等的计量收费、实现能源管理自动化。

(7) 设备管理：包括设备档案、设备运行报表和设备维修管理等。

楼控系统采用的是基于现代控制理论的集散型计算机控制系统，也称分布式控制系统(Distributed Control Systems，DCS)。它的特征是"集中管理分散控制"，即用分布在现场被控设备处的微型计算机控制装置(DDC)完成被控设备的实时检测和控制任务，克服了计算机集中控制带来的危险性高度集中的不足和常规仪表控制功能单一的局限性。安装于中央控制室的中央管理计算机具有 CRT 显示、打印输出、丰富的软件管理和很强的数字通信功能，能完成集中操作、显示、报警、打印与优化控制等任务，避免了常规仪表控制分散后人机联系困难、无法统一管理的缺点，保证设备在最佳状态下运行，如图 6-47 所示。

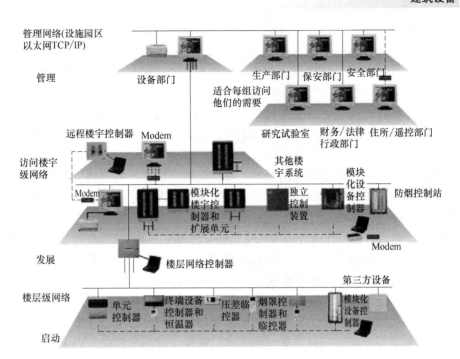

图 6-47 楼宇自控系统

5. 背景音乐及紧急广播系统

即平时用作背景音乐，火灾时用作消防系统的紧急广播。考虑到商场的特殊需求，建议广播系统与消防系统分开设计，按背景音乐的规范进行设计，同时也要考虑到酒店客房的特殊需求，如图 6-48 所示。

背景音乐及紧急
广播系统.mp4

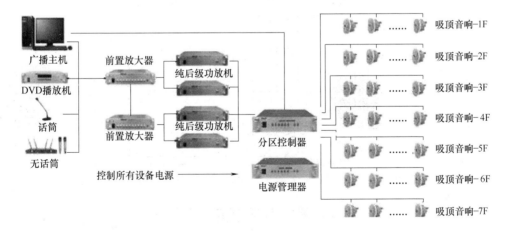

图 6-48 背景音乐及紧急广播系统

6. 综合布线系统

综合布线系统就是为了顺应发展需求而特别设计的一套布线系统。对于现代化的大楼来说，就如体内的神经，它采用了一系列高质量的标准材料，以模块化的组合方式，把语音、数据、图像和部分控制信号系统用统一的传输媒介进行综合，经过统一的规划设计，综合在一套标准的布线系统中，将现代建筑的三大子系统有机地连接起来，为现代建筑的系统集成提供了物理介质。可以说，结构化布线系统的成功与否直接关系到现代化大楼的成败，选择一套高品质的综合布线系统是至关重要的。

综合布线系统是智能化办公室建设数字化信息系统的基础设施，是将所有语音、数据等系统进行统一的规划设计的结构化布线系统，为办公提供信息化、智能化的物质介质，支持将来语音、数据、图文、多媒体等综合应用。

随着城市建设及信息通信事业的发展，现代化的商住楼、办公楼、综合楼及园区等各类民用建筑及工业建筑对信息的要求已成为城市建设的发展趋势。在过去设计大楼内的语音及数据业务线路时，常使用各种不同的传输线、配线插座以及连接器件等。

例如：用户电话交换机通常使用对绞电话线，而局域网络(LAN)则可能使用对绞线或同轴电缆，这些不同的设备使用不同的传输线来构成各自的网络；同时，连接这些不同布线的插头、插座及配线架均无法互相兼容，相互之间达不到共用的目的。

现在将所有语音、数据、图像及多媒体业务设备的布线网络组合在一套标准的布线系统内，并且将各种设备终端插头插入标准的插座内已属可能之事。在综合布线系统中，当终端设备的位置需要变动时，只需做一些简单的跳线，这项工作就完成了，而不需要再布放新的电缆以及安装新的插座。

智能建筑综合布线系统一般包括建筑群子系统、设备间子系统、垂直系统、水平子系统、管理子系统和工作区子系统6个部分，如图6-49所示。

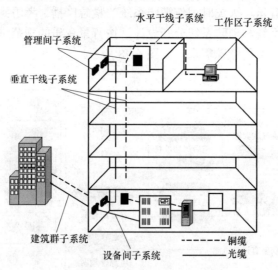

综合布线系统.mp4

图6-49 综合布线系统

7. 有线电视及卫星接收系统

对于商场、写字楼来说，有线电视及卫星接收系统必不可少。大部分电视频道通过光纤接自市有线网。根据需要，使用建筑可以自己接收卫星信号，还可以自办节目。有线电视及卫星接收系统如图6-50所示。

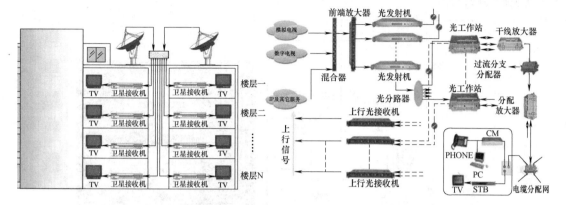

图 6-50　有线电视及卫星接收系统

8．计算机网络、宽带接入及增值服务

组建局域网所需的计算机网络设备费用比较高。目前智能大厦建设的热点就是宽带接入，这也是智能大厦高档次的标志之一，为住户提供高速、24 小时在线的 Internet 接入服务。为了能够给业主带来更多的经济回报，给住户提供更丰富的内容服务，进一步提高服务水平和使用建筑档次，建议在使用建筑内开展信息增值服务，包括 VOD 视频点播系统，音乐点播，网站建设等服务。

9．无线转发系统及无线对讲系统

考虑到地下对手机信号、BP 机信号的屏蔽作用，建议选用此系统。此外，我们还建议选用无线对讲系统，无线对讲系统可以和保安监控系统联合起来配套使用。

10．音视频系统

一般情况下，某些公司需要通过网络开展一些特殊的业务，如视频会议等。建议业主应考虑音视频系统，由于此部分的内容比较灵活，可以根据装修的效果及进度进行。

11．水电气三表抄送系统

此部分主要是针对商场、写字楼部分的特殊需求进行的考虑，物业管理公司是否需要对不同的租户进行单独计费。水、电、气三表抄送系统如图 6-51 所示。

12．物业管理系统

物业管理系统主要目的是对智能大厦进行全方位的计算机智能化管理，用现代化管理手段提升服务质量。对建筑物内的人、财、物、信息进行统一管理，量化细化，超越手工管理限制；通过计算机网络，实现信息交流、共享，即是对客户。

13．大屏幕显示系统

设置在首层或室外，可起到广告宣传的作用。

14．机房装修工程

该工程主要是对弱电系统的中控室、计算机网络机房、保安监控中心、消防控制中心

等处进行装修设计。

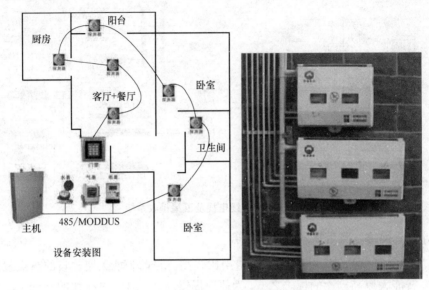

图 6-51 水、电、气三表抄送系统

本章小结

通过本章的学习，同学们可以了解建筑工程给水系统、排水系统、中水系统基本知识；掌握建筑消防室内外消火栓给水系统基本常识；理解常见的建筑消防设施；了解建筑采暖、空调、通风及防排烟基本知识；了解建筑电气与智能化建筑基本知识。希望通过本章的学习，使同学们对消防工程的基本知识有基础了解，并掌握相关的知识点，举一反三，学以致用。

实训练习

一、单选题

1. 在连接两个及两个以上的大便器或 3 个及 3 个以上卫生器具的污水横管上，应设置（　　）。

　　A. 检查口　　　　B. 清除口　　　　C. 清扫口　　　　D. 排气口

2. 地漏的作用是排除地面污水，因此地漏应设置在房间的（　　）处，地漏箅子面应比地面低 5mm 左右。

　　A. 较低　　　　B. 比较低　　　　C. 最低　　　　D. 最高

3. 塑料管道在使用中注意冷水管道应采用公称压力不低于 1.0MPa 等级的管材和管件；热水管道应采用公称压力不低于（　　）MPa 等级的管材和管件。

　　A. 0.5　　　　B. 1.0　　　　C. 1.5　　　　D. 2.0

4. 由于燃气燃烧后排出的废气中都含有一氧化碳，且当其容积浓度超过 0.16% 时，人呼吸(　　)min 就会在 2h 内死亡。

    A. 5   B. 10   C. 20   D. 30

5. 配电线路按电压高低可分为高压配电线路即(　　)及以上的线路和低压配电线路即(　　)以下的线路。

    A. 10kV   B. 3kV   C. 35kV   D. 1kV

6. 避雷器应与被保护设备(　　)，装在被保护设备的电源侧。

    A. 串联   B. 并联   C. 混联   D. 串或并联

7. 插座接线规定：单相三线是(　　)。

    A. 左相右零上接地   B 左零右相上接地

    C. 左接地右相上接零   D. 左零右接地上接相

8. 灯具向上的光线 40%～60%，其余向下。向上或向下发出的光通大致相同，光强在空间基本均匀分布，这类是(　　)。

    A. 漫射型灯具   B. 半直接型灯具

    C. 直接型灯具   D. 间接型灯具

二、多选题

1. 集中供热系统中的热用户是指(　　)用热系统的用户。

    A. 室内采暖用户   B. 空调用户   C. 热水供应用户

    D. 蒸汽供应用户   E. 高压蒸汽用户

2. 在下列设备中，不属于热水采暖系统用的设备是(　　)。

    A. 疏水器   B. 集气罐   C. 除污器

    D. 膨胀水箱   E. 安全水封

3. 室内消火栓的出水方向宜(　　)。

    A. 向上   B. 向下   C. 向内

    D. 与设置消火栓的墙面成 90° 角   E. 向外

4. 消防水泵房应采用(　　)耐火等级的建筑

    A. 一级   B. 二级   C. 三级

    D. 四级   E. 二、三、四级

5. 室内消火栓的间距不应超过 50m 的建筑有(　　)。

    A. 高架库房   B. 单层建筑   C. 多层建筑

    D. 高层工业建筑   E. 高层民用建筑的裙房

三、简答题

1. 简述消防系统的组成。
2. 简述建筑给水系统的组成。
3. 简述几种常见的空调方式。
4. 简述常见的建筑智能化系统有哪些。

第6章习题答案.pdf

实训工作单一

班级		姓名		日期	
教学项目		现场学习自动喷水灭火系统的基本操作			
学习项目	湿式自动喷水灭火系统、干式自动喷水灭火系统、预作用自动喷水灭火系统	学习要求		掌握各系统的基本知识、组成及工作原理	
相关知识		雨淋系统、水幕系统、自动喷水—泡沫联用系统			
其他内容		喷头的形式			
学习记录					
评语				指导老师	

实训工作单二

班级		姓名		日期	
教学项目		给排水、采暖、燃气安装工程			
任务	给排水安装工程工程量清单计价编制		要求	1.会计算给排水安装工程 工程量 2.会编制给排水安装工程 工程量清单表	
相关知识			给排水安装工程基础知识		
其他要求					

给排水安装工程量清单表编制过程记录

评语				指导老师	

实训工作单三

班级		姓名		日期	
教学项目		建筑智能化工程			
任务	学习建筑智能化工程概念和内容		学习资源	课本、课外资料、现场讲解、教师讲解	
学习目标			了解掌握建筑智能化工程技术包括哪些内容,重点掌握建筑智能化工程清单计量计价,能独立分析案例解决问题		
其他内容					
学习记录					
评语				指导老师	

第7章 建筑施工

【学习目标】

1. 了解建筑工程施工组织设计的内容、分类及作用。
2. 熟悉建筑工程施工中脚手架、垂直运输设施的基本知识。
3. 掌握基础工程、砌体施工基本知识。
4. 掌握现浇钢筋混凝土结构和装配式结构。
5. 熟悉屋面防水工程和装饰工程。

第7章 建筑施工.pptx

【教学要求】

本章要点	掌握层次	相关知识点
施工组织设计	了解施工组织设计的基本内容、分类及作用	施工组织设计
混合结构施工	1. 熟悉建筑工程施工中脚手架、垂直运输设施的基本知识 2. 掌握基础工程和砌体工程相关知识	混合结构施工
钢筋混凝土结构	1. 掌握现浇钢筋混凝土结构基本知识 2. 了解装配式结构基本知识	钢筋混凝土结构
屋面防水工程和装饰工程	1. 熟悉屋面防水工程基本知识 2. 了解装饰工程基本知识	屋面防水工程和装饰工程

【案例导入】

某工程的投标文件技术性文件：本施工组织设计体现本工程施工的总体构思和部署，若我公司有幸承接该工程，我们将遵照我公司技术管理程序，完全接受招标文件提出的有关本工程施工质量、施工进度、安全生产、文明施工等一切要求，并落实各项施工方案和技术措施，尽快做好施工前期准备和施工现场生产设计物总体规划布置工作，发挥我公司的管理优势，建立完善的项目组织机构，落实严格的责任制，按质量体系文件组织施工生产，实施在建设单位领导和监理管理下的项目总承包管理制度，通过对劳动力、机械设备、材料、技术、方法和信息的优化处置实现工期、质量、安全及社会信誉的预期效果。

试结合本章内容分析施工组织设计在工程施工中的重要作用。

7.1 施工组织设计

7.1.1 建筑施工的内容

　　建筑施工是人们利用各种建筑材料、机械设备按照特定的设计蓝图在一定的空间、时间内进行的为建造各式各样的建筑产品而进行的生产活动。它包括从施工准备、破土动工到工程竣工验收的全部生产过程。这个过程中将要进行施工准备、施工组织设计与管理、土方工程、爆破工程、基础工程、钢筋工程、模板工程、脚手架工程、混凝土工程、预应力混凝土工程、砌体工程、钢结构工程、木结构工程、结构安装工程等工作。

　　建筑施工是一个技术复杂的生产过程，需要建筑施工工作者发挥聪明才智，创造性地应用材料、力学、结构、工艺等理论解决施工中不断出现的技术难题，确保工程质量和施工安全。这一施工过程是在有限的时间和一定的空间内进行的多工种工人操作。由于需要成百上千种材料的供应、各种机械设备的运行，因此必须制订科学的、先进的组织管理措施和采用先进的施工工艺，方能圆满完成这个生产过程。这一过程又是一个具有较大经济性的过程。在施工中将要消耗大量的人力、物力和财力。因此要求在施工过程中必须处处考虑其经济效益，采取措施降低成本。施工过程中人们关注的焦点始终是工程质量、安全(包括环境保护)进度和成本。

1．方案步骤

(1)　施工流向和施工顺序。

(2)　施工阶段划分。

(3)　施工方法和施工机械选择。

(4)　安全施工设计。

(5)　环境保护内容及方法。

2．施工部署

(1)　项目的质量、进度、成本及安全目标。

(2)　拟投入的最高人数和平均人数。

(3)　分包计划，劳动力使用计划，材料供应计划，机械设备供应计划。

(4)　施工程序。

(5)　项目管理总体安排。

3．安全检查的目的

安全检查的目的是为了发现隐患，以便提前采取有效措施，消除隐患。

(1)　通过检查，发现生产工作中人的不安全行为和物的不安全状态，以及不卫生的问

题，从而采取对策，消除不安全因素，保障生产安全。

(2) 通过检查，预知危险、消除危险，把伤亡事故频率和经济损失率降低到社会容许的范围内。

(3) 通过安全检查对生产中存在的不安全因素进行预防。

(4) 发现不安全、不卫生问题及时采取消除措施。

(5) 利用检查，进一步宣传、贯彻、落实安全生产方针、政策和各项安全生产规章制度。

(6) 增强领导和群众的安全意识，纠正违章指挥、违章作业，提高安全生产的自觉性。

(7) 通过互相学习、总结经验、吸取教训、取长补短，促进安全生产工作进一步好转。

(8) 掌握安全生产动态，分析安全生产形势，为研究加强安全管理提供信息依据。

4．安全检查的内容

安全检查内容主要是查思想、查制度、查隐患、查措施、查机械设备、查安全设施、查安全教育培训、查操作行为、查劳保用品使用、查伤亡事故处理等。

5．安全检查的主要形式

安全生产检查形式有多种。从具体进行的方式上，分为定期检查、专业检查、达标检查、季节检查、经常检查和验收检查。

6．安全检查的要求

在施工生产中，为了及时发现安全事故隐患，排除施工中的不安全因素，纠正违章作业，监督安全技术措施的执行，堵塞漏洞，防患于未然，必须对安全生产中易发生事故的主要环节、部位，由专业安全生产管理机构进行全过程的动态监督检查，不断改善劳动条件，防止工伤事故发生。

(1) 在进行每种安全检查之前，都应有明确的检查项目和检查目的、内容及检查标准、重点、关键部位。

(2) 及时发现问题，解决问题，对检查出来的安全隐患及时进行处理。

(3) 必须登记在安全检查过程中发现的安全隐患，作为整改的备查依据，提供安全动态分析，根据隐患记录和安全动态分析，指导安全管理的决策。

(4) 要认真地、全面地进行系统、定性、定量分析，进行详细的安全评价。

(5) 针对大范围、全面性的安全检查，应明确检查内容、检查标准及检查要求。并根据检查要求配备力量，要明确检查负责人，抽调专业人员参加检查，并进行明确分工。

(6) 针对整改部位整改完成后要及时通知有关部门，派员进行复查，经复查整改合格后，方可销案。

(7) 要认真、详细地填写检查记录，特别要具体地记录安全隐患的部位、危险的程度。

安全生产工作是一项系统的复杂的管理工作，它涉及建筑行业的各个方面，我们随时都要绷紧这根弦，消除了各类安全隐患，就消除了各类事故。

7.1.2 施工组织设计的基本内容

施工组织设计的内容根据编制目的、对象、时间、项目管理方式、施工条件及施工水

平的不同而在深度、广度上有所不同，但其内容应包括编制依据、工程概况、施工部署、施工进度计划、施工准备与资源配置计划、主要施工方法、施工现场平面布置及主要施工管理计划等基本内容。

施工组织总设计的主要内容包括工程概况、总体施工部署、施工总进度计划、总体施工准备与主要资源配置计划、主要施工方法、施工总平面布置等内容。

1．工程概况

工程概况应包括项目主要情况和项目主要施工条件等。项目主要情况应包括下列内容：项目名称、性质、地理位置和建设规模；项目的建设、勘察、设计和监理等相关单位的情况；项目设计概况；项目承包范围及主要分包工程范围；施工合同或招标文件对项目施工的重点要求；其他应说明的情况。

项目主要施工条件应包括下列内容：项目建设地点气象状况；项目施工区域地形和工程水文地质状况；项目施工区域地上、地下管线及相邻的地上、地下建(构)筑物情况；与项目施工有关的道路、河流等状况；当地建筑材料、设备供应和交通运输等服务能力状况；当地供电、供水、供热和通信能力状况；其他与施工有关的主要因素。

2．总体施工部署

施工部署是指对项目实施过程作出的统筹规划和全面安排，包括项目施工主要目标、施工顺序及空间组织、施工组织安排等。施工组织总设计应对项目总体施工作出下列宏观部署：确定项目施工总目标，包括进度、质量、安全、环境和成本等目标；根据项目施工总目标的要求，确定项目分阶段(期)交付的计划；确定项目分阶段(期)施工的合理顺序及空间组织。对于项目施工的重点和难点应进行简要分析。总承包单位应明确项目管理组织机构形式，并宜采用框图的形式表示。对于项目施工中开发和使用的新技术、新工艺应作出部署。对主要分包项目施工单位的资质和能力应提出明确要求。

【案例7-1】某市政道路施工工期紧张，为了全面响应和贯彻实施招标文件中的各项目标和要求，现场施工队将结合现场实际作出全面而细致的施工策划与部署，根据整体到局部、由简至繁、由浅至深的方法，逐步深化本工程的建设流程。为保证本道路工程施工的顺利进行和施工质量，本着最大限度地降低施工难度、施工干扰以及最大限度地加大对工期的保障，计划对整个标段采用分区域、分阶段进行施工布置，相互穿插、协调各子项工程同时展开施工。试结合本书内容说明该如何进行总体部署。

3．施工总进度计划

施工总进度计划应按照项目总体施工部署的安排进行编制，可采用网络图或横道图表示，并附必要说明。应体现各单位工程、子单位工程以及一些重要的分部工程的开、竣工时间和相互的衔接关系。

4．总体施工准备与主要资源配置计划

总体施工准备应包括技术准备、现场准备和资金准备等。技术准备、现场准备和资金准备应满足项目分阶段(期)施工的需要。主要资源配置计划应包括劳动力配置计划和物资配置计划等。劳动力配置计划应包括确定各施工阶段(期)的总用工量；根据施工总进度计划确

定各施工阶段(期)的劳动力配置计划。物资配置计划应包括下列内容：根据施工总进度计划确定主要工程材料和设备的配置计划；根据总体施工部署和施工总进度计划确定主要施工周转材料和施工机具的配置计划。

5．主要施工方法

施工组织总设计应对项目涉及的单位(子单位)工程和主要分部(分项)工程所采用的施工方法进行简要说明。对脚手架工程、起重吊装工程、临时用水用电工程、季节性施工等专项工程所采用的施工方法应进行简要说明。

施工方法与施工方案的区别如下。

施工方法——说明采用的是什么方法。

施工方案——不仅要说明是什么方法，还要对方法如何实施进行安排，以及一些保证的措施。

6．施工总平面布置

施工组织总设计应根据项目总体施工部署，绘制出现场不同施工阶段(期)的总平面布置图。施工总平面布置图应包括下列内容：项目施工用地范围内的地形状况；全部拟建的建(构)筑物和其他基础设施的位置；项目施工用地范围内的加工设施、运输设施、存储设施、供电设施、供水供热设施、排水排污设施、临时施工道路和办公、生活用房等；施工现场必备的安全、消防、保卫和环境保护等设施；相邻的地上、地下既有建(构)筑物及相关环境。绘制要点如下所述。

(1) 合理划分各单位工程施工、生活用地。

(2) 体现全部拟建(构)筑物和其他基础设施的位置。

(3) 项目施工范围内的主要加工设施、运输设施、存储设施、供电设施、供水供热设施、排水排污、临时施工道路和办公、生活用品等。

(4) 施工现场必备的安全、消防、保卫和环境保护等设施。

(5) 相邻的地上、地下既有建(构)筑物及相关环境。

7.1.3 施工组织设计的分类及作用

1．施工组织设计的分类

1) 按编制目的不同分类

(1) 投标性施工组织设计。

音频.施工总平面的绘制要点.mp3

在投标前，由企业有关职能部门(如总工办)负责牵头编制，在投标阶段以招标文件为依据，为满足投标书和签订施工合同的需要编制。

(2) 实施性施工组织设计。

在中标后施工前，由项目经理(或项目技术负责人)负责牵头编制，在实施阶段以施工合同和中标施工组织设计为依据，为满足施工准备和施工需要编制。

2) 按编制对象范围不同分类

(1) 施工组织总设计。

该设计是以整个建设项目或群体工程为对象，规划其施工全过程各项活动的技术、经

济的全局性、指导性文件，是整个建设项目施工的战略部署，内容比较概括。

一般是在初步设计或扩大设计批准之后，由总承包单位的总工程师负责，会同建设、设计和分包单位的总工程师共同编制。对整个项目的施工过程起统筹规划、重点突出的作用。

(2) 单位(单项)工程施工组织设计。

该设计是以单位(单项)工程为对象编制的，是用以直接指导单位(单项)工程施工全过程各项活动的技术，是经济的局部性、指导性文件，是施工组织总设计的具体化，具体地安排人力、物力和实施工程。是施工单位编制月旬作业计划的基础性文件，是拟建工程施工的战术安排。它是在施工图设计完成后，以施工图为依据，由工程项目的项目经理或主管工程师负责编制的。

(3) 分部(分项)工程施工组织设计。

该设计一般针对工程规模大、特别重要的、技术复杂、施工难度大的建筑物或构筑物，或采用新工艺、新技术的施工部分，或冬雨季施工等为对象编制，是专门的、更为详细的专业工程设计文件。

在编制单位(单项)工程施工组织设计之后，由单位工程的技术人员负责编制。其设计应突出作业性。注意三者之间的联系和区别。

2. 施工组织设计的作用

施工组织设计，就是对拟建工程的施工作出全面规划、部署、组织、计划的一种技术经济文件，作为施工准备和指导施工的依据。它在每项工程中都具有重要的规划作用、组织作用、指导作用，具体表现在下列各点。

(1) 施工组织设计是对拟建工程施工全过程的合理安排，实行科学管理的重要手段和措施。

(2) 施工组织设计是统筹安排施工企业投入与产出过程的关键和依据。

(3) 施工组织设计是协调施工中的各种关系的依据。

(4) 施工组织设计可为施工的准备工作、工程的招投标以及有关建设工作的决策提供依据。

通过编制施工组织设计，可以全面考虑拟建工程的具体施工条件、施工方案、技术经济指标。在人力和物力、时间和空间、技术和组织上，作出一个全面而合理符合好快省安全要求的计划安排，为施工的顺利进行做充分的准备，预防和避免工程事故的发生，为施工单位切实地实施进度计划提供坚实可靠的基础。根据以往的工程实践经验，合理地编制施工组织设计，能准确反映施工现场实际，节约各种资源，在满足建设法规规范和建设单位要求的前提下，有效地提高施工企业的经济效益。

施工组织设计是对施工活动实行科学管理的重要手段，它具有战略部署和战术安排的双重作用。它体现了实现基本建设划和设计的要求，提供了各阶段的施工准备工作内容，协调施工过程中各施工单位、各施工工种、各项资源之间的相互关系。施工组织设计是用来指导施工项目全过程各项活动的技术、经济和组织的综合性文件，是施工技术与施工项目管理有机结合的产物，它是工程开工后施工活动能有序、高效、科学合理地进行的保证。

在宏观环境和产业政策的有力支持下，房地产业和各省市在基础建设方面的大力投入为国内建筑企业提供了广阔的发展平台。但是，随着我国加入 WTO 以及经济全球化的迅速

扩张也促进了规模巨大的国际工程市场的发展，给国内建筑企业也带来了激烈的竞争。市场经济的建立、建筑施工企业实行项目法管理体系、工程招标投标制度和建设监理制度的推行以及建筑技术的飞速发展、管理手段的不断现代化等，对施工组织设计提出了新的要求，优化施工组织设计势在必行。

【案例 7-2】中国已建成天然气管道 6.9 万千米，干线管网总输气能力超过 1700 亿立方米/年，初步形成了"西气东输、川气东送、海气登陆、就近供应"的管网格局，建成了西北(新疆)、华北(鄂尔多斯)、西南(川渝)、东北和海上向中东部地区输气的五大跨区域天然气主干管道系统。由于管道建设为线性工程，其本身的复杂性更是加大了施工管理的难度。施工组织设计可以有效地协调不同专业的施工矛盾，将现场的管理进行主动控制，对整个项目实施过程进行动态管理，从很大程度上提高了工程的管理水平。以场站为例，在土建和工艺的施工过程中，如果没有施工组织设计的协调，往往就会出现土建超前或滞后于工艺施工，就会使整个工程不能有序配合衔接。而不同的专业作业，更是需要施工组织设计的优化协调，比如电气、通信、仪表、消防等各个专业之间如果不能相互配合，都会增加后续工作的工程量，造成施工矛盾，影响工期、费用等相关因子。试结合本案例分析施工组织设计对现场组织施工的重要作用。

7.2　混合结构施工

7.2.1　脚手架

脚手架.docx

脚手架是为了保证各施工过程顺利进行而搭设的工作平台。按搭设的位置可分为外脚手架、里脚手架；按材料不同可分为木脚手架、竹脚手架、钢管脚手架；按构造形式可分为立杆式脚手架、桥式脚手架、门式脚手架、悬吊式脚手架、挂式脚手架、挑式脚手架、爬式脚手架等。

不同类型的工程施工应选用不同用途的脚手架。桥梁支撑架使用碗扣脚手架的居多，也有使用门式脚手架的。主体结构施工落地脚手架使用扣件脚手架的居多，脚手架立杆的纵距一般为 1.2～1.8m；横距一般为 0.9～1.5m。

1. 脚手架的分类

1)　按用途划分

(1) 操作(作业)脚手架：又可分为结构作业脚手架(俗称"砌筑脚手架")

脚手架.mp4

和装修作业脚手架，可分别简称为"结构脚手架"和"装修脚手架"，其架面施工荷载标准值分别规定为 3kN/m² 和 2kN/m²。

(2) 防护用脚手架：架面施工(搭设)荷载标准值可按 1kN/m² 计。

(3) 承重、支撑用脚手架：架面荷载按实际使用值计。

2)　按构架方式划分

(1) 杆件组合式脚手架：俗称"多立杆式脚手架"，简称"杆组式脚手架"。

(2) 框架组合式脚手架(简称"框组式脚手架")：由简单的平面框架(如门架、梯架、"口"字架、"日"字架和"目"字架等)与连接、撑拉杆件组合而成的脚手架，如门式钢管脚手架、梯式钢管脚手架和其他各种框式构件组装的鹰架等。

(3) 格构件组合式脚手架：由桁架梁和格构柱组合而成的脚手架，如桥式脚手架[又有提升(降)式和沿齿条爬升(降)式两种]。

(4) 台架：具有一定高度和操作平面的平台架，多为定型产品，其本身具有稳定的空间结构。可单独使用或立拼增高与水平连接扩大，并常带有移动装置。

3) 按脚手架的设置形式划分

(1) 单排脚手架：只有一排立杆的脚手架，其横向平杆的另一端搁置在墙体结构上。

(2) 双排脚手架：具有两排立杆的脚手架。

(3) 多排脚手架：具有 3 排以上立杆的脚手架。

(4) 满堂脚手架：按施工作业范围满设的、两个方向各有 3 排以上立杆的脚手架。

(5) 满高脚手架：按墙体或施工作业最大高度、由地面起满高度设置的脚手架。

(6) 交圈(周边)脚手架：沿建筑物或作业范围周边设置并相互交圈连接的脚手架。

(7) 特形脚手架：具有特殊平面和空间造型的脚手架，如用于烟囱、水塔、冷却塔以及其他平面为圆形、环形、"外方内圆"形、多边形和上扩、上缩等特殊形式的建筑施工脚手架。

4) 按脚手架的支固方式划分

(1) 落地式脚手架：搭设(支座)在地面、楼面、屋面或其他平台结构之上的脚手架。

(2) 悬挑脚手架(简称"挑脚手架")：采用悬挑方式支固的脚手架，其挑支方式又有以下 3 种，如图 7-1 所示。

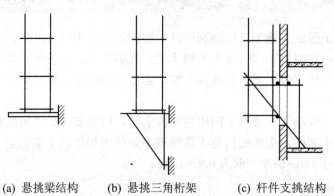

(a) 悬挑梁结构　　(b) 悬挑三角桁架　　(c) 杆件支挑结构

图 7-1　悬挑脚手架的挑支方式

① 悬挑梁结构架设于专用悬挑梁上。

② 悬挑三角桁架结构架设于专用悬挑三角桁架上。

③ 杆件支挑片构架设于由撑拉杆件组合的支挑结构上。其支挑结构有斜撑式、斜拉式、拉撑式和顶固式等多种。

(3) 附墙悬挂脚手架(简称"挂脚手架")，是在上部或中部挂设于墙体挑挂件上的定型脚手架。

(4) 悬吊脚手架(简称"吊脚手架")，是悬吊于悬挑梁或工程结构之下的脚手架。当采用篮式作业架时，称为"吊篮"。

(5) 附着升降脚手架是(简称"爬架")，是附着于工程结构、依靠自身提升设备实现升降的悬空脚手架(其中实现整体提升者，也称为"整体提升脚手架")。

(6) 水平移动脚手架：带行走装置的脚手架(段)或操作平台架。

5) 按脚手架平、立杆的连接方式划分

(1) 承插式脚手架是在平杆与立杆之间采用承插连接的脚手架。常见的承插连接方式有插片和楔槽、插片和楔盘、插片和碗扣、套管与插头以及 U 形托挂等，如图 7-2 所示。

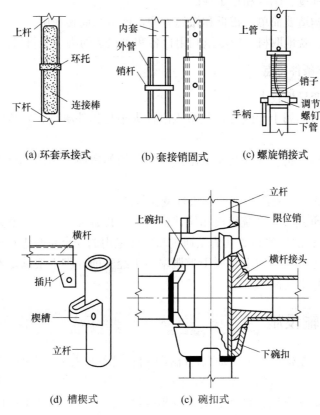

图 7-2　承插式脚手架连接构造的形式

(2) 扣接式脚手架。

这种脚手架是使用扣件箍紧连接的脚手架，即靠拧紧扣件螺栓所产生的摩擦作用构架和承载的脚手架。

(3) 销栓式脚手架是采用对穿螺栓或销杆连接的脚手架，此种形式已很少使用。

此外，还可按脚手架的材料划分为竹脚手架、木脚手架、钢管或金属脚手架；按使用对象或场合划分为高层建筑脚手架、烟囱脚手架、水塔脚手架、凉水塔脚手架以及外脚手架、里脚手架。还有定型与非定型、多功能与单功能之分，但均非严格的界限。

2．脚手架的作用

(1) 使施工人员在不同部位进行工作。

(2) 能堆放及运输一定数量的建筑材料。

(3) 保证施工人员在高空操作时的安全。

(4) 确保施工人员在高空进行施工时有必需的立足点。

(5) 为高空施工人员提供外围防护架。

(6) 为高空施工人员提供卸料平台。

3．脚手架的要求

(1) 有足够的宽度或面积、步架高度及离墙距离。

(2) 有足够的强度、刚度和稳定性。

(3) 脚手架的构造要简单，搭拆和搬运方便，能多次周转使用。

(4) 因地制宜，就地取材。应尽量利用自备和可租赁的脚手架材料，节省脚手架费用。

4．脚手架工作条件特点

(1) 所受荷载变异性较大。

(2) 扣件连接节点属于半刚性，且节点刚性大小与扣件质量、安装质量有关，节点性能存在较大变异。

(3) 脚手架结构、构件存在初始缺陷，如杆件的初弯曲、锈蚀，搭设尺寸误差、受荷偏心等均较大。

(4) 与墙的连接点，对脚手架的约束性变异较大。

对以上问题的研究缺乏系统积累和统计资料，不具备独立进行概率分析的条件，故对结构抗力乘以小于 1 的调整系数其值系通过与以往采用的安全系数进行校准确定。因此，本规范采用的设计方法在实质上是属于半概率、半经验的。脚手架满足本规范规定的构造要求是设计计算的基本条件。

7.2.2 垂直运输设施

垂直运输设施是在建筑施工中垂直运(输)送材料设备和人员上下的机械设备和设施，它是施工技术措施中不可缺少的重要环节。随着高层、超高层建筑、高耸工程以及超深地下工程的飞速发展，对垂直运输设施的要求也相应提高，垂直运输技术已成为建筑施工中的重要的技术领域之一。

1．垂直运输设施的分类

凡具有垂直(竖向)提升(或降落)物料、设备和人员功能的设备(施)均可用于垂直运输作业，大致可分为下述五大类。

(1) 塔式起重机。

塔式起重机具有提升、回转、水平输送(通过滑轮车移动和臂杆仰俯)等功能，不仅是重要的吊装设备，而且也是重要的垂直运输设备，用其垂直和水平吊运长、大、重的物料仍为其他垂直运输设备(施)所不及。塔式起重机分类见表 7-1。

表 7-1　塔式起重机的分类

分类方式	类　别
按固定方式划分	固定式；轨道式；附墙式；内爬式
按架设方式划分	自升；分段架设；整体架设；快速拆装

续表

分类方式	类 别
按塔身构造划分	非伸缩式；伸缩式
按臂构造划分	整体式；伸缩式；折叠式
按回转方式划分	上回转式；下回转式
按变幅方式划分	小车移动；臂杆仰俯；臂杆伸缩
按控速方式划分	分级变速；无级变速
按操作控制方式划分	手动操作；计算机自动监控
按起重能力划分	轻型(≤80t·m)；中型(≥80t·m，≤250t·m)；重型(≥250t·m，≤1000t·m)；超重型(≥1000t·m)

(2) 施工电梯。

多数施工电梯为人货两用，少数为仅供货用，如图 7-3 所示。电梯按其驱动方式可分为齿条驱动和绳轮驱动两种：齿条驱动电梯又有单吊箱(笼)式和双吊箱(笼)式两种，并装有可靠的限速装置，适合 20 层以上建筑工程使用；绳轮驱动电梯为单吊箱(笼)，无限速装置，轻巧便宜，适合 20 层以下建筑工程使用。

施工电梯.docx

(3) 物料提升架。

物料提升架包括井式提升架(简称"井架")、龙门式提升架(简称"龙门架")、塔式提升架(简称"塔架")和独杆升降台等，如图 7-4 所示。它

物料提升架.docx

们的共同特点为：①提升采用卷扬机，卷扬机设于架体外；②安全设备一般只有防冒顶、防坐冲和停层保险装置，因而只允许用于物料提升，不得载运人员；③用于 10 层以下时，多采用缆风固定；用于超过 10 层的高层建筑施工时，必须采取附墙方式固定，成为无缆风高层物料提升架，并可在顶部设液压顶升构造，实现井架或塔架标准节的自升接高。塔架是一种采用类似塔式起重机的塔身和附墙构造、两侧悬挂吊笼或混凝土斗、可自升的物料提升架。此外，还有一种用于烟囱等高耸构筑物施工的、随作业平台升高的井架式物料提升机，同时供人员上下使用，在安全设施方面需相应加强，例如增加限速装置和断绳保护等，以确保人员上下的安全。

图 7-3　施工电梯

图 7-4　物料提升架

（4）混凝土泵。

它是水平和垂直输送混凝土的专用设备，用于超高层建筑工程时则更显示出它的优越性。混凝土泵按工作方式可分为固定式和移动式两种；按泵的工作原理则可分为挤压式和柱塞式两种。目前我国已使用混凝土泵施工高度超过 300m 的电视塔。

混凝土泵.docx

（5）采用葫芦式起重机或其他小型起重机具的物料提升设施。

这类物料提升设施由小型(一般起重量在 1.0t 以内)起重机具如电动葫芦、手扳葫芦、倒链、滑轮、小型卷扬机等与相应的提升架、悬挂架等构成，形成墙头吊、悬臂吊、摇头把杆吊、台灵架等。常用于多层建筑施工或作为辅助垂直运输设施。垂直运输设施的总体情况见表 7-2。

电动葫芦.docx

表 7-2　垂直运输设施的总体情况

序次	设备(施)名称	形式	安装方式	工作方式	设备能力 起重能力	提升高度
1	塔式起重机	整装式	行走	在不同的回转半径内形成作业覆盖区	60～10000kN·m	80m 内
			固定			
		自升式	附着			250m 内
		内爬式	装于天井道内、附着爬升		3500kN·m 内	一般在 300m 内
2	施工升降机(施工电梯)	单笼、双笼、笼带斗	附着	吊笼升降	一般 2t 以内，高者达 2.8t	一般 100m 内，最高已达 645m
3	井字提升架	钢管搭设	缆风绳固定	吊笼(盘、斗)升降	0.5～1.0t	30m 以内
			附着		1.0～1.5t	常用 40m
					3t	可大于 100m
4	龙门提升架(门式提升机)		缆风固定	吊笼(盘、斗)升降	2t 以内	50m 以内
			附着			100m 以内
5	塔架	自升	附着	吊盘(斗)升降	2t 以内	100m 以内
6	独杆提升机	定型产品	缆风固定	吊盘(斗)升降	1t 以内	一般在 25m 以内
7	墙头吊	定型产品	固定在结构上	回转起吊	0.5t 以内	高度视配绳和吊物稳定而定
8	屋顶起重机	定型产品	固定式移动	葫芦沿轨道移动	0.5t 以内	高度视配绳和吊物稳定而定
9	自立式起重架	定型产品	移动式	同独杆提升机	1t 以内	40m 以内
10	混凝土输送泵	固定式拖式	固定并设置输送管道	压力输送	输送能力为 30～50m³/h	垂直输送高度一般为 100m，可达 300m 以上
11	可倾斜塔式起重机	履带式	移动式	为履带吊和塔吊结合的产品，塔身可倾斜		50m 以内
		汽车式				
12	小型起重设备			配合垂直提升架使用	0.5～1.5t	高度视配绳和吊物稳定而定

2．垂直运输设施的一般设置要求

(1) 覆盖面和供应面。

塔吊的覆盖面是指以塔吊的起重幅度为半径的圆形吊运覆盖面积；垂直运输设施的供应面是指借助于水平运输手段(手推车等)所能达到的供应范围。其水平运输距离一般不宜超过 80m。建筑工程全部的作业面应处于垂直运输设施覆盖面和供应面的范围之内。

(2) 供应能力。

塔吊的供应能力等于吊次乘以吊量(每次吊运材料的体积、重量或件数)；其他垂直运输设施的供应能力等于运次乘以运量，运次应取垂直运输设施和与其配合的水平运输机具中的低值。另外，还需乘以一个数值为 0.5～0.75 的折减系数，以考虑由于难以避免的因素对供应能力的影响(如机械设备故障和人为的耽搁等)。垂直运输设备的供应能力应能满足高峰工作量的需要。

(3) 提升高度。

设备的提升高度能力应比实际需要的升运高度高出不少于 3m，以确保安全。

(4) 水平运输手段。

在考虑垂直运输设施时，必须同时考虑与其配合的水平运输手段。当使用塔式起重机作垂直和水平运输时，要解决好料笼和料斗等材料容器的问题。由于外脚手架(包括桥式脚手架和吊篮)承受集中荷载的能力有限，因此一般不使用塔吊直接向外脚手架供料；当必须用其供料时，则需视具体条件分别采取以下措施：①在脚手架外增设受料台，受料台则悬挂在结构上(准备 2～3 层用量，用塔吊安装)；②使用组联小容器，整体起吊，分别卸至各作业地点；③在脚手架上设置小受料斗(需加设适当的拉撑)，将砂浆分别卸注于小料斗中。

当使用其他垂直运输设施时，一般使用手推车(单轮车、双轮车和各种专用手推车)作水平运输。其运载量取决于可同时装入几部车子以及单位时间内的提升次数。

(5) 装设条件。

垂直设施装设的位置应具有相适应的装设条件，如具有可靠的基础、与结构拉结和水平运输通道条件等。

(6) 设备效能的发挥。

必须同时考虑满足施工需要和充分发挥设备效能的问题。当各施工阶段的垂直运输量相差很大时，应分阶段设置和调整垂直运输设备，及时拆除已不需要的设备。

(7) 设备的充分利用问题。

充分利用现有设备，必要时添置或加工新的设备。在添置或加工新的设备时，应考虑今后利用的前景。一次性使用的设备应考虑在用毕以后可拆改它用。

(8) 安全保障。

安全保障是使用垂直运输设施中的首要问题，必须按以下方法严格做好。

① 首次试制加工的垂直运输设备，需经过严格的荷载和安全装置性能试验，确保达到设计要求(包括安全要求)后才能投入使用。

② 设备应装设在可靠的基础和轨道上。基础应具有足够的承载力和稳定性，并设有良好的排水措施。

③ 设备在使用以前必须进行全面的检查和维修保养，确保设备完好。未经检修保养

的设备不能使用。

④ 严格遵照设备的安装程序和规定进行设备的安装(搭设)和接高工作。初次使用的设备，工程条件不能完全符合安装要求的，以及在较为复杂和困难的条件下，应制订详细的安装措施，并按措施的规定进行安装。

⑤ 确保架设过程中的安全，注意事项为：高空作业人员必须佩戴安全带；按规定及时设置临时支撑、缆绳或附墙拉结装置；在统一指挥下作业；在安装区域内停止进行有碍确保架设安全的其他作业。

⑥ 设备安装完毕后，应全面检查安装(搭设)的质量是否符合要求，并及时解决存在的问题。随后进行空载和负载试运行，判断试运行情况是否正常，吊索、吊具、吊盘、安全保险以及刹车装置等是否可靠。都无问题时才能交付使用。

⑦ 进出料口之间的安全设施：垂直运输设施的出料口与建筑结构的进料口之间，根据其距离的大小应设置铺板或栈桥通道，通道两侧设护栏。建筑物入料口设栏杆门。小车通过之后应及时关闭。

⑧ 设备应由专门的人员操作和管理。严禁违章作业和超载使用。设备出现故障或运转不正常时应立即停止使用，并及时予以解决。

⑨ 位于机外的卷扬机应设置安全作业棚。操作人员的视线不得受到遮挡。当作业层较高，观测和对话困难时，应采取可靠的解决方法，如增加卷扬定位装置、对讲设备或多级联络办法等。

⑩ 作业区域内的高压线一般应予拆除或改线，不能拆除时，应与其保持安全作业距离。

⑪ 使用完毕，按规定程序和要求进行拆除工作。

7.2.3 基础工程

地基指的是承受上部结构荷载的那一部分土体。基础下面承受建筑物全部荷载的土体或岩体称为地基。地基不属于建筑的组成部分，但它对保证建筑物的坚固耐久具有非常重要的作用。地基是地球的一部分。作为建筑地基的土层可分为岩石、碎石土、砂土、粉土、黏性土和人工填土。地基有天然地基和人工地基(复合地基)两类。天然地基是不需要人为加固的天然土层。人工地基需要人加固处理，常见有石屑垫层、砂垫层、混合灰土回填再夯实等。

1. 基础分类

(1) 通常将埋深不大(一般小于 5m)、只需经过挖槽、排水等普通施工工序就可以建造起来的基础称为浅基础。例如柱下单独基础、墙下或柱下条形基础、交叉梁基础、筏板基础等。

(2) 对于浅层土质不良，需要利用深处良好底层的承载能力，采用专门的施工方法和机具建造的基础，称为深基础。例如桩基础、墩基础、深井和地下连续墙等。

2. 地基设计考虑因素

(1) 基础底面的单位面积压力小于地基的容许承载力。

(2) 建筑物的沉降值小于容许变形值。

(3) 地基无滑动的危险。

3．地基基础施工的重要性

作为工程建设的第一步重要工序，地基基础施工的质量是高层建筑施工质量控制的基础，同时也是保证工程建设质量的关键。整个工程建设的质量往往就是由地基基础施工的质量来决定的，特别是我国作为一个土地面积辽阔的国家，工程所在地的地质情况往往会随着地域条件的不同而存在着较大的差异，这就对工程建设中的地基施工带来了严峻的挑战，同时对地基基础施工的质量也就提出了更高的要求。而当前我国的工程施工特别是建筑施工中，地基基础施工问题并没有引起足够的重视，也没有被很好地解决。总体而言，我国工程建设中地基基础施工的质量控制任重而道远，只有加强了工程建筑地基基础施工的管理，才能切实地提高工程建设的质量。要想建设高质量的工程项目，地基基础施工的质量控制是核心。

4．地基基础施工中存在的问题

地基基础施工对于整个工程项目有着至关重要的意义，但是，我们目前的工程建设中仍然存在着诸多问题，主要有以下几点。

(1) 地基建设中的塌方问题。

在工程项目的地基建设中，一个不容忽视的问题就是地基的塌方。在工程的地基建设过程中，如果出现了塌方问题，必然会使地基土受到扰动，进而影响到地基的整体承载力，不仅会对自身的工程建设造成危害，同时还会严重影响周围建筑物的安全，甚至会造成安全事故，造成重大的人员伤亡。特别是在基坑开挖深度较深并穿过不同的土层时，施工方如果不根据不同土层的工程特性(地基土的内摩擦角、粘聚力、湿度、重度等)来确定地基基坑的边坡开挖坡度和支护方法，就会使边坡顶部受到堆载或外力的震动产生变形，由此引发塌方问题。或者是因为工程施工方在开挖土方时施工不当，在应该作支护的时候没有去做应有的保护，也会造成塌方。

(2) 地基缺乏保护。

工程项目的地基建设中另一个重要问题就是地基缺乏足够的保护，特别是在长江以南多雨地区进行工程施工，如果不能解决好地下水的问题，就会对地基建设带来严重的危害。如果地基的基础缺乏足够的保护，或者是防水、排水措施不到位，就可能会造成地基进水，这样不仅会造成地基基础施工困难，同时对于地基的质量也会造成损害。特别是在多雨季节，一定要保证地基建设的基坑没有积水，对于被水浸泡的地基表层土要将其松软部分清除。

【案例7-3】河北省遵化市西铺村织布厂布机车间倒塌案例。倒塌的主要原因是质量低劣的毛石基础，在承载能力不足的地基上，在上部结构荷载的作用下，首先发生破坏，随之房屋整体倒塌。事后现场检查，毛石基础采用块石和卵石混合砌筑，也无拉结石，又是白灰砂浆，毛石基础的整体性很差，强度也很低，基础上也没有钢筋混凝土圈梁，使荷载不能均匀传递到地基上，发生不均沉降。这样的地基和基础是承受不了上部荷载的。这是一起无证设计、无证施工造成的重大事故。结合上下文分析如何避免地基施工时出现工程事故。

(3) 地基建设中的管理不善。

在地基建设中，由于管理方的疏忽也可能会对地基质量造成影响。如果管理人员管理疏忽造成基坑开挖与设计不符，就会引起基坑的抗剪切力度不够，从而造成基坑的变形，影响地基建设的质量。

5. 地基基础建设的施工技术

工程建设的地基基础施工质量受到多方面因素的综合影响，与所在地区的地质条件、水文条件等都有着密不可分的关系。要想保证地基基础的施工质量，就需要在综合考虑影响地基基础建设的各种因素的基础上，通过系统全面的分析来制定最合理的施工方案。除此之外，要想保证地基基础建设的质量，技术因素也是必不可少的，一般地基基础施工有如下几点技术规范。

(1) 桩基施工技术。

在现代工程项目的建设中，桩基施工技术不断地得到改善和进步，在地基建设施工中，桩基是应用最广的一种基础形式，分为现浇灌注桩、混凝土预制桩和钢桩三种基本的形式。

在这三种基本的桩基建设形式中，现浇灌注桩因为其具有承载力大、适应范围广、施工对环境影响小等技术优势而得到建筑施工单位的青睐，在工程建设的实际应用中现浇灌注桩所占的比重日益提高。其成桩工艺主要是采用带有护壁套筒的钻机，在实际的施工中由泥浆护壁，通过水下来浇灌混凝土。在这一过程中，通过推广和应用桩基技术，可以有效地克服桩底虚土和缩颈的缺陷。

相比较而言，混凝土预制桩技术因为存在着振动、噪声和挤土效应等缺点，其在具体的施工中使用量已经逐步减少，并且随着施工技术的不断进步和发展，普通的混凝土桩已经开始逐步被预应力管桩所取代。而钢桩的造价非常高，绝非一般的工程建筑所需要的，只能在特殊情况下使用。为检验桩基承载力，除静载试验外，用计算机控制的桩基动测技术已在工程中应用。

我国的工程地基建设与国外还存在着一定的差距，但是这种差距也在不断地缩小，随着我国的桩基动力检测技术软、硬件系统的不断完善，我国正在这方面的技术上努力地赶超国际先进水平。当前我国已经编制完善了"锤击贯入试桩法规程""高应变动力试桩法规程"和"基桩低应变动力检测规程"等相关的技术标准，这对于提高和控制地基建设的质量将会产生积极的影响。

(2) 地基加固技术。

在过去的工程地基建设中，我国传统的地基加固由于技术单一而存在很多问题。随着我国社会经济和科学技术的不断进步，现在我国已经具备了一套完善的地基加固技术系统。首先就是压密固结加固法，该种方法适用于土质松软的工地上，通过采取强夯、降水压密、真空预压、堆截预压、吹填造地等措施来加固地基。其次就是加筋体复合地基处理，这种处理方法存在普遍性，对于各种地质条件都可以进行一定的处理，这种加固处理的方法可以通过砂桩、碎石桩、水泥粉煤灰碎石桩、水泥土搅拌桩等方法来实现。最后就是换填垫层法，通过砂石垫层、灰土垫层等措施来实现，但是其使用的范围比较小，不适宜大规模推广应用。

(3) 深基础施工。

随着建筑施工技术的不断完善，深基础施工逐步得到发展。所谓深基坑技术，就是通过其侧向支撑由桩墙和内撑组成复合的桩撑体系，这种深基础施工技术可以有效地提高地基的施工质量。

7.2.4 砌体施工

砌体工程是指普通黏土砖，承重黏土空心砖，蒸压灰砂砖，粉煤灰砖，各种中、小型砌块和石材的砌筑。目前我国正进行墙体改革，为节约农田，要不用、少用普通黏土砖，进一步推广应用各种空心砌块，其中以空心砖最为主流。

音频.砖墙的砌筑
工艺.mp3

1. 分类

根据砌筑主体的不同，砌体工程可分为砖砌体工程、石砌体工程、砌块砌体工程、配筋砌体工程。

(1) 砖砌体工程。

由砖和砂浆砌筑而成的砌体称为砖砌体，如图 7-5 所示。砖有烧结多孔砖、蒸压灰砂砖、粉煤灰砖、混凝土砖等。一块砖有三个两两相等的面，最大的面叫大面，长的一面叫条面，短的一面叫丁面。砖砌入墙体后，条面朝向操作者的叫顺砖，丁面朝向操作者的叫丁砖。厚度分为半砖(120mm)、一砖(240mm)、一砖半(370mm)和二砖(490mm)等。用普通砖砌筑的砖墙，依其墙面组砌形式不同，有一顺一丁、三顺一丁、梅花丁、全顺砌法、全丁砌法、两平一侧砌法等。

(2) 石砌体工程。

由石材和砂浆砌筑的砌体称为石砌体。常用的石砌体有料石砌体、毛石砌体、毛石混凝土砌体，如图 7-6 所示。

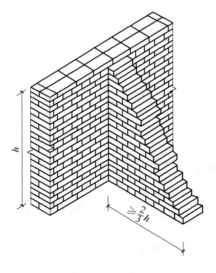

图 7-5　砖砌体斜槎砌筑

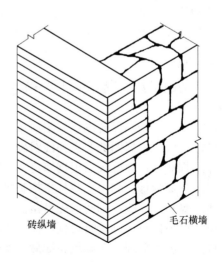

砖纵墙　　　毛石横墙

图 7-6　石砌体

(3) 砌块砌体工程。

由砌块和砂浆砌筑的砌体称为砌块砌体。常用的砌块砌体有混凝土空心砌块砌体、加

气混凝土砌块砌体、水泥炉渣空心砌块砌体、粉煤灰硅酸盐砌块砌体等，如图 7-7 所示。

（4）配筋砌体工程。

为了提高砌体的受压承载力和减小构件的截面尺寸，可在砌体内配置适量的钢筋形成配筋砌体，如图 7-8 所示。配筋砌体分为以下四类。

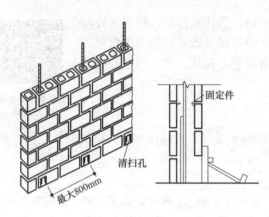

图 7-7 砌块砌体工程   图 7-8 注芯混凝土配筋砌体

① 网状配筋砖砌体。是在砖柱或墙体的水平灰缝内配置一定数量的钢筋网而形成的砌体。

② 组合砖砌体。是由砖砌体和钢筋混凝土面层或钢筋砂浆面层组合的砌体。

③ 砖砌体和钢筋混凝土构造柱组合墙。在砖砌体中每隔一定距离设置钢筋混凝土构造柱，并在各层楼盖处设置钢筋混凝土圈梁。

④ 配筋砌块砌体。在混凝土空心砌块的竖向孔洞中配置竖向钢筋，在砌块横肋凹槽中配置水平钢筋，然后浇筑混凝土，或在水平灰缝中配置水平钢筋，所形成的砌体称为配筋砌块砌体。标准砖的尺寸为 240mm×115mm×53mm，采用标准砖组砌的砖墙厚度有半砖网状配筋砌体；组合砖砌体；砖砌体和钢筋混凝土构造柱组合墙；配筋砌块砌体。

2．流程

砖墙的砌筑工艺一般为：抄平→放(弹)线→摆砖样→立皮数杆→盘角→挂线→砌筑→勾缝及清理等。

（1）抄平：为确保砖砌体施工质量，在砌前必须进行抄平。

（2）弹线：根据图纸要求弹线对砌砖进行定位。

（3）摆砖样：弹好线后根据墙身情况摆好砖样。

（4）立皮数杆：利用皮数杆来控制每皮砖砌筑的竖向尺寸。

（5）盘角、挂线：砌砖前先盘角，盘角就是把角边盘起，成为方正形才可以砌筑。

（6）墙体砌筑：砌筑时根据砖样、皮数杆及盘角挂线进行砌筑，确保跟线。

（7）勾缝及清理：在砌筑完成后为保证成型效果需勾缝及清理。

3．质量措施

砖墙砌筑应横平竖直，砂浆饱满，上下错缝，内外搭砌，接槎牢固。

水平灰缝不饱满易使砖块折断，所以实心砖砌体水平灰缝的砂浆饱满度不得低于 80%，以满足抗压强度的要求。竖向灰缝的饱满程度可明显地提高砌体抗剪强度。砖砌体的水平灰缝厚度和竖向灰缝宽度一般规定为 10mm，不应小于 8mm，也不应大于 12mm，过厚的水平灰缝容易使砖块浮滑，墙身侧倾，过薄的水平灰缝会影响砌体之间的黏结能力。

上下错缝，是指砖砌体上下两皮砖的竖缝应当错开，以避免"通天缝"。在垂直荷载作用下，砌体会由于"通天缝"丧失整体性而影响砌体强度，同时内外搭砌，使同皮的里外砌体通过相邻上下皮的砖块搭砌而组砌得更加牢固。

"接槎"是指相邻砌体不能同时砌筑而又必须设置的临时间断，便于先砌砌体与后砌砌体之间的接合。为使接槎牢固，须保证接槎部分的砌体砂浆饱满，实心砖砌体应砌成斜槎，斜槎长度不应小于高度的 2/3。临时间断处的每一个高度差不得超过每步脚手架的高度。当留斜槎确有困难时，除转角处外，还可从墙面引出不小于 120mm 的直槎，并加设拉结筋。

当预计连续 10 天内的平均气温低于+5℃时，应按冬期施工方法进行；当日最低气温低于−3℃时，也要采取冬施措施。砖石工程的冬期施工应该以采用掺盐砂浆法为主。掺入盐类的水泥砂浆、水泥混合砂浆或微沫砂浆称为掺盐砂浆，它的作用主要是降低砂浆冰点，在一定负温条件下能起抗冻作用。砂浆使用时的温度不应低于+5℃。

砌块可分为小型空心砌块和中型砌块。小型空心砌块是人工砌筑的，与砌砖类似，今后要大力发展。中型砌块要利用小型机械吊装，主要工序为：铺灰→砌块吊装就位→校正→灌缝和镶砖。

7.3　钢筋混凝土结构施工

7.3.1　现浇钢筋混凝土结构

混凝土是一种非匀质脆性材料，在化学反应、荷载、温度和湿度变化等条件下，由于各种材料的变形不一致而在其间产生应力，造成骨料与水泥石的黏结面或水泥石本身微粒的黏结面产生微细裂缝。随着荷载的继续作用或进一步的温差和湿度变化，微细裂缝逐渐扩展、贯通，从而产生较大裂缝。一般情况下，微细的未贯通裂缝对使用并无多大危害；而大的裂缝会影响混凝土的受力，或使钢筋暴露在空气中造成锈蚀等，进而影响建筑的使用寿命。混凝土的裂缝是绝对性的，不可避免的。但我们可以尽量采取有效措施控制裂缝的数量和宽度，特别要避免出现有害裂缝。

1. 常见收缩和温差裂缝的产生原因

现浇钢筋混凝土结构梁、板产生裂缝的原因，综合起来可以分为两大类：一是由于设计失误、施工不当等原因导致的结构性裂缝；二是由于混凝土本身的收缩和温差作用所产生的非结构性裂缝。有关资料统计及大量的工程实践表明，一般工程中结构性裂缝约为20%，大部分为收缩和温差裂缝，约占80%，这些非结构性裂缝可以通过设计和施工阶段采取相应的技术措施预防，从而将其控制在现行规范所允许的范围内。从大量的工程实践中发现，建筑的收缩和温差裂缝所出现的位置与构件部位和形状关系的规律基本相同或类似。

(1) 建筑物两端楼梯间处的楼板平面刚度较小，容易产生裂缝，裂缝通常平行于板的长边并贯通梁侧。设计控制方法是加厚该处的楼板厚度，板面的负筋除了满足计算配筋要

求之外，还应配置≥ϕ@200 双向通长钢筋，梁两侧加设纵向构造腰筋。

(2) 楼板四大角裂缝。产生的原因是荷载、收缩及温差产生的应力向四角叠加成为剪力汇集区而引起的裂缝，一般成 45° 角，距板角约 600～1200mm，常为上下贯通。设计控制方法是除了满足计算配筋要求之外，在整块板的跨度范围内增设双向ϕ或ϕ@200 钢筋网，且四角加密。

(3) 框架柱网外的悬挑梁板处的裂缝一般平行于板的短边并贯通封口梁侧。产生的主要原因是该位置的构件受外界温差影响产生较大的变形应力，因此外露梁板是温差裂缝的多发区域。设计控制方法是在板面长度方向构造筋ϕ@200 通长。

(4) 屋面板是收缩及温差变形裂缝产生较多的地方，因此所有板的负弯矩筋不应切断。

2．构造设计方面的控制措施

(1) 合理设置伸缩缝和后浇带。

同一材料的收缩和膨胀线性系数为一定值时，其面积越大、体形越大，收缩或温差应力引起的变形及产生裂缝的可能性就越大。因此，合理设置长体形建筑的伸缩缝是控制混凝土温差变形裂缝的一项有效措施。设计人员必须严格执行规范，在其规定的最大间距内设置伸缩缝，并应根据当地环境气候及具体工程结构特点适当减小伸缩缝的间隔，以有效防止混凝土结构的温差裂缝。后浇带是当建筑体形较大、高度差较大以及不规则形状时，通常又不便设置伸缩缝，为了防止混凝土因沉降、收缩和温差变形产生裂缝而特别浇筑的一种混凝土结构。设计施工图时应注意合理预留后浇带的位置，并明确提出施工注意事项。

(2) 适当增大板厚和构件的配筋率。

在钢筋混凝土结构中，钢筋对于抵抗和控制收缩和温差变形而产生的裂缝发挥着主导作用。现行规范中除了对混凝土构件的纵向配筋规定了最小配筋率外，还规定当温度等因素对结构产生较大影响时，需要适当增加构件的配筋率。我国一些地方夏、秋季昼夜温差很大，热胀冷缩的不断循环是造成混凝土结构产生温差裂缝的主要原因。部分工程实践表明，往往裂缝较多的构件，其配筋率较小，因此设计人员对此应该予以重视，在设计时要充分考虑工程所出区域的气候特点和建筑物的不同部位(如外露构件)，适当增大构件的配筋率。

常见的收缩和温差裂缝与楼面板、屋面板的厚度有关，如果设计时只计算竖向荷载而未考虑温差和收缩变形对楼板，特别是对屋面板和框架平面以外板件的影响，而采用了较薄的板件，则难以避免在温差和收缩应力反复作用下结构产生裂缝。另外，在楼板厚度不够的情况下，施工偏差会影响到钢筋保护层厚度和负弯矩的有效高度而产生裂缝。如果工程中的楼板暗埋管线众多，也会直接影响楼板厚度，沿管线走向会产生集中应力而导致裂缝。为此，无论计算结果如何，即使板件跨度较小，也应该采取板厚≥100mm，且在温差影响大的重点部位使板面负筋双向通长。

3．施工阶段的控制措施

(1) 严格把关材料质量和配比关系。

为了有效控制现浇混凝土结构中收缩和温差裂缝的出现，我们在施工阶段更应该加倍重视，采取有效控制措施。首先要对所选用的各种材料进行严格的检查和验收，不合格材料一律禁止使用。同时，要按规定的各项技术标准做好混凝土配比设计，并进行试配试验。

施工时选用良好级砂石骨料和低热或中热水泥，严格把关砂石含泥量和外加剂的掺用量，避免使用过量粉砂，严格控制水灰比和坍落度。

(2) 切实做好混凝土的搅拌、运输、浇筑及养护等细节性工作。

混凝土的搅拌要严格按照规范进行，搅拌时间必须充足，配有外加剂的更要搅拌均匀，否则可能造成同一块板中混凝土的性质不同，收缩凝结不均匀而引起开裂。另外，使用外加剂的量必须计算准确，用法正确，要对各种外加剂与不同水泥的相容性匹配关系有明确标识。混凝土的运输、浇筑和振捣必须在初凝前完成并确保板厚，保持构件中各种钢筋的正确位置，专人负责振捣。混凝土浇筑后应防止过早在其上进行施工、堆积物料等活动。

施工缝应按审批合格后的施工方案预留位置。雨季施工应采取防护措施，避免随意停工溜缝。施工接茬处应该用钢丝刷清洗干净缝口，并扫水泥浆，必要时还要在接茬处设置钢丝网或采取其他可行措施防止产生收缩裂缝。混凝土的养护对控制混凝土的收缩裂缝起着举足轻重的作用。因此，混凝土浇筑完成后，必须掌握好养护时间，在规定时间内保持混凝土的湿度，控制其表面温度，避免混凝土的内外温差过大而导致裂缝。

(3) 重视后浇带的施工。

关于后浇带的施工，还应该注意以下事项。后浇带相邻板块两侧的模板应支撑牢固，模板在后浇带浇筑前不得拆除，且必须在后浇带补浇混凝土的强度达到设计强度后方可拆除支撑模板。另外，对后浇带施工缝部位的处理，要将施工缝两侧的旧混凝土表面凿毛，用水彻底冲刷干净，使旧混凝土充分湿润，再扫两次水泥浆后方能浇筑新混凝土，混凝土初凝后必须覆盖养护。后浇带施工缝的新浇混凝土的时间应根据工程的实际情况而定，一般应距原浇混凝土的时间不小于 40 天，补浇混凝土的强度应比原设计强度提高一级，并加入 10%膨胀剂。由于收缩和温差变形这两大因素所产生的非结构性裂缝，在一般情况下尚不至于造成明显危害，但对工程质量和建筑结构的耐久性有一定影响，因此这些裂缝应当引起我们的高度重视。我们应该在实际工程中针对裂缝产生的原因和易发部位，采取有效的设计控制措施及施工技术防范措施，从各个环节上下功夫，将非结构性裂缝严格控制在国家规范允许的范围内，以确保我们施工的建筑质量合格。后浇带的施工方案如图 7-9 所示。

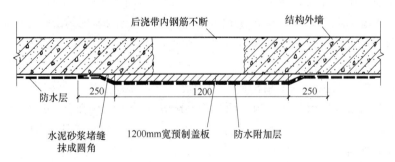

图 7-9 后浇带施工方案

7.3.2 装配式结构

1. 预制装配式混凝土结构发展现状

随着国民经济的发展，人民生活水平不断提高，对住宅的性能、质量和环境的要求也

日益提高。同时，住宅的现浇建设方式与我国低碳、节能、绿色、生态和可持续发展等理念已不相适应。目前，我国迫切需要解决住宅建设中高能耗、高污染、高投资等问题，所以我国发展改革委住房城乡建设部 2013 年 1 月 1 日颁布《绿色建筑行动方案》。其中明确提到推广适合工业化生产的预制装

装配式建筑.docx

配式混凝土结构、钢结构等建筑体系，加快发展建设工程的预制和装配技术，提高建筑工业化技术集成水平。预制装配式混凝土结构具有能源消耗少、经济效益高、建造工期短、绿色环保、安全高效、省人省力等优点，完全符合低碳、节能、绿色、生态和可持续发展等理念。

虽然预制装配式混凝土结构拥有许多优点，但是由于其发展经历过挫折，因此消费者与业内人士不信任其安全性能。然而诸多工程实例与研究表明，预制装配式混凝土结构的安全性能不比现浇混凝土结构逊色。一方面，万科、中南等企业付诸行动，建造研究基地与试验楼盘，证明预制装配式混凝土结构的可行性；另一方面，很多省市陆续出台预制装配式混凝土结构的技术规范，完善设计与施工管理宣传普及预制装配式混凝土结构的优点，完善设计、生产、施工、验收等相关规范，让广大消费者与业内人士接受预制装配式混凝土结构，才能为其发展扫清障碍，使其为社会主义发展作出贡献。

2．预制装配式混凝土结构的优势

预制装配式混凝土结构可分为装配式混凝土结构与装配整体式混凝土结构。装配式混凝土结构是由预制混凝土构件或部件通过焊接、螺栓等连接方式装配而成的混凝土结构。装配整体式混凝土结构是由预制混凝土构件或部件通过钢筋或施加预应力的连接并现场浇筑混凝土而形成整体的结构。预制装配式混凝土结构可以充分发挥工厂预制、现场组装的优势，体现出很多优点。

(1) 施工方面。

① 污染少。由于预制装配式混凝土结构的构件在预制厂标准化生产，因此，可有效地降低施工现场的建筑垃圾、粉尘、噪音，符合绿色施工的要求。

② 无须木模。当今国内的建筑工地大部分采用现浇结构，采用现浇结构需消耗大量木制模板，而预制装配式混凝土结构在预制厂生产时，由于标准化程度高，用钢模代替木模，可显著减少木材的消耗。

③ 整洁卫生。现浇混凝土结构在现场浇筑、养护混凝土时，需要搭建大量的支撑以及脚手架，使得施工现场凌乱、危险。而预制装配式混凝土结构在预制厂统一浇筑、养护，达到强度之后，再运输到现场装配。因此，使用预制施工法无须在现场搭建支撑与脚手架，就能够保证现场整洁卫生。

④ 安全。我们经常会在新闻中看到，某施工工地发生事故。采用现浇施工法进行施工，存在多种安全隐患。例如：脚手架、支撑繁多，管理不善，易导致其倒塌；现场养护的混凝土未达到规定强度而倒塌等。这些事故不仅可造成财产损失，甚至会出现人员伤亡等重大事故。而采用预制施工法的预制装配式混凝土结构则不会有这方面的安全隐患。

(2) 质量方面。

① 构件整体性好。现浇结构在浇筑较长的柱子时，为了防止混凝土水化热过大，需

要分段浇筑，这样会使柱子的整体性变差。然而预制混凝土柱在预制厂预制时是水平浇筑的，整根长柱一体成型，能保证构件的整体性。

② 混凝土强度有保证。在预制厂预制的构件，混凝土强度等级一般会高出设计强度等级一个级别，原因在于：首先，预制厂在制作构件时，不像现场施工那样，需要将混凝土泵送到较高的楼层，因此预制厂混凝土坍落度不需要太高，其中所加的水就相对减少，混凝土强度等级就会比现场浇筑增高；其次，预制厂浇筑完构件后，就将构件进行蒸汽养护，保证混凝土质量，而施工现场养护混凝土却无法提供蒸汽养护的优良条件，又受到天气的影响，养护质量无法与预制厂相比；再次，由于施工管理的纰漏，可能导致现场浇筑时偷工减料等问题的出现。

(3) 工期方面。

① 现场工作量小。应用预制施工法施工，制作，养护构件等工作都在预制厂内进行，施工现场进行的工作仅仅是将预制厂预制好的构件进行吊装、装配、节点加固，主体结构成型后进行装修、水电施工等工作，工作量远小于现浇施工法施工。

② 同步工程效率高。预制施工法施工可以做到上下同步施工，当建筑上部结构还在装配构件时，下部结构就可以同时进行装修、水电施工等工作，效率高的甚至可以投入使用。

③ 无须拆装脚手架与支撑。预制施工法施工在施工时一般无须安装脚手架和支撑，这不仅可使现场卫生整洁，更重要的 是省去拆装脚手架和支撑的时间，大大节省了工期。

④ 不受季节限制。由于预制混凝土构件在预制厂统一标准化生产、养护，仅需运输到施工现场吊装，装配即可，因此季节因素对预制施工法的影响较小。

此外，随着预制装配式混凝土结构在住宅产业化中的不断应用，施工技术日益完善，施工精度不断提高，误差可控制在 2mm 以下。

3. 预制装配式混凝土结构发展陷入困境的原因

(1) 建筑高度、结构形式、建筑功能要求等方面局限性较大。

(2) 受到当时的经济条件制约，生产设备、吊装机械和运输工具较为落后，无法满足工艺的要求，运输道路狭窄，不利于大型构件的运输。

(3) 受技术水平的局限，结构及构件连接处处理不善，易造成漏水、开裂，影响正常使用，在地震来临时，易遭到破坏。

(4) 节点构造复杂，受力可靠性差，唐山大地震中，大量预制装配式混凝土结构遭到破坏，人们对预制混凝土楼板的应用更加保守。

(5) 改革开放后，大量未经过专门技术训练的农民工拥入城市，大部分进入了建筑工地，从事现浇混凝土结构现场施工，致使有一定技术难度的预制装配式混凝土结构发展陷入停滞状态。

(6) 由于预制混凝土及泵送等技术的持续发展，充分体现了工厂化、专业化水平的提高，弥补了现浇钢筋混凝土结构技术方面的缺陷，其技术在诸多工程实践中得以进步与完善，现浇钢筋混凝土结构逐渐取代了预制装配式混凝土结构。

7.4 屋面防水及装饰工程施工

7.4.1 屋面防水工程

房屋建筑曾一度出现屋面渗漏率居高不下的现象，严重影响了房屋的使用功能。已建房屋屋面发生渗漏水问题，直接影响到人们的生活、工作和学习，通过对屋面渗漏水治理技术的研究，长沙嘉程防水得出以下结论。

要从根本上解决已建房屋屋面渗漏水问题，就要从防水工程的设计、施工、材料及管理维护等方面着手，进行系统管理，综合防治。以提高防水工程质量，杜绝渗漏为目标，从施工入手，严把材料质量关，提高设计水平和加强管理，有针对性地采取具体措施进行综合防治。

1．屋面防水施工

（1）材料选用。

在屋面渗漏水治理工作中，应该大力推广应用新型防水材料，应首先选用技术较先进、性能较优异的高聚物改性沥青卷材及涂料、合成高分子卷材及涂料、弹塑性密封材料及新型刚性防水材料。在当前防水材料市场鱼龙混杂的情况下，必须严把材料质量关，对进入施工现场的防水材料，不仅要符合国家或行业标准，有出厂合格证和材料准用证，还必须进行现场抽样复检，复检不合格的材料坚决不用，严防假冒伪劣产品应用到渗漏水治理工程中。

（2）屋面防水设计。

设计时应根据建筑物性质、工程特点、重要程度和使用功能进行防水设防。由于目前防水材料品种繁杂、性能各异，适用范围不同且价格相差悬殊，因此要本着"因地制宜、按需选材、防排结合、刚柔并济、整体密封"的原则进行屋面防水设计和选材。要根据当地的最高和最低气温、日温差、屋面坡度、防水层形式(外露或非外露)以及结构大小等具体情况，选用适宜的防水材料，确定相应的施工方案。

（3）施工是关键。

渗漏水治理工程施工是一项技术性强、标准要求高的防水材料再加工过程，因此必须由经过专业技术培训，熟悉施工规范和防水材料性能特点及适用范围的训练有素的专业防水施工队伍进行施工。在施工过程中必须严格遵守国家标准规范，认真贯彻执行工艺标准，一丝不苟、精心操作，这样才能确保工程质量。

（4）加强管理维护。

加强管理维护是降低屋面渗漏率和延长防水层使用年限的重要措施。

防水工程竣工验收后在长期的使用过程中常常由于材料的逐渐老化、各种变形的反复影响、风雨冰冻的作用、雨水的冲刷、使用时人为的损坏以及垃圾尘土堆积堵塞排水通道等因素的作用使防水层遭到损坏，并导致渗漏，因此加强管理维护是提高防水工程质量的一个重要措施。定期进行屋面的保养维护，如采取在每年雨季来临前和入冬前对防水层进行全面清扫检查发现有损坏之处及时修复等措施，对降低屋面渗漏率，减少返修，节省开支，延长防水层使用年限具有十分重要的意义。

2．屋面防水等级

根据建筑物的性质、重要程度、使用年限功能要求及防水层耐用年限等，可将屋面防水分为四个等级，并按不同等级进行设防，防水屋面的常用类型有卷材防水屋面、涂抹防水屋面和刚性防水屋面等级。

(1) 一级。

建筑物类别：特别重要或对防水有特殊要求的建筑。

防水层合理适用年限：20年。

设防要求：三道或三道以上防水设防。

防水层选用材料：宜选用合成高分子防水卷材、高聚物改性沥青防水卷材、金属板材、合成高分子防水涂料、细石防水混凝土等材料。

(2) 二级。

建筑物类别：重要的建筑和高层建筑。

防水层合理适用年限：10年。

设防要求：二道防水设防。

防水层选用材料：宜选用高聚物改性沥青防水卷材、合成高分子防水卷材、金属板材、合成高分子防水涂料、高聚物改性沥青防水涂料、细石防水混凝土、平瓦、油毡瓦等材料。

7.4.2 装饰工程

装饰工程是指房屋建筑施工中包括抹灰、油漆、刷浆、玻璃、裱糊、饰面、罩面板和花饰等工艺的工程，它是房屋建筑施工的最后一个施工过程，其具体内容包括内外墙面和顶棚的抹灰，内外墙饰面和镶面、楼地面的饰面、房屋立面花饰的安装、门窗等木制品和金属品的油漆刷浆等。

装饰工程主要可分为：门窗工程；吊顶工程；隔墙工程；抹灰工程；饰面板(砖)工程；楼地面工程；涂料工程；刷浆工程；裱糊工程。

1．装饰工程的作用

(1) 满足使用功能的要求。

任何空间的最终目的都是用来完成一定的功能。装饰工程的作用是根据功能的要求对现有的建筑空间进行适当的调整，以便建筑空间能更好地为功能服务。

(2) 满足人们对审美的要求。

人除了对空间有功能的要求外，还对空间的美有要求，这种要求随着社会的发展而迅速地提升。这就要求装饰工程完成以后，不但要满足使用功能的要求，还要满足使用者的审美要求。

(3) 保护建筑结构。

装饰工程不但不能破坏原有的建筑结构，而且还要对建筑过程中没有进行很好保护的部位进行补充的保护处理。自然因素的影响，如水泥制品会因大气的作用变得疏松，钢材会因氧化而锈蚀，竹木会受微生物的侵蚀而腐朽。人为因素的影响，如在使用过程中由于

碰撞、磨损以及水、火、酸、碱的作用也会使建筑结构受到破坏。装饰工程采用现代装饰材料及科学合理的施工工艺，对建筑结构进行有效的包覆施工，使其免受风吹雨打、湿气侵袭、有害介质的腐蚀以及机械作用的伤害等，从而起到保护建筑结构，增强耐久性，延长建筑物使用寿命的作用。

2. 装饰工程上的三点创新

(1) 站在提升客户品牌、促进产品销售、控制客户成本的高度开展服务。
(2) 引进价值链管理服务，降低客户的费用成本，同时增强服务价值感。
(3) 强化空间智能技术的开发和应用，让商业空间的功能人性化、生态化。

本章小结

通过对本章的学习，同学们可以了解建筑工程施工组织设计的内容、分类及作用；熟悉建筑工程施工中脚手架、垂直运输设施的基本知识；掌握基础工程、砌体施工基本知识；掌握现浇钢筋混凝土结构和装配式结构及熟悉屋面防水工程和装饰工程，为以后的学习或者工作打下坚实的基础。

实训练习

一、单选题

1. 当屋面坡度(　　)时，沥青防水卷材应垂直屋脊铺贴且必须采取固定措施。
   A. 小于3%　　　B. 在3%～15%　　　C. 大于15%　　　D. 大于25%
2. 防水卷材的铺贴应采用(　　)。
   A. 平接法　　　B. 搭接法　　　C. 顺接法　　　D. 层叠
3. 防水卷材施工中，当铺贴连续多跨和有高低跨的屋面卷材，应按(　　)次序。
   A. 先高跨后低跨，先远后近　　　B. 先低跨后高跨，先近后远
   C. 先屋脊后屋檐，先远后近　　　D. 先屋檐后屋脊，先近后远
4. 高聚物改性沥青防水卷材施工中，采用冷胶粘剂进行卷材与基层、卷材与卷材黏结的施工方法称为(　　)。
   A. 条粘法　　　B. 自粘法　　　C. 冷贴法　　　D. 热熔法
5. 涂膜防水屋面施工的首要步骤是清理基层，第二步是(　　)。
   A. 涂布基层处理剂　　　　　　B. 特殊部位处理
   C. 涂膜防水层施工　　　　　　D. 保护层施工

二、多选题

1. (　　)是施工技术准备工作的重要内容。
   A. 编制施工组织设计　　　B. 施工机具及物资准备　　　C. 组织施工队伍
   D. 编制工程预算　　　　　E. 三通一平
2. 施工准备工作主要包括(　　)。

A. 竣工资料的准备　　　　B. 劳动组织准备　　　　C. 现场准备

D. 标底的计算　　　　E. 技术准备

3. 施工组织设计文件中的"图、案、表"分别指的是(　　)。

A. 施工方法　　　　B. 施工平面图　　　　C. 网络图

D. 施工方案　　　　E. 施工进度计划表

4. 屋面防水等级为二级的建筑物是(　　)。

A. 高层建筑　　　　B. 一般工业与民用建筑

C. 特别重要的民用建筑　　　　D. 重要的工业与民用建筑

E. 对防水有特殊要求的工业建筑

5. 用于外墙的涂料应具有的能力有(　　)。

A. 耐水　　　　B. 耐洗刷　　　　C. 耐碱

D. 耐老化　　　　E. 黏结力强

三、简单题

1. 施工部署都包括哪些内容?

2. 垂直运输设施的分类都有哪些?

3. 混凝土收缩和温差裂缝的产生原因是什么?

4. 屋面防水施工主要包括哪几部分?

第7章习题答案.pdf

实训工作单一

班级		姓名		日期	
教学项目		现场学习混合结构施工			
学习项目	脚手架、运输设备、砌体施工等		学习要求	掌握其施工基本工序	
相关知识			混合结构		
其他内容			其他结构施工工序		
学习记录					
评语				指导老师	

实训工作单二

班级		姓名		日期	
教学项目		钢筋混凝土工程结构施工			
任务		混凝土及钢筋混凝土工程施工内容		学习要求	混凝土施工控制要点
相关知识			混凝土工程和钢筋工程		
其他要求					
学习记录					
评语				指导老师	

第 8 章　工程造价概述

【学习目标】

1. 掌握工程造价的分类和构成
2. 熟悉房地产开发项目投资估算及经济效益评价

【教学要求】

本章要点	掌握层次	相关知识点
工程造价的分类和构成	1. 掌握工程造价的分类 2. 掌握工程造价的构成	广义工程造价 狭义工程造价
工程造价的分类和构成	1. 熟悉房地产开发项目投资估算 2. 掌握房地产开发项目经济效益评价	房地产开发

【案例导入】

　　建筑行业目前为我国四大支柱行业之一，随着建筑行业的不断发展，工程造价行业不断发展壮大。项目要实现精细化管理，必须拥有一批扎实理论基础并掌握先进造价工具的人才来进行项目全生命周期管控，是否拥有高素质的造价人员对项目部管理能力和赢利能力起到决定性作用。工程造价是一项技术性、专业性很强的工作，它贯穿于投资决策、项目设计、招标投标、建设施工和竣工结算各阶段。因此，造价行业的发展迅速离不开高水平、高技能造价人才。

【问题导入】

　　结合自身所学的相关知识，简述工程造价在土木工程领域有哪些不可忽视的作用以及如何更好地掌握本章节的内容。

8.1　工程造价的分类及构成

8.1.1　工程造价的概念

1. 工程造价的定义

建设工程造价是指工程的建设价格。这里所说的工程，它的范围和内涵具有很大的不

确定性。其含义有两种：第一种含义是指进行某项工程建设花费的全部费用，即该工程项目有计划地进行固定资产再生产、形成相应无形资产和铺底流动资金的一次性费用的总和。很明显，这一含义是从业主的角度来定义的。投资者选定一个投资项目后，就要通过项目评估进行决策，然后进行设计招标、工程招标直至竣工验收等一系列投资管理活动。在投资活动中所支付的全部费用形成了固定资产和无形资产。所有这些开支就构成了建设工程造价。从这个意义上说，建设工程造价就是建设项目固定资产投资。第二种含义是指工程价格，即为建成一项工程，预计或实际在土地市场、设备市场、技术劳务市场以及承包市场等交易活动中所形成的建筑安装工程的价格和建设工程总价格。显然，建设工程造价的第二种含义是以社会主义商品经济和市场经济为前提的，它以工程这种特定的商品形式作为交换对象，通过招投标、承发包或其他交易形式，在进行多次性预估的基础上，最终由市场形成价格。通常是把建设工程造价的第二种含义认定为工程承发包价格。

工程造价.mp4

建设工程造价的两种含义是以不同角度把握同一事物的本质。以建设工程的投资者来说，建设工程造价就是项目投资，是"购买"项目付出的价格；同时也是投资者在作为市场供应主体时"出售"项目时定价的基础。对于承包商来说，建设工程造价是他们作为市场供给主体出售商品和劳务的价格的总和，或是特指范围的建设工程造价，如建筑安装工程造价。

2. 工程造价的特点

(1) 大额性。

建设工程不仅实物体型庞大，而且造价高昂，动辄数百万元，特大的工程项目造价可达数百亿元上千亿元人民币。建设工程造价的大额性不仅关系到有关各方面的重大经济利益，同时也会对宏观经济产生重大影响。这就决定了建设工程造价的特殊地位，也说明了造价管理的重要性。

(2) 单个性和差异性。

任何一项建设工程都有特定的用途、功能和规模。因此对每一项工程的结构、造型、工艺设备、建筑材料和内外装饰等都有具体的要求，这就使建筑工程的实物形态表现为千差万别。再加上不同地区构成投资费用的各种价值要素的差异，最终导致建设工程造价的个别性差异。

(3) 动态性。

在经济发展的过程中，价格是动态的，是不断发生变化的。任何一项工程从投资决策到交付使用，都有一个较长的建设时期，在这期间，许多影响建设工程造价的动态因素，如工资标准、设备材料价格、费率、利率等会发生变化，而这种变化势必影响到造价的变动。所以，有必要在竣工结算中考虑动态因素，以确定工程的实际造价。

(4) 层次性。

工程的层次性决定了造价的层次性。一个工程项目(学校)往往由许多单项工程(教学楼、办公楼、宿舍楼等)构成。一个单项工程又由多个单位工程(土建、电气安装工程等)组成。与此相对应，建设工程造价有三个层次：建设项目总造价、单项工程造价和单位工程造价。

(5) 阶段性(多次性)。

工程建设项目从决策到竣工交付，都有一个较长的建设期。在整个建设期内，构成工程造价的任何因素变化都必然会影响工程造价的变动，不能一次确定可靠的价格(造价)，要到竣工决算后才能最终确定工程造价，因此需对建设程序的各个阶段进行计价，以保证工程造价确定和控制的科学性。工程造价的多次性计价反映了不同的计价主体对工程造价的逐步深化、逐步细化、逐步接近和最终确定工程造价的过程。如设计阶段的计价就是设计概算的造价，施工阶段的造价就是预算价(投标价)，竣工时又有结算造价，等等。

8.1.2 工程造价的分类

音频.工程造价的
分类.mp3

工程造价，习惯上称作工程预算。工程预算是一种统称，按照其不同的编制阶段，它有不同的名称和作用，一般包括投资估算、设计概算、修正概算、施工图预算、施工预算、工程结算和竣工决算等。不同编制阶段的名称和作用见表 8-1。

表 8-1 不同编制阶段的名称和作用

建设周期的各个阶段	工程造价名称
项目建议书及可行性研究阶段	投资估算
初步设计阶段	设计概算
技术设计阶段	修正概算
施工图设计阶段	施工图预算
	施工预算
招投标阶段	投标控制价(标底)
	投标报价
	合同价
施工阶段	工程结算
竣工工验收阶段	竣工决算

1. 投资估算

投资估算是指在项目建议书和可行性研究阶段通过编制估算文件测算确定的工程造价。投资估算是建设项目进行决策、筹集资金和合理控制造价的主要依据。

2. 设计概算

设计概算是指在初步设计阶段，根据设计意图，通过编制工程概算文件测算和确定的工程造价。与投资估算造价相比，概算造价的准确性有所提高，但受估算造价的控制。

3. 修正概算

修正概算是指在技术设计阶段，根据技术设计的要求，通过编制修正概算文件测算和确定的工程造价。修正概算是对初步设计阶段概算造价的修正和调整，比概算造价更准确，但受概算造价控制。

通常情况下，设计概算和修正概算合称为扩大的设计概算。

4. 施工图预算

施工图预算是指在施工图设计阶段，根据施工图纸，通过编制预算文件确定的工程造价。它比概算造价或修正概算造价更为详尽和准确，但同样要受前一阶段工程造价的控制。施工图预算是施工单位和建设单位签订承包合同和办理工程结算的依据；也是施工单位编制计划、实行经济核算和考核经营成果的依据。在实行招标承包制的情况下，是建设单位确定标底和施工单位投标报价的依据。

【案例 8-1】某工程合同价 520 万元，合同工期为 60 天，采用清单计价模式下的可调总价合同，开工前发包方向承包方式支付分部分项工程费的 10%作为材料预付款，材料的预付款为多少？

5. 施工预算

施工预算是施工单位在施工图预算的控制下，依据施工图纸和施工定额以及施工组织设计编制的单位工程(或分部分项工程)施工所需的人工、材料和施工机械台班数量，是施工企业内部文件。施工预算确定的是工程计划成本。

6. 招标控制价

招标控制价是招标人根据国家或省级、行业建设主管部门颁发的有关计价依据和办法，按设计施工图纸计算的，对招标工程限定的最高工程造价，也可称其为拦标价、预算控制价或最高报价等。

7. 投标报价

投标报价是投标人对承建工程所要发生的各种费用(工程费用包含设备及工器具购置费、建安工程费，工程建设其他费，设备费与建设期利息)的计算。《建设工程工程量清单计价规范》规定，"投标价是投标人投标时报出的工程造价"。

8. 合同价

合同价是指在工程招投标阶段通过签订总承包合同、建筑安装工程承包合同、设备材料采购合同，以及技术和咨询服务合同所确定的价格。合同价是属于市场价格的性质，它是由买卖双方根据市场行情共同商定确定的成交价格，但他并不等于工程实际价格。按不同的计价方法，建设工程合同类型有许多种。不同类型的合同价内涵也有所不同，常见的合同价形式有：固定合同价、可调合同价和成本加酬金合同价。

9. 工程结算

工程结算是指在工程竣工验收阶段，按合同调价范围和调价方法，对实际发生的工程量增减、设备和材料价差等进行调整后计算和确定的工程造价，反映的是工程项目实际造价。

10. 竣工决算

竣工决算是指工程竣工决算阶段，以实物数量和货币指标为计量单位，综合反映竣工项目从筹建开始到项目竣工交付使用为止的全部建设费用。竣工决算是由建设单位编制的反映建设项目实际造价和投资效果的文件。

【案例 8-2】甲部门对地弹门及大玻璃窗制作安装工程进行了公开招标。由于前期准备工作做得很充分，对地弹门主材进行了市场综合调查。在调查中发现地弹门五金价格差距很大，其中：地弹簧的价格范围在 60～800 元/个，拉手的价格范围在 40～160 元/套。为了确保各投标单位报价的可比性，在招标时甲部门根据产品的性能，指定了合理的配置和价位(采用 GMT818 系列地弹簧 240 元/个、金浪斯 600 拉手 60 元/套)。由于各施工单位报价的标准一致，竞争很激烈，最终中标价格比前期预测价格低很多，大玻璃窗为 120 元/m²(前期已经招标的合同价为 200 元/平方米)，地弹门为 260 元/m²，确保了公司制定的中高档配置、中低价位目标的实现，节约成本约 3 万元。

结合自身所学的相关知识，简述工程造价的分类。

8.1.3 工程造价的构成

1. 按费用构成要素划分的建筑安装工程费用项目组成

音频.工程造价的
构成.mp3

工程造价构
成.docx

根据建标〔2013〕44 号：住房和城乡建设部、财政部关于印发《建筑安装工程费用项目组成》的通知的规定，建筑安装工程费按照费用构成要素划分，由人工费、材料(包含工程设备，下同)费、施工机具使用费、企业管理费、利润、规费和税金(增值税)组成。其中人工费、材料费、施工机具使用费、企业管理费和利润包含在分部分项工程费、措施项目费、其他项目费中，如图 8-1 所示。

1) 人工费

人工费是指按工资总额构成规定，支付给从事建筑安装工程施工的生产工人和附属生产单位工人的各项费用。内容包括下列各点。

(1) 计时工资或计件工资。

计时工资或计件工资是指按计时工资标准和工作时间或对已做工作按计件单价支付给个人的劳动报酬。

(2) 奖金。

奖金是指对超额劳动和增收节支支付给个人的劳动报酬。如节约奖、劳动竞赛奖等。

(3) 津贴补贴。

津贴补贴是指为了补偿职工特殊或额外的劳动消耗和因其他特殊原因支付给个人的津贴，以及为了保证职工工资水平不受物价影响支付给个人的物价补贴。如流动施工津贴、特殊地区施工津贴、高温(寒)作业临时津贴、高空作业津贴等。

(4) 加班加点工资。

加班加点工资是指按规定支付的在法定节假日工作的加班工资和在法定日工作时间外延时工作的加点工资。

(5) 特殊情况下支付的工资。

特殊情况下支付的工资是指根据国家法律、法规和政策规定，因病、工伤、产假、计划生育假、婚丧假、事假、探亲假、定期休假、停工学习、执行国家或社会义务等原因按计时工资标准或计时工资标准的一定比例支付的工资。

2) 材料费

材料费是指施工过程中耗费的原材料、辅助材料、构配件、零件、半成品或成品、工程设备的费用。内容包括下列各点。

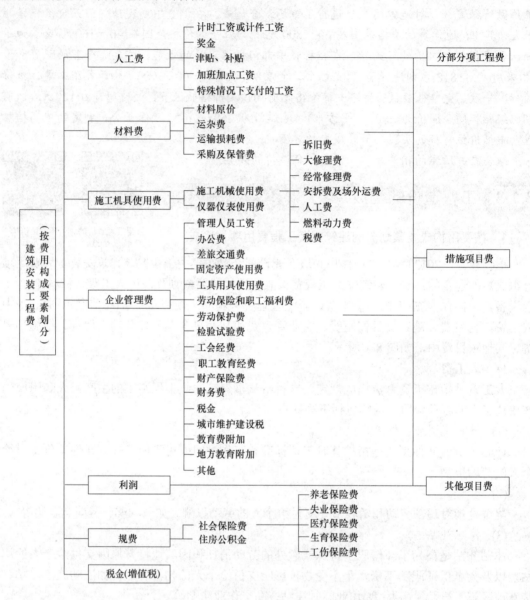

图 8-1 建筑安装工程费(按费用构成要素划分)

(1) 材料原价。

材料原价是指材料、工程设备的出厂价格或商家供应价格。

(2) 运杂费。

运杂费是指材料、工程设备自来源地运至工地仓库或指定堆放地点所发生的全部费用。

(3) 运输损耗费。

运输损耗费是指材料在运输装卸过程中不可避免的损耗。

(4) 采购及保管费。

采购及保管费是指在组织采购、供应和保管材料、工程设备的过程中所需要的各项费

用。包括采购费、仓储费、工地保管费、仓储损耗。工程设备是指构成或计划构成永久工程一部分的机电设备、金属结构设备、仪器装置及其他类似的设备和装置。

3) 施工机具使用费

施工机具使用费是指施工作业所发生的施工机械、仪器仪表使用费或其租赁费。

(1) 施工机械使用费。

以施工机械台班耗用量乘以施工机械台班单价表示,施工机械台班单价应由下列七项费用组成。

① 折旧费:是指施工机械在规定的使用年限内,陆续收回其原值的费用。

② 大修理费:是指施工机械按规定的大修理间隔台班进行必要的大修理,以恢复其正常功能所需的费用。

③ 经常修理费:是指施工机械除大修理以外的各级保养和临时故障排除所需的费用。包括为保障机械正常运转所需替换设备与随机配备工具附具的摊销和维护费用,机械运转中日常保养所需润滑与擦拭的材料费用及机械停滞期间的维护和保养费用等。

④ 安拆费及场外运费:安拆费指施工机械(大型机械除外)在现场进行安装与拆卸所需的人工、材料、机械和试运转费用以及机械辅助设施的折旧、搭设、拆除等费用;场外运费指施工机械整体或分体自停放地点运至施工现场或由一施工地点运至另一施工地点的运输、装卸、辅助材料及架线等费用。

⑤ 人工费:是指机上司机(司炉)和其他操作人员的人工费。

⑥ 燃料动力费:是指施工机械在运转作业中所消耗的各种燃料及水、电费用等。

⑦ 税费:是指施工机械按照国家规定应缴纳的车船使用税、保险费及年检费等。

(2) 仪器仪表使用费。

仪器仪表使用费是指工程施工所需使用的仪器仪表的摊销及维修费用。

4) 企业管理费

企业管理费是指建筑安装企业组织施工生产和经营管理所需的费用。内容包括下列各点。

(1) 管理人员工资

管理人员工资是指按规定支付给管理人员的计时工资、奖金、津贴补贴、加班加点工资及特殊情况下支付的工资等。

(2) 办公费

办公费是指企业管理办公用的文具、纸张、账表、水电、烧水和集体取暖降温(包括现场临时宿舍取暖降温)等费用。

(3) 差旅交通费。

差旅交通费是指职工因公出差、调动工作的差旅费、住勤补助费;市内交通费和误餐补助费;职工探亲路费;劳动力招募费;职工退休、退职一次性路费;工伤人员就医路费,工地转移费以及管理部门使用的交通工具的油料、燃料等费用。

(4) 固定资产使用费。

固定资产使用费是指管理和试验部门及附属生产单位使用的属于固定资产的房屋、设备、仪器等的折旧、大修、维修或租赁费。

(5) 工具用具使用费。

工具用具使用费是指企业施工生产和管理使用的不属于固定资产的工具、器具、家具、

交通工具和检验、试验、测绘、消防用具等的购置、维修和摊销费。

(6) 劳动保险和职工福利费。

劳动保险和职工福利费是指由企业支付的职工退职金、按规定支付给离休干部的经费、集体福利费、夏季防暑降温补贴、冬季取暖补贴、上下班交通补贴等。

(7) 劳动保护费。

劳动保护费是指企业按规定发放的劳动保护用品的支出。如工作服、手套、防暑降温饮料以及在有碍身体健康的环境中施工的保健费用等。

(8) 检验试验费。

检验试验费是指施工企业按照有关标准规定，对建筑以及材料、构件和建筑安装物进行一般鉴定、检查所发生的费用，包括自设试验室进行试验所耗用的材料等费用。不包括新结构、新材料的试验费，对构件做破坏性试验及其他特殊要求检验试验的费用和建设单位委托检测机构进行检测的费用，对此类检测发生的费用，由建设单位在工程建设其他费用中列支。但对施工企业提供的具有合格证明的材料进行检测其结果不合格的，该检测费用由施工企业支付。

(9) 工会经费。

工会经费是指企业按《工会法》规定的全部职工工资总额比例计提的工会经费。

(10) 职工教育经费。

职工教育经费是指按职工工资总额的规定比例计提，企业为职工进行专业技术和职业技能培训，专业技术人员继续教育、职工职业技能鉴定、职业资格认定以及根据需要对职工进行各类文化教育所发生的费用。

(11) 财产保险费。

财产保险费是指施工管理用财产、车辆等的保险费用。

(12) 财务费。

财务费是指企业为施工生产筹集资金或提供预付款担保、履约担保、职工工资支付担保等所发生的各种费用。

(13) 税金。

税金是指企业按规定缴纳的房产税、车船使用税、土地使用税、印花税等。

(14) 城市维护建设税。

城市维护建设税是指为了加强城市的维护建设，扩大和稳定城市维护建设资金的来源，规定凡缴纳消费税、增值税、营业税的单位和个人，都应当依照规定缴纳城市维护建设税。城市维护建设税税率如下所述。

① 纳税人所在地在市区的，税率为 7%；

② 纳税人所在地在县城、镇的，税率为 5%；

③ 纳税人所在地不在市区、县城或镇的，税率为 1%。

(15) 教育费附加。

教育费附加是对缴纳增值税、消费税、营业税的单位和个人征收的一种附加费。其作用是为了发展地方性教育事业，扩大地方教育经费的资金来源。以纳税人实际缴纳的增值税、消费税、营业税的税额为计费依据，教育费附加的征收率为 3%。

(16) 地方教育附加。

按照《关于统一地方教育附加政策有关问题的通知》(财综〔2010〕98 号)要求，各地统一征收地方教育附加，地方教育附加征收标准为单位和个人实际缴纳的增值税、营业税和消费税税额的 2%。

(17) 其他。

包括技术转让费、技术开发费、投标费、业务招待费、绿化费、广告费、公证费、法律顾问费、审计费、咨询费、保险费等。

5) 利润

利润是指施工企业完成所承包工程获得的盈利。

6) 规费

规费是指按国家法律、法规规定，由省级政府和省级有关权力部门规定必须缴纳或计取的费用。包括下述各点。

(1) 社会保险费。

① 养老保险费：是指企业按照规定标准为职工缴纳的基本养老保险费。

② 失业保险费：是指企业按照规定标准为职工缴纳的失业保险费。

③ 医疗保险费：是指企业按照规定标准为职工缴纳的基本医疗保险费。

④ 生育保险费：是指企业按照规定标准为职工缴纳的生育保险费。

⑤ 工伤保险费：是指企业按照规定标准为职工缴纳的工伤保险费。

(2) 住房公积金。

住房公积金是指企业按规定标准为职工缴纳的住房公积金。

(3) 工程排污费。

工程排污费是指按规定缴纳的施工现场工程排污费。其他应列而未列入的规费，按实际发生计取。

7) 税金

建筑安装工程费用的税金是指国家税法规定应计入建筑安装工程造价内的增值税销项税额。增值税是以商品(含应税劳务)在流转过程中产生的增值额作为计税依据而征收的一种流转税。从计税原理上说，增值税是对商品生产、流通、劳务服务中多个环节的新增价值或商品的附加值征收的一种流转税。根据财政部、国家税务总局《关于全面推开营业税改征增值税试点的通知》(财税〔2016〕36 号)要求，建筑行业自 2016 年 5 月 1 日起纳入营业税改征增值税试点范围(简称营改增)。建筑行业营改增后，工程造价按"价税分离"计价规则计算，具体要素价格适用增值税税率的，执行财税部门的相关规定。税前工程造价为企业管理费、利润人工费、材料费、施工机具使用费和规费之和。

2. 按造价形成划分的建筑安装工程费用项目组成

根据建标〔2013〕44 号：住房和城乡建设部、财政部关于印发《建筑安装工程费用项目组成》的通知的规定，建筑安装工程费按照工程造价形成由分部分项工程费、措施项目费、其他项目费、规费、税金组成，分部分项工程费、措施项目费、其他项目费包含人工费、材料费、施工机具使用费、企业管理费和利润，如图 8-2 所示。

1) 分部分项工程费

分部分项工程费是指各专业工程的分部分项工程应予列支的各项费用。

(1) 专业工程。

专业工程是指按现行国家计量规范划分的房屋建筑与装饰工程、仿古建筑工程、通用安装工程、市政工程、园林绿化工程、矿山工程、构筑物工程、城市轨道交通工程、爆破工程等各类工程。

(2) 分部分项工程。

分部分项工程是指按现行国家计量规范对各专业工程划分的项目。如房屋建筑与装饰工程划分的土石方工程、地基处理与桩基工程、砌筑工程、钢筋及钢筋混凝土工程等。各类专业工程的分部分项工程划分见现行国家或行业计量规范。

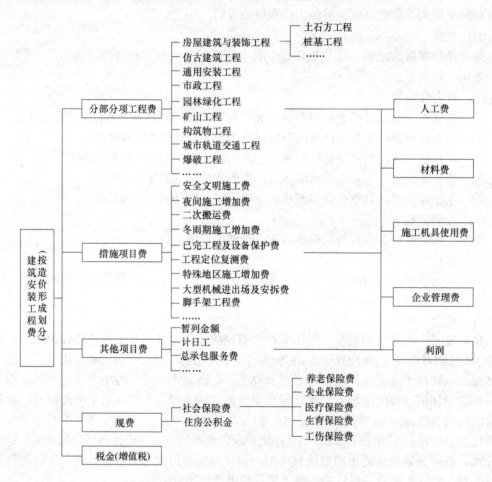

图 8-2　建筑安装工程费(按造价形成划分)

2) 措施项目费

措施项目费是指为完成建设工程施工，发生于该工程施工前和施工过程中的技术、生活、安全、环境保护等方面的费用。内容包括下列各点。

(1) 安全文明施工费。

① 环境保护费：是指施工现场为达到环保部门要求所需要的各项费用。

措施项目费.docx

② 文明施工费：是指施工现场文明施工所需要的各项费用。

③ 安全施工费：是指施工现场安全施工所需要的各项费用。

④ 临时设施费：是指施工企业为进行建设工程施工所必须搭设的生活和生产用的临时建筑物、构筑物和其他临时设施费用。包括临时设施的搭设、维修、拆除、清理费或摊销费等。

(2) 夜间施工增加费。

夜间施工增加费是指因夜间施工所发生的夜班补助费、夜间施工降效、夜间施工照明设备摊销及照明用电等费用。

(3) 二次搬运费。

二次搬运费是指因施工场地条件限制而发生的材料、构配件、半成品等一次运输不能到达堆放地点，必须进行二次或多次搬运所发生的费用。

(4) 冬雨期施工增加费。

冬雨期施工增加费是指在冬期或雨期施工需增加的临时设施、防滑、排除雨雪、人工及施工机械效率降低等费用。

(5) 已完工程及设备保护费。

已完工程及设备保护费是指竣工验收前，对已完工程及设备采取的必要保护措施所发生的费用。

(6) 工程定位复测费。

工程定位复测费是指工程施工过程中进行全部施工测量放线和复测工作的费用。

(7) 特殊地区施工增加费。

特殊地区施工增加费是指工程在沙漠或其边缘地区、高海拔、高寒、原始森林等特殊地区施工增加的费用。

(8) 大型机械设备进出场及安拆费。

大型机械设备进出场及安拆费是指机械整体或分体自停放场地运至施工现场或由一个施工地点运至另一个施工地点，所发生的机械进出场运输及转移费用及机械在施工现场进行安装、拆卸所需的人工费、材料费、机械费、试运转费和安装所需的辅助设施的费用。

(9) 脚手架工程费。

脚手架工程费是指施工需要的各种脚手架搭、拆、运输费用以及脚手架购置费的摊销(或租赁)费用。

措施项目及其包含的内容详见各类专业工程的现行国家或行业计量规范。

3) 其他项目费

(1) 暂列金额。

暂列金额是指建设单位在工程量清单中暂定并包括在工程合同价款中的一笔款项。用于施工合同签订时尚未确定或者不可预见的所需材料、工程设备、服务的采购，施工中可能发生的工程变更、合同约定调整因素出现时的工程价款调整以及发生的索赔、现场签证确认等的费用。

其他项目费.docx

(2) 计日工。

计日工是指在施工过程中，施工企业完成建设单位提出的施工图纸以外的零星项目或工作所需的费用。

(3) 总承包服务费。

总承包服务费是指总承包人为配合、协调建设单位进行的专业工程发包,对建设单位自行采购的材料、工程设备等进行保管以及施工现场管理、竣工资料汇总整理等服务所需的费用。

4) 规费

同按费用构成要素划分的建筑安装工程费用项目组成的规费。

5) 税金(增值税)

同按费用构成要素划分的建筑安装工程费用项目组成的税金

8.2　房地产开发项目投资估算及经济效益评价

8.2.1　房地产开发项目投资估算

音频.房地产项目投资的经济效益评价原则.mp3

1. 投资估算的含义

根据工程建设程序的要求,任何一个拟建项目,都须通过全面的技术、经济论证后,才能决定是否正式立项。在对拟建项目的全面论证过程中,除考虑经济发展的市场需求和技术的可行性外,还要考虑经济上的合理性,而项目的投资额是经济评价的重要依据。

投资估算指在建设项目立项之前的决策阶段,依据现有的资料和一定的方法,对将来进行该项目建设可能要花费的各项费用的事先匡算。投资估算有两种操作方式,一是在明确项目建设必须达到的目标要求条件下匡算需要多少资金;二是在投资额限制的条件下框定项目建设的规模与标准。实际操作时往往将这两者结合起来应用。

对于政府投资项目,按照现行项目建议书和可行性研究报告审批要求,其中的投资估算一经批准即为建设项目投入资金的最高限额,一般情况下不得随意突破。建设投资是项目经济可行性的主要敏感因素。在全过程的造价控制中,决策阶段的投资估算是项目建设的投资总目标,是建设投资的最高限额目标。投资估算,既不能高估冒算,也不能压低控制目标,否则就失去了目标管理的实践意义。在项目决策后的实施过程中,为保证有效控制投资,应进行限额设计,以保证设计概算不得突破批准的投资估算额。

2. 投资估算的阶段划分

项目的投资决策过程一般要经历一个逐步详细的技术经济论证过程,通常把项目的投资决策过程划分为投资机会研究阶段和初步可行性研究阶段及详细可行性研究阶段,从而把投资估算工作也相应分为三个阶段。投资机会研究的成果即项目建议书。初步可行性研究也称为预可行性研究。有些大中型城市建筑工程在初步设计前还要做一次方案设计,在此阶段也要编制投资估算。

不同决策阶段拟建项目的要求明确程度不同,对应的估算条件和资料的掌握程度不同,因而投资估算的准确程度不同,进而每个阶段投资估算所起的作用也不同。随着阶段的不断发展,调查研究的不断深入,掌握的资料越来越丰富,投资估算将逐步准确,作用也越来越重要。

3. 投资估算的有效控制

(1) 推行和完善建设项目法人责任制。推行和完善建设项目法人责任制是从投资源头控制工程造价的有效制度。项目法人责任制，是在国家政府宏观调控下，先有法人，后进行建设，项目法人对建设项目筹划、筹资、人事任免、招投标、建设直至生产经营管理、债务偿还以及资产保值增值实行全过程、全方位的负责制。按国家规定，项目法人享有充分的自主权，国家对政府投资项目的项目法人进行严格管理。实行建设项目法人责任制，有利于建立法人投资主体，形成自我决策、自我约束、自担风险、自求发展的运行机制，能真正做到"谁决策，谁负责"；有利于政府转变职能、加强宏观管理监督、改善宏观调控体系；有利于促进工程招标承包制和工程监理制以及工程咨询业的发展。

(2) 优化建设方案。优化建设方案是保证投资效果的重要途径。为此要求：①建设地区的选择要合适；②厂址选择要合理；③工艺流程选择要先进适用、经济合理；④设备选用立足国内，满足工艺要求，引进设备注意配套；⑤建设标准水平中等适用。其中，建设标准指包括建设规模、占地面积、工艺设备、建筑标准、配套工程和劳动定员等方面的标准或指标。建设标准是编制、评估、审批建设项目可行性研究及设计任务书和初步设计的重要依据，是投资估算的主要依据。

(3) 客观地、认真地作好项目评价。投资估算是项目评价的内容和依据。做好项目评价的要求是：①动态分析与静态分析相结合，以动态分析为主；②定量分析与定性分析相结合，以定量分析为主；③全过程效益分析与阶段效益分析相结合，以全过程效益分析为主；④宏观效益分析与微观效益分析相结合，以宏观效益分析为主；⑤价值量分析与实物分析相结合，以价值量分析为主；⑥预测分析与统计分析相结合，以预测分析为主。

(4) 建立科学决策体系、明确决策责任制，提高决策水平。《国务院关于投资体制改革的决定》指出：各类企业都应严格遵守国土资源、环境保护、安全生产、城市规划等法律法规，严格执行产业政策和行业准入标准，不得投资建设国家禁止发展的项目；应诚信守法，维护公共利益，确保工程质量，提高投资效益。国有和国有控股企业应按照国有资产管理体制改革和现代企业制度的要求，建立和完善国有资产出资人制度、投资风险约束机制、科学民主的投资决策制度和重大投资责任追究制度。严格执行投资项目的法人责任制、资本金制、招投标制、工程监理制和合同管理制。

【案例8-3】汇锦水岸城位于六合区南门，小区地理位置优越，东临龙津路，西临朝天街，南临双客路，北靠河滨大道。整个地块在成熟商圈的核心辐射区域范围内，有着先天的地理与人文优势，既拥有繁华的商业设施、便捷的交通优势和完备的生活配套，又独享闹中取静的幽雅环境。苏果超市、菜场、银行、六合人民医院、实验小学、励志中学等如众星捧月，生活便利、学区优良，让您尽享奢华人生。

周边配套：项目西北面为幕燕风景区，南面有红山风景区、红山风景区，原生态生活咫尺之遥；地处晓庄商业中学和好又多商业中心的辐射范围内，周边商业街、超市、银行、通信网店、学校、医院环绕，生活氛围成熟。

结合自身所学的相关知识，根据本案的相关背景，试分析房地产开发项目投资估算的意义。

8.2.2 房地产开发项目经济效益评价

1. 经济效益

经济效益是社会经济活动所取得的效果与从事经济活动的消耗之比。人们称从事生产经营活动所消耗和占用的物质与劳动资源为"投入";称生产经营活动所产生的物质效用和经济收益为"产出"。这种"投入与产出之比",便是经济效益。

在市场经济条件下,商品的价值由已消耗的生产资料的价值(c),劳动者为自己的劳动所创造的价值(v),以及劳动者为社会的劳动(剩余劳动)所创造的价值(m)三部分构成。剩余劳动价值构成了商品生产的纯收入,扣除以税费形式上缴给国家的部分外,就是商品生产者或投资者所获取的利润。利润就是一切经济活动经济效益的最终体现。房地产投资经济效益,最终也要以项目投资所获取的利润来衡量。

2. 经济效益评价原则

房地产投资项目评价应当是全面的、综合的评价。既要考虑其综合经济效益,也要考虑其综合社会效益;既要站在投资者的立场研究项目投资带来的利益,也要关注项目建设对宏观的国民经济发展的影响;既要分析项目的直接经济利益,也要研究项目所带来的间接经济利益。本节主要从投资者角度研究房地产项目投资的经济效益评价。因而,本节提出的房地产项目投资经济效益评价原则,是作为房地产项目投资者,在考察与评价项目投资方案时,必须遵循的一般原则。

(1) 以经济效益为中心,经济效益与社会效益相结合的原则。

项目投资的基本目的在于为投资者带来经济上的利益,应当把以经济效益为中心,经济效益与社会效益相结合,作为项目评价的基本原则。

(2) 实物形态指标与价值形态指标相结合的原则。

在市场经济条件下,经济活动目标的实现与经济效益的提高,不仅同产品的使用价值相联系,而且同产品的价值相关联。项目投资经济效益,主要还是通过价值指标来描述的。因而,在房地产项目投资方案评价时,广泛地采用了产值,成本、利润等价值指标。但是,单纯的价值指标受各种因素的影响,往往不能直接反映当期生产效果,尤其在市场经济不发育,市场体系不完备,价值与使用价值严重背离时,更不能单纯依赖价值指标来衡量项目的经济效益。应当在坚持价值指标为主的条件下,综合运用价值形态和实物形态指标,进行综合评价。

(3) 直接经济效益与间接经济效益相结合的原则。

直接经济效益是项目开发给投资者带来的经济利益,间接经济效益是项目开发改善了经营环境,增强了企业信誉与知名度,给投资者间接带来的经济利益。投资者不仅要紧紧抓住项目的直接经济效益,还应以极大的热情关注项目投资所带来的间接经济效益。

(4) 近期经济效益与长期经济效益相结合的原则。

近期经济效益是投资者的眼前效益,长期经济效益是较长时间后才能获取的效益。虽然长期经济效益由于时间的关系,面临着巨大的风险。但是,却往往潜藏着更大的利益(风险价值)。因此,投资者需要高瞻远瞩,把握机遇,注意近期利益与长远利益很好结合。

(5) 微观经济效益与宏观经济效益相结合的原则。

微观经济效益是指企业经济效益，又称项目经济效益，是指站在公司的立场，分析项目投产后的盈利状况和项目投资的经济效益情况。微观经济效益多集中于成本、利润、单价、收入等价值指标的计算与分析。宏观经济效益又称项目投资的国民经济效益，是指站在国民经济的立场来考察、研究和分析项目建成后对社会经济的贡献大小。房地产投资项目的宏观经济效益主要是指项目为社会提供住宅的数量与质量；公共服务设施、基础设施的配套与改善，环境绿化以及售后服务与管理等使用价值的经济分析。

(6) 静态分析与动态分析相结合的原则。

项目投资的经济效益分析有静态和动态两种分析方法。静态分析方法是不考虑资金时间价值的分析方法。如收益率法、回收期法等。这类分析方法，虽然由于未考虑时间因素而不能真实反映投资效益，但其计算简单、分析方便，在项目的初步分析和中小型项目的短期投资评价时，仍有一定的实用价值。动态分析法是考虑了资金时间价值的分析方法，如净现值法、内部收益率法等。这类方法能较真实、客观地描述项目投资的经济状况。大型、综合性的，尤其是较长期的房地产投资项目，都要用动态分析方法进行分析。

动态分析与静态分析的结合，不仅是指不同的投资项目，应视实际需要采用不同的分析方法。更重要的是指同一投资项目在不同的研究分析阶段，应视分析精度的需要和掌握的资料状况，采用不同的分析方法。

本章小结

本章主要讲了工程造价的概述，包括工程造价的概念、工程造价的构成、特点及作用和房地产开发项目投资估算及经济效益评价，包括房地产开发项目投资估算、房地产开发项目经济效益评价。通过本章的学习，同学们可以初步了解工程造价的相关知识，为以后的学习打下坚实的基础。

实训练习

一、单选题

1. 根据我国现行建设项目投资构成，建设投资中不是静态投资的费用是(　　)。
   A. 建筑安装工程费　　　　　　　　　B. 工程建设其他费用
   C. 设备及工器具购置费　　　　　　　D. 预备费

2. 下列费用中，不属于可竞争性费用的是(　　)。
   A. 安全文明施工费　　　　　　　　　B. 二次搬运费
   C. 夜间施工增加非　　　　　　　　　D. 大型机械设备进出场及安拆费

3. 下列项目中属于设备运杂费中运费和装卸费的是(　　)。
   A. 国产设备由设备制造厂交货地点起至工地仓库止所发生的运费
   B. 进口由设备制造厂交货地点起至工地仓库止所发生的运费
   C. 为运输而进行的包装支出的各种费用

    D. 进口由设备制造厂交货地点起至施工组织设计指定的设备堆放地点止所发生的费用

4. 以下各项费用中属于措施项目中安全文明施工费的是( )。

    A. 工程排污费   B. 夜间施工增加费

    C. 二次搬运费   D. 临时设施费

5. 根据《建筑安装工程费用项目组成》(建标〔2003〕206号)文件的规定，下列属于规费的是( )。

    A. 环境保护费   B. 工程排污费

    C. 安全施工费   D. 文明施工费

二、多选题

1. 某建设项目的进口设备采用装运港船上交货价，则买方的责任有( )。

    A. 负责租船并将设备装上船只   B. 支付运费、保险费

    C. 承担设备装船后的一切风险   D. 办理在目的港的收货手续

    E. 办理出口手续

2. 我国现有建筑安装工程费用构成中，属于通用措施费的项目有( )。

    A. 脚手架费   B. 二次搬运费   C. 工程排污费

    D. 已完工程保护费   E. 研究试验费

3. 根据我国现行建筑安装工程费用项目组成，下列属于社会保障费的是( )。

    A. 住房公积金   B. 养老保险费   C. 失业保险费

    D. 医疗保险费   E. 危险作业意外伤害保险费

4. 下列费用中属于工程建设其他费用中固定资产费用的是( )。

    A. 建设管理费   B. 生产准备及开办费   C. 建设用地费

    D. 劳动安全卫生评价费   E. 专利及专有技术使用费

5. 下列项目中，在计算联合试运转费时需要考虑的费用包括( )。

    A. 试运转所需原料、动力的费用   B. 单台设备调试费

    C. 试运转所需的机械使用费   D. 试运转产品的销售收入

    E. 施工单位参加联合试运转人员的工资

三、简答题

1. 工程造价有什么特点？

2. 简述工程造价的构成。

3. 简述房地产开发项目投资估算的概念。

第8章习题答案.pdf

实训工作单

班级		姓名		日期	
教学项目		理解工程造价含义，掌握工程造价特点，能够在实际工作中熟练应用。			
任务	分析一整套施工图的工程造价		建筑工程结构类型	多层框架结构	
相关知识		工程造价基础知识			
其他项目					
工程过程记录					
评语				指导老师	

参 考 文 献

[1] 朱福熙，何斌．建筑制图[M]．北京：高等教育出版社，2006.

[2] 王远征，王建华，李评诗．建筑识图与房屋构造[M]．重庆：重庆大学出版社，2006.

[3] 宋安平．建筑制图[M]．北京：中国建筑工业出版社，2012.

[4] 陈大钊．房屋建筑学[M]．北京：高等教育出版社，2001.

[5] 吴曙球．民用建筑构造与设计[M]．天津：天津科学技术出版社，2006.

[6] 陆叔华．土木建筑制图[M]．北京：高等教育出版社，2001.

[7] 魏鸿汉．建筑材料[M]．北京：中国建筑工业出版社，2004.

[8] 杨静．建筑材料[M]．北京：中国水利水电出版社，2004.

[9] 柯国军．建筑材料质量控制监理[M]．北京：中国建筑工业出版社，2003.

[10] 李业兰．建筑材料[M]．北京：中国建筑工业出版社，2008.

[11] 李前程，安学敏．建筑力学[M]．北京：中国建筑工业出版社，2010.

[12] 沈伦序．建筑力学[M]．北京：高等教育出版社，1990.

[13] 赵研主．建筑识图与构造[M]．北京：中国建筑工业出版社，2004.

[14] 李永光．建筑力学与结构[M]．北京：机械工业出版社，2004.

[15] 林宗凡．建筑结构原画及设计[M]．北京：高等教育出版社，2002.

[16] 胡楠楠，邱星武．建筑工程概论[M]．武汉：华中科技大学出版社，2004.

[17] 季雪．建筑工程概论[M]．北京：化学工业出版社，2005.

[18] 赵慧宁，赵军．现代商业环境设计与分析[M]．南京：东南大学出版社，2005.

[19] 鲁睿．商业空间设计[M]．北京：知识产权出版社，2006.

[20] 张伟．商业建筑[M]．北京：中国建筑工业出版社，2006.

[21] 郑刚．基础工程[M]．北京：中国建材工业出版社，2000.

[22] 高明远，岳秀萍．建筑给排水工程学[M]．北京：中国建筑工业出版社，2002.